U0341804

特种建（构）筑物建造安全控制技术丛书

混凝土结构裂缝
安全性分析与修复加固

孟 海　李慧民　著

北 京
冶 金 工 业 出 版 社
2021

内 容 提 要

本书系统阐述了混凝土结构裂缝安全性分析及修复加固的基础理论与方法，并对27个混凝土结构裂缝的典型案例进行了归类剖析。书中第1章~第3章，分别为混凝土结构裂缝的基本内涵、混凝土结构裂缝的安全性分析、混凝土结构裂缝的修复加固；第4章~第6章，分别为楼板裂缝、墙梁裂缝、其他类型裂缝安全性分析与修复加固的案例分析。

本书可供从事土木工程专业的设计人员、施工人员及管理人员阅读，也可作为高等院校土木工程、安全工程等专业的教材或教学参考书。

图书在版编目(CIP)数据

混凝土结构裂缝安全性分析与修复加固/孟海，李慧民著．—北京：冶金工业出版社，2018.6（2021.8 重印）

特种建（构）筑物建造安全控制技术丛书

ISBN 978-7-5024-7788-2

Ⅰ.①混… Ⅱ.①孟… ②李… Ⅲ.①混凝土结构—裂缝—安全性—研究 ②混凝土结构—裂缝—修复 ③混凝土结构—裂缝—加固 Ⅳ.①TU37

中国版本图书馆 CIP 数据核字（2018）第 093190 号

出 版 人 苏长永
地　　址 北京市东城区嵩祝院北巷 39 号 邮编 100009 电话 (010)64027926
网　　址 www.cnmip.com.cn 电子信箱 yjcbs@cnmip.com.cn
责任编辑 杨 敏 美术编辑 彭子赫 版式设计 孙跃红
责任校对 卿文春 责任印制 禹 蕊
ISBN 978-7-5024-7788-2
冶金工业出版社出版发行；各地新华书店经销；北京虎彩文化传播有限公司印刷
2018 年 6 月第 1 版，2021 年 8 月第 3 次印刷
710mm×1000mm 1/16；17 印张；331 千字；259 页
82.00 元

冶金工业出版社 投稿电话 (010)64027932 投稿信箱 tougao@cnmip.com.cn
冶金工业出版社营销中心 电话 (010)64044283 传真 (010)64027893
冶金工业出版社天猫旗舰店 yjgycbs.tmall.com
（本书如有印装质量问题，本社营销中心负责退换）

前言

目前，国内外基础设施建设增长迅速，对混凝土结构的质量要求也日趋严格，但由于各种原因，混凝土结构裂缝问题依然突出，本书结合此背景系统阐述了混凝土结构裂缝安全性分析与修复加固的基础理论与方法。书中第1章从混凝土结构裂缝的类型与成因、混凝土结构裂缝的影响、混凝土结构裂缝预防与控制等方面阐述了混凝土结构裂缝的基本内涵；第2章从混凝土结构裂缝安全性分析的原则与步骤出发，分析了混凝土结构裂缝的检测方法与安全性评定方法；第3章以混凝土结构裂缝修复加固的目的和要求为突破口，系统探讨了混凝土结构裂缝修复加固的方法及修复材料的选择；第4章~第6章结合27个工程案例分别对楼板裂缝、墙梁裂缝、其他类型裂缝的安全性与处理进行了剖析。

本书主要由孟海、李慧民撰写。各章撰写分工为：第1章由孟海、李晓渊、陈曦虎、张华栋撰写，第2章由李慧民、张晓旭、张华栋、纪明南、刘伟斌、裴兴旺、柴庆撰写，第3章由孟海、李晓渊、郑婷婷、尹思琪、吴雪飞、李文龙、赵桥荣撰写，第4章由张晓旭、黄俊杰、吕腾、熊雄、张涛、田梦堃撰写，第5章由杨卫风、柴庆、董美美、王光红、吴华勇、刘松、徐荣光撰写，第6章由孟海、侯忠明、高未未、钟兴举、段品生、路晨、徐旸、吴梦溪撰写。

在本书撰写过程中，得到了中冶建筑研究总院有限公司、西安建筑科技大学、上海市建筑科学研究院、机械工业第六设计研究院有限公司、西安市住房保障和房屋管理局、乌海市抗震办公室、重庆赛迪施工图审查咨询有限公司、西安市建设工程质量安全监督站、中铁置业集团有限公司等单位的技术与管理人员的大力支持与帮助。同时，在撰写过程中还参考了许多专家和学者的有关研究成果及文献资料，在此一并向他们表示衷心的感谢！

由于作者水平有限，书中不足之处，敬请广大读者批评指正。

作 者

2018 年 1 月于北京

目　录

1 混凝土结构裂缝的基本内涵

1.1 混凝土结构特性

1.1.1 混凝土结构材料的特性

（1）混凝土材料的特点。混凝土作为钢筋混凝土结构基本材料之一，与其他建筑材料（钢、木、砌体、蝮料等）有着本质的区别。混凝土是多种相态（固、液、气相）、多种物质构成的复合材料。

固相由粗骨料（碎石、砾石或人工轻骨料）、细骨料（砂）以及水泥水化后的水泥石组成，其中，水泥石有两种状态，一种是完全硬化的硬质晶格，另一种是尚未完全硬化的软质胶凝体，随着混凝土龄期的增长，软质胶凝体不断向硬质晶格转化，这种转化的过程，也就是混凝土结硬的过程。

液相为拌和用水以及各种液态添加剂（视需要添加），拌和用水大部分用于结硬过程中水泥的水化，多余的水分将逐渐蒸发。

气相存在于粗骨料、细骨料、水泥石的间隙中以及多余的水分蒸发之后形成的孔隙中，其主要成分是正常环境空气中的氧和二氧化碳。

同时，由于搅拌、运输、泵送、振捣等引起混凝土拌合物的离析、泌水现象，混凝土中各种相态、各种物质的分布完全可能是不均匀的。因此，这种多相态、非匀质、复合型材料的性质，决定了混凝土内部的不连续性，形成诸多的微小裂隙。因此，混凝土结构自浇筑成型后，内部就存在裂缝，即微裂缝。

（2）混凝土的内在缺陷。混凝土内部并不是连续、紧密的实体，而是多处于不连续状态，存在诸多裂隙、空洞、孔道、疏松等缺陷（见图 1-1）。这些缺陷就成为引发混凝土构件出现裂缝的内在因素。

尽管如此，带有这些缺陷的混凝土结构仍然能够承载受力，这是因为这些缺陷在混凝土内部都处于弥散状态，是间断和不连续的。在一定的受力和变形范围内，只要这些缺陷并未互相连贯，混凝土结构的受力性能就仍能够得到保证。只有在外界作用的影响积累到一定程度以后，彻底改变了上述缺陷的弥散状态，混凝土内的这些裂隙发展、延伸、互相连贯，发展到构件的表面时，才会形成通常所说的可见裂缝。

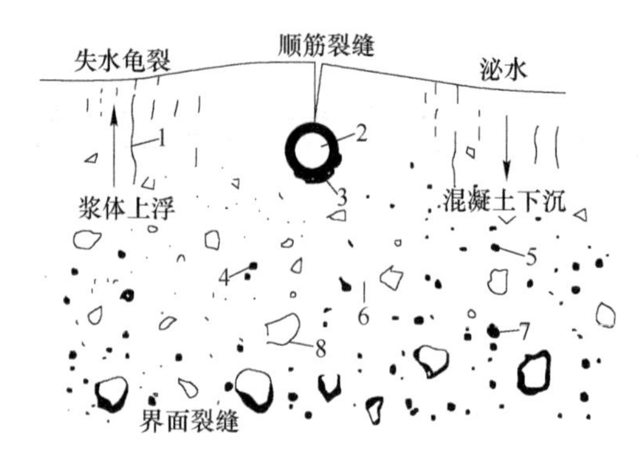

图 1-1 混凝土的内在缺陷

1—毛细孔道；2—钢筋；3—疏松层；4—细骨料；5—气泡
6—水泥石；7—粉团；8—粗骨料

1.1.2 混凝土结构裂缝的特性

长期以来，结构工程学科对混凝土裂缝研究的重点通常是宏观裂缝（肉眼看得见）的产生机理及预防补救措施，其工作重点主要集中在研究裂缝的开展及发展变化对结构的刚度、强度的影响；而混凝土大量的微观裂缝（肉眼看不见）在混凝土搅拌初期就存在，是混凝土内部固有的一种裂缝，其对混凝土耐久性的影响却没有得到重视，造成了由于耐久性不足导致结构破坏的事故时有发生，其中因混凝土碳化和钢筋锈蚀需要处理的工程更具有普遍性，造成的经济损失也是难以估量的。因此，混凝土微观裂缝对耐久性的影响已越来越受到广泛的关注和重视。

微观裂缝的存在是混凝土材料本身固有的物理性质，它对弹塑性、徐变、强度、变形、泊松比、刚度、化学反应等有较大影响。在荷载作用下，微观裂缝会扩展并迅速增多，相互之间串连起来，形成工程上广泛研究的宏观裂缝，直至完全破坏。

混凝土是以水泥为主要胶结材料，掺和一定比例的砂、石和水，有时还加入少量的各种添加剂，经过搅拌、运输、注模、振捣、养护等工序后，逐渐凝固硬化而成的人工复合材料。它是一种非匀质、非同向的三相混合材料。混凝土在制作过程中和水泥水化凝固过程中必然产生微观裂缝。它是材料固有的一种物理性质，混凝土的微观裂缝主要有三种：（1）粘着裂缝是指骨料与水泥石的粘接面上的裂缝，主要沿骨料周围出现；（2）水泥石裂缝是指水泥浆中的裂缝，出现在骨料与骨料之间；（3）骨料裂缝是指骨料本身的裂缝。混凝土微观裂缝的存在、扩展、增加，使应力-应变曲线向水平线倾斜，应力滞后于应变，泊松比增加，刚度下降，持久强度降低，徐变增加。

混凝土中宽度不小于0.05mm的裂缝是肉眼可见裂缝，亦称为宏观裂缝。宏观裂缝是微观裂缝不断扩展的结果。

宏观裂缝主要指各种荷载（外荷载、温度、收缩、沉陷、变位等）作用下产生的裂缝，按其形状可分为表面的、贯穿的、纵向的、横向的、上宽下窄、下宽上窄、枣核形、对角线式、斜向的、外宽内窄的和纵深的（深度达1/2厚度）等等，裂缝的形状与结构应力分布有直接关系。一般裂缝方向同主拉应力方向垂直或与剪应力平行（纯剪裂缝）。

在混凝土工程结构中，由于微观裂缝对防水、防腐、承重等都不会引起危害，所以具有微观裂缝结构可假定为无裂缝结构。在结构设计中不允许出现的裂缝，是指宽度大于0.05mm的初始裂缝。由此可见，有裂缝的混凝土是绝对的，无裂缝的混凝土是相对的。

宏观裂缝又可分为表面裂缝、深层裂缝和贯穿裂缝三种。

（1）表面裂缝。大体积混凝土在浇筑的初期，由于水泥水化热大量产生，从而使混凝土的温度急剧上升。但由于混凝土表面散热条件较好，热量可以向大气散发，其温度上升实际比较少；而混凝土内部由于散热条件较差，热量不易向外散发，所以其温度上升较多。混凝土内部温度高、表面温度低，形成温度梯度，使混凝土内部产生压应力，而表面产生拉应力，当扭应力超过混凝土的极限抗拉强度时，混凝土表面就会产生裂缝。

混凝土表面裂缝虽不属于结构性裂缝，但在混凝土收缩时，由于表面裂缝处的断面已被削弱，易产生应力集中现象，能促使裂缝进一步开展。国内外对混凝土表面裂缝的宽度都有相应的规定，如我国的《混凝土结构设计规范》（GB 50010—2010），对钢筋混凝土结构的最大允许裂缝宽度就有明确的规定：室内正常环境下的一般构件为0.3mm；露天或室内高温环境下为0.2mm。

（2）深层裂缝。基础约束范围内的混凝土，处在大面积拉应力状态，在这种区域若产生了表面裂缝，则极有可能发展成为深层裂缝，甚至发展成贯穿性裂缝。深层裂缝部分切断了结构断面，具有较大的危害性，施工中是不允许出现的。如果没法避免基础约束区的表面裂缝，则应极力设法阻止这种裂缝向深层发展。若能对混凝土内外温差控制适当，则基本上可避免出现深层裂缝。

（3）贯穿裂缝。在大体积混凝土浇筑初期，混凝土处于升温阶段及塑性状态，弹性模量很小，变形变化所引起的应力也很小，所以温度应力一般可忽略不计。混凝土浇筑一定时间后，水泥水化热基本已释放，混凝土从最高温度开始逐渐降温，降温的结果引起混凝土收缩，再加上混凝土中多余水分蒸发等引起的体积收缩变形，受到地基和结构边界条件的约束，不能自由变形，导致产生拉应力，当该拉应力超过混凝土极限抗拉强度时，混凝土整个截面就会产生贯穿性裂缝。

贯穿裂缝是危害最大的一种裂缝，它切断了结构的全断面，破坏了结构的整体性、稳定性、耐久性、防水性等，影响结构的正常使用。因此，应当采取一切措施，坚决控制贯穿裂缝的产生。

1.2 混凝土结构裂缝的类型与成因

1.2.1 混凝土结构裂缝的类型

（1）按受力原因分为受力裂缝（荷载作用）和非受力裂缝（变形作用，即自身体积变化、支撑体系变位）。

（2）按裂缝性质分为观感性裂缝、功能性裂缝、结构性裂缝、耐久性裂缝。

（3）按出现时间早晚分为早期裂缝、后期裂缝。

（4）按裂缝出现部位分为板角裂缝、梁腹裂缝、顶墙裂缝、支座裂缝、剪切裂缝。

（5）按裂缝形态、走向分为一字形裂缝、正八字形裂缝、倒八字形裂缝、梭形裂缝、V 形裂缝、X 形裂缝、竖向裂缝、水平裂缝、斜裂缝等。

（6）按裂缝的深度分为表面裂缝、深进裂缝、贯穿性裂缝。

（7）按稳定情况分为稳定裂缝、活裂缝。

（8）按温度变化发展分为温升裂缝、温降裂缝。

（9）按裂缝有害程度分为有害裂缝、无害裂缝。

（10）按可见度分为肉眼不可见的微观裂缝、肉眼可见的宏观裂缝。

1.2.2 混凝土结构裂缝的成因

北京建筑工程研究院傅沛共高级工程师，将混凝土裂缝产生的原因总结为16 种。

混凝土是由水泥、掺和料、外加剂与水配制的胶结材浆体，将分散的砂、石经搅拌粘结在一起的工程材料，硬结的混凝土含固相、液相、气相，是一种多元、多相、非匀质水泥基复合材料。混凝土又是弹性模量较高而抗拉强度较低的材料，在受约束条件下只要发生少许收缩，产生的拉应力往往会大于该龄期混凝土的抗拉强度，导致混凝土发生裂缝。混凝土在浇筑成型后，混凝土骨料对浆体收缩的约束，使混凝土内部从一开始就产生了微裂缝，在环境温度、湿度、荷载等因素作用下，这些微裂缝就可能发展为肉眼可见的宏观裂缝。混凝土开裂的原因多种多样，通常是混凝土体积变化时受到约束，或者由于荷载作用时混凝土内产生过大的拉应力引起的。

调查表明，工程实践中结构物的裂缝属于变形因素为主引起的约占80%，属于荷载为主引起的约占20%。非荷载引起的裂缝十分复杂，目前主要是通过构造措施（如加强配筋、设置变形缝等）进行成本控制。

（1）荷载裂缝。在荷载不变的条件下，结构内力从形成直至裂缝的出现与扩展，都是在同一时间瞬时发生，并一次完成，是个“一次过程”。混凝土和砌体构件承受外荷载的计算理论已经成熟，一般构件只要是按现行规范设计、施工及正常使用，不会出现承载力不安全的问题，也不会出现超过规范允许宽度的裂缝。普通混凝土构件开裂时，钢筋应力仅60MPa左右。因此，在标准荷载作用下，普通混凝土构件出现裂缝属正常现象。许多混凝土构件在使用期间未出现外荷载作用产生的受力裂缝，是因为使用荷载未达到设计值及结构本身安全储备较大（材料安全储备、力学计算简图偏于安全）。

（2）变形裂缝：

1）塑性沉降裂缝。在新拌混凝土中，骨料颗粒悬浮在一定稠度的胶结材浆体中，由于普通混凝土的浆体密度低于骨料，因而骨料在浆体中有下沉趋势。而浆体中水泥颗粒密度又大于粉煤灰并远大于水，从而使浆体中的粉煤灰与水向上漂移而产生沉降、离析与泌水现象。骨料下沥不仅会在水平钢筋底部和粗骨料底部积聚水分，干燥后形成空隙，还会使混凝土接近表面的部分由于粉煤灰组分多而降低强度。当下沉的固体颗粒遇到水平钢筋或受到侧面模板的摩擦阻力时，就会与周围的混凝土形成沉降差，在混凝土顶部表面形成塑性沉降裂缝。混凝土的坍落度越大，越易发生塑性沉降裂缝。

2）塑性收缩裂缝。混凝土在初凝前由于水分蒸发，混凝土内部水分不断向表面迁移，使混凝土在塑性阶段体积收缩。一般混凝土的塑性收缩约为1%，坍落度大的混凝土（大流动性混凝土）的塑性收缩量可达2%。当施工温度高，相对湿度低时，混凝土内部水分向表面迁移的供应量跟不上蒸发量的情况下，混凝土表面失水干缩受下面混凝土的约束，表面会出现不规则的塑性收缩裂缝。此种塑性收缩裂缝在混凝土初凝前及时抹压或二次振捣可以愈合，如不及时处理并蓄水养护，可能发展为贯通性有害裂缝。近年广泛采用泵送混凝土施工，为便于泵送与浇筑现场任意加水的现象时有发生。加水不仅使水灰比变大，降低混凝土强度，且极易产生塑性收缩裂缝，工地对此应严加控制。

3）水化收缩及自生干缩裂缝。水泥在水化反应过程中，水化产物的绝对体积同水化前的水泥与水的体积之和相比有所减少的现象称水化收缩。硅酸盐水泥的水化收缩量为1%~2%。水化收缩在初凝前表现为浆体的宏观体积收缩，初凝后则在已形成的水泥石骨架内生成孔隙。在水泥继续水化的过程中不断消耗水分导致毛细孔中自由水减少，湿度降低，在外部养护水供应不充分的情况下，混凝土内部产生自干燥现象。由自干燥作用导致毛细孔内产生负压，引起混凝土内自生干燥收缩。由于常态混凝土的水胶比较高，混凝土内有较为充裕的水分，在养护较好的情况下毛细管中很少出现缺水干燥现象，因而很少发生自生干燥收缩。对于水胶比小于0.35的混凝土，初凝后水化收缩与自生干缩率可达0.01%~0.03%，据日本Tazawa的实验，水胶比为0.2的加硅粉混凝土，2d自生干缩即高达0.05%，因此对于水胶比低的混凝土，应在初凝时水泥石结构未达到很密实的情况下及时进行饱水养护，否则极易产生混凝土自内而外的自生干缩裂缝。

4）温差胀缩裂缝。混凝土浇筑后，水泥的水化热使混凝土内部温度升高，一般每100kg水泥可使混凝土温度升高10℃左右，加上混凝土的入模温度，在2~3d内，混凝土内部温度可达50~80℃。此时，即温度每升高或降低10℃，混凝土会产生0.01%的线膨胀或收缩。经验表明，在无风天气，混凝土表面温度与环境气温之差大于25℃时，即出现肉眼可见的温差收缩裂缝，这就是大体积混凝土表面需要及时覆盖保湿保温养护的原因。

5）干燥收缩裂缝。混凝土工程在硬化后，内部的游离水会由表及里逐渐蒸发，混凝土由表及里逐渐产生干燥收缩。在约束条件下，收缩变形量导致的收缩应力大于混凝土的抗拉强度时，混凝土就会出现由表及里的干燥收缩裂缝。混凝土的干燥收缩是从施工阶段撤除养护开始的，早期的干燥收缩裂缝比较细微，往往不为人们所注意。随着时间推移，混凝土的蒸发量和干燥收缩量逐渐增大，裂缝也逐渐明显起来。一般混凝土90d的干缩率为0.04%~0.06%，流动性混凝土为0.06%~0.08%，这是混凝土结构较普遍地发生裂缝的主要原因。干燥收缩裂缝在潮湿条件下可以逐渐缩减愈合，因此如果裂缝宽度不大于规定指标，对结构不致构成危害。

6）原材料选用不当引起的裂缝。配制混凝土的原材料选用不当可能导致混凝土产生裂缝。如水泥的C_3A含量高、含碱量高或水泥细度过大都会使拌合物需水量大，早期水化快，早期水化热集中，导致发生早期水化收缩，处理不当时较易出现塑性收缩裂缝，助长自生干缩裂缝和温差裂缝的发展。如所用水泥温度过高，则混凝土拌合物的温度也会升高，特别在夏季，极易产生塑性收缩裂缝。骨料的温度也不宜过高，实验数据表明，骨料温度从30℃降低至10℃，拌制同样坍落度的混凝土，拌和用水每方混凝土约减少20kg，温度高的混凝土拌合物水化速度快，坍落度损失大，不利于远距离运送，浇筑后也易产生塑性收缩等裂缝。另外，砂、石的含泥量大也是导致早期裂缝的因素，砂、石的含泥量每增加2%~3%，水泥浆体的收缩率就增加10%~20%，同时降低水泥石与骨料的粘接强度，不仅易产生塑性收缩裂缝，且易发展为贯通性有害裂缝。粉煤灰若遇高钙灰，一定要做净浆安定性试验，以避免过多的游离氧化钙（CaO）造成混凝土因安定性不良而膨胀开裂。

7）碱-骨料反应引起的裂缝。配制混凝土必须要重视预防碱-骨料反应膨胀开裂损坏。发生较多的碱-硅反应一般经10~20年，反应产物积累到一定程度出现吸水吸湿膨胀，导致混凝土开裂，并加速冻融、钢筋锈蚀等综合损坏，因此如遇碱-硅反应活性骨料，一定要控制混凝土含碱量并采取掺活性掺合料等有效抑制措施。对于慢膨胀性碱-硅反应活性骨料，由于慢膨胀碱-硅反应一般要经过四五十年的缓慢侵蚀反应，才开始出现宏观膨胀，而一旦出现膨胀，膨胀发展的速度就很快，难于治理，因此如遇慢膨胀型碱-硅反应活性骨料，则不宜用于设计寿命50年以上的重要工程或潮湿环境（含时干时湿）工程。另外，由于碱-碳酸盐反应一般只要2~3年即膨胀开裂，而且尚未发现有效的抑制措施，因此如遇碱-碳酸盐反应的活性岩石，应避免用作混凝土骨料。

8）浇筑工艺不当产生的裂缝。墙体等垂直结构分层浇筑时，如浇筑速度太快，下层混凝土在硬化初期可能发生沉降，产生横向裂缝。如两层间浇筑相距时间太长，则会产生冷缝；当浇筑梁、柱交界部位则会产生沉降裂缝；滑模工艺时间不当，可能将混凝土拉裂。

9）振捣工艺不当发生的裂缝。振捣不足部位的混凝土构造比较疏松，拆模后易出现蜂窝、麻面；过振部位则是粗骨料下沉，表面泌浆、泌水，中间砂浆富集，易由表及里发生塑性裂缝和干缩裂缝。有时工地为减少拆、装泵管次数，将混凝土拌合物集中卸下，用振捣器赶料，使大量浆体被赶走，粗骨料留在原处，导致混凝土结构失匀，浆体多的部位易出现塑性收缩裂缝和干缩裂缝。

10）养护不足引起的裂缝。混凝土浇筑后如不及时养护，易产生塑性收缩裂缝和早期干缩裂缝，特别是水泥用量大的高强度等级混凝土和高温、干燥气候条件下浇筑的平板结构混凝土，如不及时养护，极易出现早期收缩裂缝。在烈日暴晒和大风天气，混凝土浇筑后如不及时覆盖养护，有时混凝土表面较快硬结，形成一层硬皮，硬皮上的裂缝已经抹压不动，而下部混凝土还未达到初凝。春寒大风时期也会出现类似现象。这种情况，只有通过二次振捣后，及时覆盖养护来加以解决。养护不足不仅表现在养护时间达不到规范规定的天数，如有的工地并不覆盖保湿养护，只是一天浇两三次水，混凝土同样处于养护不足状态。大体积混凝土应同时重视保温养护，通过测温工艺随时掌握混凝土不同深度的降温梯度过程。如在混凝土表面温度与环境气温温差大于25℃时撤除保温养护，则会出现温差收缩裂缝。墙体和柱子拆除侧模时如混凝土温度高，此时如浇冷水养护或受冷风吹，则会产生温差裂缝，应及时采取喷涂养护剂或大面积包裹麻袋浇水养护等措施。地下构筑物掺膨胀剂的墙体，由于钙矾石结晶需要大量水分，如不用麻袋覆盖饱水养护，必然会发生垂直收缩裂缝，严重时发展为贯通性收缩裂缝。

11）钢筋锈蚀膨胀导致的裂缝。混凝土结构在大气条件下，由表及里逐渐碳化，待碳化透过保护层，钢筋失去了混凝土碱性介质的保护作用，容易引起锈蚀。某些接触氯离子的工程，如接触氯化物或滨海地区构筑物，氯离子渗入混凝土中，导致钢筋锈蚀。钢筋锈蚀后体积膨胀 2~3 倍，将混凝土表面胀裂，出现顺筋裂缝。

12）砂、石中的硫酸盐含量超标或含方镁石导致膨胀裂缝。砂、石中的硫酸盐主要为石膏，石膏在混凝土中会逐渐溶解，与水泥和掺合料中铝酸盐反应生成钙钒石而导致体积膨胀，从而使混凝土出现膨胀裂缝。

方镁石（CaO）在混凝土中缓慢水化，一般在 1 年左右经水化反应生成水镁石（$Mg(OH)_2$）体积膨胀 2~3 倍，导致混凝土出现膨胀裂缝。

13）化冰盐环境导致混凝土开裂。接触化冰盐的构筑物，随着化冰盐渗进混凝土，化冰盐中氯离子会导致钢筋锈蚀膨胀，化冰盐中的碱会促进碱-骨料反应膨胀，导致混凝土开裂。

14）硫酸盐环境混凝土腐蚀裂缝。构筑物接触含硫酸盐的水或土壤时，SO_3 渗入混凝土中与铝酸盐反应生成钙钒石导致混凝土膨胀开裂。

15）冻融裂缝。由于水受冻结冰时体积膨胀约 9%，所以受冻融干湿反复作用部位，如雨篷及雨水口下部的墙体等处的混凝土会发生网状裂缝并由表及里逐渐剥蚀。

16）施工荷载裂缝。混凝土浇筑后，在强度和弹性模量均不很高的情况下，过早地施加超过混凝土承载能力的施工荷载，或在混凝土强度未达到设计要求时就过早拆除支撑底模板，使混凝土结构过早承受荷载，导致混凝土在受拉区出现不能愈合的裂缝。

梁、楼板等构件，在混凝土强度和弹性模量均未达到设计要求时就过早拆除支撑底模板，使混凝土结构过早承受荷载，导致混凝土产生过大的徐变变形，在受拉区出现不能愈合的裂缝。

从上面的分析可以看出，许多因素都可以导致混凝土产生不同程度的裂缝。由于混凝土是多元、多相、非匀质的复合材料，因而从开始施工就会发生骨料下沉、浆体上浮和振捣不当导致的局部浆体富集现象，因此，要有效控制混凝土裂缝，必须从结构设计、混凝土原材料到施工工艺、养护等每一步都尽量避免出现失误或不当。

配制混凝土除选择发热量低、含碱量低的水泥和含泥量低的砂子等外，在工作允许的前提下，尽量减少拌和水量和增加粗骨料用量是配制混凝土的重要原则。拌和水量少了，导致收缩开裂的浆体也就少了，而且水胶比低的浆体本身收缩量就小，有利于防止混凝土裂缝。

防止新浇筑混凝土初凝前的塑性收缩裂缝，关键在于控制混凝土的表面蒸发速度。因此，在高温低湿的环境施工时，应在浇筑振捣后立即覆盖薄膜保湿养护。施工中混凝土早期裂缝，很多是由温度应力引起的，干燥收缩会加剧温度裂缝的发展。因此，对早期混凝土的温度养护具有与湿度养护同等的重要性。

在混凝土常见的裂缝中，大多数发生在施工阶段或出现在工程正式交付使用以前，因此，施工过程中对于混凝土工程的裂缝控制是非常重要的。

1.3 混凝土结构裂缝的影响

1.3.1 影响混凝土结构裂缝的因素

实际工程中的混凝土结构裂缝形式多种多样，千差万别，影响裂缝的因素也较多。根据多年处理裂缝问题的工程经验可知，影响混凝土结构裂缝的因素可以归纳为混凝土原材料及配合比、设计缺陷、施工质量、使用状态四个方面。

（1）原材料及配合比。混凝土原材料的性质对混凝土结构成型后性能的影响是不容置疑的，控制混凝土原材料的质量有着重要的意义。原材料对混凝土裂缝形成的影响可归纳为以下几个方面：

1）胶凝材料：

① 水泥用量越多，水泥浆的量相对越大，收缩量也越大，容易开裂。

② 水泥强度等级越高，水泥细度越小，比表面积越大，则水化热越多，收缩越大，越容易开裂。

③ 水泥活性越强，其水化热越大，冷凝过程中收缩越大，容易开裂。

④ 快硬水泥在水化热散失前就已凝固，叠加上散热降温的收缩，更容易开裂。

⑤ 水胶比越大，含水量大，收缩越大，越容易开裂。

⑥ 活性较小、低水化热的矿渣水泥、粉煤灰水泥等收缩较小，对防止开裂有利。

2）骨料：

① 粗骨料（石）粒径越小，缺少骨架的体积稳定性越差，混凝土收缩越大，越容易开裂。

② 砂岩较软，作粗骨料时收缩较大，容易开裂。

③ 细骨料（砂）含量（砂率）越高，体积稳定性越差，收缩较大，容易开裂。

④ 粗、细骨料中含泥量越大，收缩越大且抗拉强度降低，越容易开裂。

3）掺合料和外加剂：

① 适当掺入掺合料（粉煤灰等）可以提高体积稳定性，减少收缩，遏制裂缝出现。

② 外加剂（包括减水剂、膨胀剂等）选择失误、掺量不当或养护不良，会加大收缩，引起混凝土开裂。

4）其他：

① 混凝土强度等级高，则收缩较大，弹性模量也增大，而抗拉强度却提高不多，因此收缩容易引起开裂。

② 混凝土的保水性差，体积稳定性差，容易引起离析、泌水，收缩加大，更容易开裂。

总之，混凝土材料本身的性能对于控制裂缝起决定性的作用。因此，从原材料选择到配合比设计，必须经反复试验校核，逐渐调整至合理的程度。由于混凝土是地方性材料，各地原材料和施工工艺差别较大，因此不宜做统一的规定，而应通过反复试验进行优化。直接套通用性的规范、标准，盲目相信传统经验和做法，甚至轻信夸大其词的广告宣传，都可能造成混凝土材料的先天性缺陷而导致裂缝。

（2）设计缺陷。混凝土在承载受力过程中很容易出现裂缝，在设计时可通过计算对受力引起的直接裂缝加以控制。而大多数间接裂缝却很难由计算控制，出现这种裂缝多是由于构造措施不当而引起的。这种结构设计缺陷引起的混凝土裂缝，主要有以下几种：

1）混凝土的结构体形复杂、怪异，抗力和刚度分布不均匀（如不规则的结构布置），往往会在薄弱处（如瓶颈处）引起局部裂缝。

2）设计考虑不周，遭受非设计工况而引起意外内力或应力状态，从而导致裂缝。

3）配筋方式不当，细而密的钢筋可较好地控制裂缝，少而粗的配筋方式往往无法控制裂缝而开裂，且宽度较大。

4）局部区域配筋不足，混凝土无法承担由于承载受力或各种间接作用引起的拉应力而开裂。

5）混凝土结构设缝不当，体量、尺度过大，约束应变积累过多而无法释放，就会在相对薄弱处引起裂缝。

6）在混凝土结构受力敏感（如凹角处等）未做妥善的构造处理（如做圆弧、折角、加配构造钢筋等），导致应力集中而引发局部裂缝。

7）混凝土厚度处理不当，引起钢筋锈蚀以及相应的锈胀裂缝。

8）设计时环境条件选择不当，不满足耐久性要求，长久使用以后发生耐久性裂缝。

总之，设计的合理与否对混凝土结构的裂缝状态有重要的影响。很多设计很容易忽视对裂缝的控制，一旦出现裂缝，往往首先考虑材料、施工方面的原因而从未考虑设计的影响，这是片面的认识误区。

（3）施工质量。施工质量对混凝土结构裂缝形成的影响比较直观，并且往往在施工过程中就显露出来，通常多表现为以下方式：

1）混凝土拌合物在搅拌、运输、浇筑时不均匀，造成分层、离析、泌水，引起裂缝。

2）在混凝土强度较低的情况下进行预应力施工（张拉、放张，特别是骤然放张预应力）导致裂缝。

3）地基处理不当，不均匀沉降引起的裂缝。

4）地下工程未及时回填土，地上工程长期暴露而不封闭或装修，持续干燥环境引起裂缝。

5）混凝土施工配制强度过高，水泥用量过多而引起收缩加大，造成裂缝。

6）快速施工，养护时间不足，早期收缩得不到控制，导致开裂。

7）分层振捣混凝土的时间、工艺失控，间隔时间过长而造成接槎处已凝固的混凝土被振散，从而形成“冷缝”。

8）混凝土振捣不良，漏振、欠振造成薄弱层，过振引起漏浆缺陷，均可能引发裂缝。

9）浇筑、振捣混凝土后，表面未及时进行次振捣或压抹，未能消除混凝土表层的早期收缩而导致表层裂缝。

10）施工接槎处理不当，形成夹渣或接槎处的连接薄弱，导致裂缝。

（4）使用状态。设计、施工质量良好的混凝土结构，在服役期同样会出现裂缝，这与混凝土结构的使用情况及耐久性有关。由于混凝土结构往往改变使用功能和环境条件，从而引发各种问题（包括产生裂缝）。这种现象近年还有增加的趋势，下面简要介绍。

1）粗暴使用在役结构，严重超载、承受动力荷载、疲劳荷载等非设计工况的作用，引发安全隐患及裂缝。

2）擅自改变结构用途，任意改造结构形式，甚至在传力的关键部位钻孔、穿墙、打洞，干扰结构传力体系，引发安全隐患及裂缝。

3）由于用途改变造成结构使用环境的变化，如高温、潮湿、腐蚀性介质引起的安全隐患及裂缝。

4）结构超期服役而未加必要的检测鉴定（评估），由于抗力退化而引起安全隐患和裂缝。

5）结构长期使用而未进行定期检查维护，环境侵蚀引起的裂缝。

6）对于某些定期使用而应周期更换的构件（如暴露于大气中的栏杆等构件），缺乏有效的监控、维护和更换，从而引发裂缝。

由于我国对于混凝土结构耐久性尚缺乏比较成熟的规范、标准，尤其对于在役期结构的使用维护，尚处于没有标准、规范控制的状态；加上大规模基建期的许多建筑结构，已接近或达到了设计使用年限，并缺乏有效的管理等，由此而引起的裂缝及潜在的安全问题日益严重，应引起关注。

1.3.2　混凝土结构裂缝产生的影响

随着混凝土结构的大量应用，其自身存在的一些问题也逐渐暴露出来，其中最为明显的当属裂缝问题。混凝土结构在施工及使用过程中会受到各种因素的影响，从而出现由各种原因引起的裂缝，这在一定程度上制约了混凝土结构的应用。同时，由于对混凝土结构裂缝的判断不明，处理不当，还带来了许多其他方面的问题。

混凝土结构出现的裂缝将对结构产生如下严重的危害：

（1）影响结构承载力和使用安全性。对于楼板这种受弯构件，尽管受弯区允许一定宽度的裂缝存在，但是裂缝对结构承载力的影响是不可忽视的，尤其是一些使用者在装修和使用时又给楼面增加了很多设计者没有考虑的荷载时，更要考虑此影响。

（2）影响结构的防水性。具有防水要求部位的混凝土产生裂缝，除了影响结构安全性外，给使用者带来的最直接的问题是渗漏水的危害，尤其是在没有做防水的部位表现突出。

（3）影响结构的耐久性和使用寿命。化学侵蚀、冻融循环、碳化、钢筋锈蚀、碱-骨料反应等都会对混凝土结构产生破坏作用。这些破坏作用的发生、进行的快慢，除了受混凝土自身材料性质的影响外，裂缝也是一个重要的影响因素。空气中的CO_2、SO_2气体及雨水等会顺着裂缝进入混凝土内部，促成钢筋锈蚀、碱-骨料反应及碳化速度的加快进行，从而引起耐久性的下降和缩短建筑物的使用寿命。

1.4　混凝土结构裂缝控制概述

1.4.1　混凝土结构裂缝控制的含义

按照混凝土结构裂缝的界定，工程上混凝土结构产生的裂缝是指肉眼可观察的宏观裂缝，本质上是微观裂缝不断发展演化的结果。因此，裂缝控制的首要含义应是混凝土微观裂缝演化的全过程控制，包括微观裂缝的产生控制、微观裂缝的演化控制和微观裂缝的演化结果控制。

由于混凝土材料非均质性以及体积随时间、环境的演变特性，混凝土结构中裂缝的产生不可避免。宏观裂缝显现的直接感官结果是其数量、形式、分布及运动特征，从而在心理上引起人们对构筑物安全、耐久性和正常使用功能的担心，因此，裂缝控制的另一含义是构筑物开裂程度的控制，包括裂缝宽度的控制，裂缝数量和长度的控制，裂缝部位、分布和稳定性的控制，这也是混凝土微观裂缝演化全过程控制的最终目的和结果。

1.4.2 混凝土结构裂缝控制的途径

非荷载变形是混凝土结构裂缝产生的主要原因。就混凝土的非荷载变形及其裂缝类型而言，塑性坍落裂缝、塑性收缩裂缝、沉降裂缝、冻融裂缝、钢筋锈蚀裂缝、化学反应膨胀裂缝以及大体积混凝土的温度裂缝，在采取适当的措施后实际上已可达到较好的防止和控制效果。当前，伴随商品混凝土的推广应用，国内建设工程中，绝大多数混凝土结构裂缝都与商品混凝土较高的干燥收缩变形直接相关，因此，混凝土干燥收缩裂缝是混凝土结构裂缝控制中急需解决的最大难题，也是本书将要涉及的最主要内容。

依据裂缝的形成机理和裂缝控制的含义，混凝土非荷载变形裂缝的有效控制应基于以下思路：

（1）控制混凝土材料非荷载变形的大小及其增长速度，从而在一定约束程度下能够控制减少混凝土结构中拉应力的数量级以及拉应力增长速度，它们是裂缝形成和开展的根本原因。

（2）减小混凝土非荷载变形的受约束程度，有效释放混凝土变形，从而控制减少混凝土结构中拉应力的数量级。

（3）控制减少混凝土中微缺陷和薄弱区的数量，它们是宏观裂缝形成的直接诱发点。

（4）提高混凝土的抗拉强度或极限拉应变，或控制混凝土中微裂纹的扩展，使之能够均匀扩展、吸收能量，又不显化，达到有效分散裂缝的目的。

针对混凝土的干燥收缩裂缝，上述思路在实际工程的裂缝控制中体现为以下两个基本原则：

（1）“抗”、“放”结合原则。“抗”、“放”结合原则是王铁梦先生在其多年从事混凝土结构裂缝控制技术的理论研究基础上，依据大量工程实践经验，总结出来的一条裂缝控制原则。按照该原则，所有非荷载变形裂缝的控制措施实际上都分属于“放”或者“抗”的措施。非荷载变形引起的约束应力有其自身特点，它首先要求结构中混凝土的变形受到一定程度的内外约束，约束应力取决于非荷载变形量以及受约束程度。如果混凝土所有非荷载变形能得到满足，即处于理想的全自由状态（无内外约束），则无论多长、多复杂的结构，都不会产生任何应力。尽管实际工程中，理想的无约束状态是不可能实现的，但通过一定技术手段，使混凝土结构的非荷载变形在一定程度上获得有效释放，减少结构所受的约束程度，就可能出现较低的约束应力，提高抗裂性，这即是“放”的裂缝控制措施，实际工程中，伸缩缝、后浇带的设置都是典型的“放”措施，而优化混凝土配合比、控制收缩变形以及加强养护其实也是一种变相的“放”的思想（通过减少混凝土收缩来降低结构非荷载变形的净约束量）。如果混凝土材料具有足够高的抗拉强度和极限拉伸应变，则即使非荷载变形受到完全约束，混凝土也足以抵抗约束拉应力的作用而不开裂，因此，实际工程中，可通过增加配筋或采用纤维增强的方法，提高混凝土本身的抗拉强度或极限拉伸来获得一定的抗裂效果，这即是“抗”的裂缝控制措施。

混凝土是一种体积稳定性较差的结构材料，当前的商品混凝土普遍具有较高的收缩变形，而实际工程中不可能为结构提供很大的变形余地，单纯采用“放”的措施不可能满足裂缝控制的要求。混凝土同时也是一种抗拉强度低、拉伸应变小的脆性材料，完全采用钢筋或纤维增强约束程度、提高抗拉强度时，变形约束产生的拉应力往往比抗拉强度更高，单纯采用“抗”的措施同样不可能满足裂缝控制的要求。因此，实际工程中必须对约束和变形同时考虑，采用“抗”、“放”结合的控制措施，能获得理想的裂缝控制效果。一般来说，混凝土变形较小，有较高的强度储备时，宜以“抗”为主；混凝土变形较大时，必须注重“放”的措施。当前，建设工程中更多采用“抗放兼施，以抗为主”的裂缝控制措施，考虑到裂缝普遍存在以及混凝土收缩变形大的实际情况，“放”的措施明显不足，必须进一步加强。

（2）综合控制原则。如前所述，混凝土结构的裂缝控制实际上是一种全过程控制。理论上，当混凝土材料组成和配比方案、结构设计和构造方案以及施工方案确定时，一定程度上，混凝土结构的抗开裂性能已完全确定。混凝土材料组成和配比决定了混凝土的收缩变形和力学性能，根本上决定了一定裂缝控制措施下，混凝土是否会产生开裂；而对于确定配比的混凝土，设计和构造方案则决定了其收缩变形、变形约束程度乃至约束应力在整个构筑物中的分布，从而在理论上决定了构筑物中约束应力的集中部位以及裂缝产生的最敏感区域；当混凝土组成、配比方案，以及结构设计和构造方案确定时，施工方案最终决定了混凝土材料组成方案、结构设计和构造方案。能否按预期设想使预先设定的裂缝控制措施能够发挥有效作用以及实施结果是否与理论预测出现大的偏差，对混凝土结构的抗裂性能产生重大影响。

因此，混凝土结构的裂缝控制与材料、设计和施工 3 个环节密切相关，各环节对裂缝形成的影响具有继承性，任何环节出现偏差，都将对混凝土结构最终的抗裂性能产生不可预计的影响。裂缝控制必须从材料、设计和施工 3 方面同时考虑，遵循相互匹配、整体优化的综合控制原则。同时，“抗”、“放”结合原则也应体现在裂缝的全过程控制当中。

1）材料控制同等约束程度下，混凝土干燥收缩裂缝的产生完全取决于其收缩变形及相关力学性能伴随时间的发展，材料控制指通过混凝土组成材料的合理选择和配合比的优化设计，控制混凝土的干燥收缩变形量和增长速率，减少微观裂缝数量并提高其抗裂性。

2）设计构造受到环境因素和体量的影响，混凝土的干燥收缩变形在建筑物不同部位并非是均匀分布的；同样，构筑物中不同部位混凝土所受约束程度也不相同；因此，混凝土收缩裂缝总在应力集中部位产生。设计构造措施指通过建筑平面设计和布置、结构构造设计和布置，有效避免或分散可能产生的应力集中，从而起到控制裂缝生成或分散裂缝使之不显化的作用。

3）施工控制包括因建筑物设计构造而产生的应力集中部位，混凝土干燥收缩裂缝总是由最薄弱的微观裂缝不断发展和演化而来的，微观裂缝的产生既可能由于混凝土早期干燥收缩大导致，也可能由于施工管理控制不当而随机出现。施工措施指通过一定的施工控制手段，保证裂缝控制措施的顺利实施，减少微观裂缝出现的概率，从而达到裂缝控制的目的。

1.5 设计阶段裂缝的预防与控制

1.5.1 设计阶段应考虑开裂的因素

我国在工民建领域解决变形作用引起裂缝的问题主要是按混凝土设计规范采取设永久性变形缝的办法，根据现浇、预制、土中、室内、露天等条件，有明确的伸缩缝许可间距规定。

混凝土产生裂缝从根本上来说均是受力作用导致。一般认为，混凝土结构出现可见裂缝便开始从弹性受力状态向弹塑性受力状态转变。在超静定结构形成破坏机构之前，结构构件首先在弯矩接近受弯承载力的截面通过扩展裂缝逐渐形成塑性铰，并继而出现塑性分布弯矩，与弹性计算结果相比，构件的受弯承载能力有所增加。因此，较宽裂缝又是混凝土结构出现塑性内力重分布的基本特征。混凝土结构上出现可见裂缝几乎是一种不可避免的现象。

在设计上控制裂缝，是指通过计算与构造措施减少出现宽度超过规范限值裂缝的可能性，也即控制出现统计概率上最大平均宽度的裂缝。设计上控制结构裂缝，实际上就是根据工程实际需要及规范和规程的抗裂控制标准，在保证结构的使用性能、抗震性能、耐久性能与控制构件尺寸、结构用钢量之间进行权衡，以选择适当的结构抗裂度，将结构上出现裂缝的宽度与位置控制在可接受的范围之内。

在设计上，结构裂缝控制主要应满足《混凝土结构设计规范》（GB 50010）中的最大裂缝宽度限值要求（见表 1-1）。规范中有关裂缝控制的规定，作为技术法规，实际上也是结构裂缝控制的设计质量标准。在制定这类标准时，既使用了规范课题的主要研究成果，也考虑了设计习惯、经济指标、国外相关标准、与其他相关规范衔接等多种因素；既在保证精度与简化计算之间进行了平衡，也考虑了研究试件与实际工程之间的差异。因此，虽然规范的最大裂缝宽度计算式在混凝土结构学上近似反映了结构实际裂缝发生、发展的规律，但计算结果并不完全等同于在计算条件下可能发生的最大裂缝宽度。

表 1-1　结构构件的裂缝控制等级及最大裂缝宽度的限值　　　（mm）

<table>
<tr><th rowspan="2">环境类别</th><th colspan="2">钢筋混凝土结构</th><th colspan="2">预应力混凝土结构</th></tr>
<tr><th>裂缝控制等级</th><th>W_{lim}</th><th>裂缝控制等级</th><th>W_{lim}</th></tr>
<tr><td>一</td><td rowspan="4">三级</td><td>0.30（0.40）</td><td rowspan="2">三级</td><td>0.20</td></tr>
<tr><td>二 a</td><td rowspan="3">0.20</td><td>0.10</td></tr>
<tr><td>二 b</td><td>二级</td><td>—</td></tr>
<tr><td>三 a、三 b</td><td>一级</td><td>—</td></tr>
</table>

为实现控制裂缝的目的，设计者首先应确定结构存在的能够造成开裂的主要因素，例如荷载条件、构件尺寸偏差、混凝土质量、构件边界约束条件等，以及对裂缝出现起促进作用的其他因素，例如温度、湿度周期变化、局部缺陷造成的应力集中等。结构出现裂缝极少为单一原因，产生裂缝的主要与次要因素也不一定相同。设计上按规范要求验算最大裂缝宽度，只是考虑了在一般情况下可作为主要因素的结构荷载、杆件材料、几何尺寸和边界条件等计算参数，而未涉及施工工艺等诸多其他也可能成为结构裂缝主要原因的情况。正因为如此，有经验的设计者不完全依靠计算数据控制结构裂缝，更重视构造措施和经济、合理的施工程序与方法。

1.5.2　设计阶段裂缝预防与控制措施

合理选择结构形式，降低结构约束程度，对于水平构件梁、板等采用中低强度级混凝土，加强构造配筋，如板顶部的受压区连续配筋，板的阳角及阴角配置放射筋，增加梁的腰筋间距 200mm。优选有利于抗拉性能的混凝土级配，尽力减小水灰比、减少坍落度、降低砂率增加骨料粒径，降低含泥量及杂质含量。选用影响收缩和水化热较小的外加剂和掺合料。采取保温保湿的养护技术，尽量利用混凝土后期强度（60 天）。对于超长结构可采取跳仓浇灌或后浇带方法施工。

（1）掺膨胀剂。掺膨胀剂的补偿收缩混凝土大多应用于控制有害裂缝的钢筋混凝土结构工程中。混凝土的膨胀只有在限制条件下才能产生预压应力。结构设计者必须根据不同的结构部位，采取相应的合理配筋和分缝。以往绝大多数设计图纸只注明混凝土掺入膨胀剂、强度等级、抗渗标号，但对混凝土的限制膨胀率没有提出具体要求，造成膨胀剂少掺或误掺，达不到补偿收缩而出现有害裂缝。根据减水剂规范 GBJ119 要求，掺膨胀剂的补偿收缩混凝土在水中养护 14d 的限制膨胀率≥0.015%，这相当于在结构中建立的预压应力大于 0.2MPa。实际上，混凝土的膨胀率最好控制在 0.02%～0.03%，填充用膨胀混凝土的膨胀率应在0.035%~0.045%。施工单位或混凝土搅拌站应根据设计的要求，确定膨胀剂的最佳掺量。结构工程师在设计图纸上须注明："采用掺膨胀剂的补偿收缩混凝土的强度等级、抗渗等级，水中养护14d的混凝土限制膨胀率≥0.015%（或更高些）"。

（2）墙体构造配筋。由于墙体受施工和环境温湿度等因素影响较大，容易出现纵向收缩裂缝，混凝土强度等级越高，开裂概率越大。工程实践表明，墙体的水平构造（温度）钢筋的配筋率宜在0.4%~0.6%，水平筋的间距应小于150mm，采取细而密的配筋原则。由于墙体受底板或楼板的约束较大，混凝土胀缩不一致，宜在墙体中部设一道水平筋间距为100mm，高1m的"水平暗梁"，水平构造筋宜放在竖向受力筋的外侧，这样，有利于控制墙体有害裂缝的出现。

（3）墙、柱节点构造。对于墙体与柱子相连的结构，由于墙与柱的配筋率相差较大，混凝土胀缩变形与限制条件有关，由于应力集中原因，在离柱子1~2m的墙体上易出现纵向收缩裂缝。工程实践表明，应在墙柱连接处设水平附加筋，附加筋的长度为1500~2000mm，插入柱子中200~300mm，插入墙体中1200~1600mm，该处配筋率提高10%~15%。这样，有利于分散墙柱间的应力集中，避免纵向裂缝的出现。

（4）附加钢筋设置。结构开口和突出部位因收缩应力集中易于开裂，与室外相连的出入口受温差影响大也易开裂，这些部位应适当增加附加筋，以增强其抗裂能力。

（5）设置后浇带。对于超长结构楼板，鉴于泵送混凝土的收缩值比现浇混凝土大20%~30%，为减少有害裂缝（规范规定裂缝宽度小于0.3mm），可采用补偿收缩混凝土浇筑，但设计上要求采用细而密的双向配筋，构造筋间距小于150mm，配筋率在0.6%左右，对于现浇混凝土防水屋面，应配双层钢筋网，钢筋间距小于150mm，配筋率在0.5%左右。楼面和屋面受大气温差影响较大，其后浇带最大间距不宜超过50m。由于地下室和水工构筑物长期处于潮湿状态，温差变化不大，最宜用补偿收缩混凝土做结构自防水。大量工程实践表明，与桩基结合的底板和大体积混凝土底板，用补偿收缩混凝土可不做外防水。但边墙宜做附加防水层。底板和边墙后浇带最大间距可延长至60m，后浇带回填时间可缩短至28d。

（6）添加纤维材料。纤维商品混凝土纤维类型一般分为钢纤维钢筋商品混凝土、玻璃纤维和碳纤维增强商品混凝土等。在混凝土材料中添加一定比例的纤维材料后可以有效提高混凝土的拉伸伸长率，从而起到控制裂缝的目的。但所添加的纤维材料不动，其应用也有一定的限制。例如，玻璃纤维增强商品混凝土的优点是具有高的耐冲击性、高阻断、高拉伸伸长率、弯曲强度，所以具有广泛的可用性。然而，因为它的耐用性，它是仅用于非承重部件及产品。

1.6 施工阶段裂缝的预防与控制

1.6.1 施工阶段影响裂缝开裂的因素

施工阶段导致裂缝产生的因素主要有以下三点：

（1）混凝土的收缩。混凝土中约20%的水分是水泥硬化所必需的，而约80%的水分要蒸发。多余水分的蒸发会引起混凝土体积的收缩。混凝土收缩的主要原因是内部水蒸发引起混凝土收缩。如果混凝土收缩后，再处于水饱和状态，还可以恢复膨胀并几乎达到原有的体积。干湿交替会引起混凝土体积的交替变化，这对混凝土是很不利的。影响混凝土收缩的因素，主要包括水泥品种、混凝土配合比、外加剂和掺合料的品种以及施工工艺（特别是养护条件）等。

（2）水泥水化热。水泥在水化过程中要释放出一定的热量，特别是大体积混凝土结构断面较厚，表面系数相对较小，所以水泥发生的热量聚集在结构内部不易散失。这样混凝土内部的水化热无法及时散发出去，以至于越积越高，使内外温差增大。单位时间混凝土释放的水泥水化热，与混凝土单位体积中水泥用量和水泥品种有关，并随混凝土的龄期而增长。由于混凝土结构表面可以自然散热，实际上内部的最高温度，多数发生在浇筑后的最初3~5天。

（3）外界气温变化。混凝土在施工阶段，它的浇筑温度随着外界气温变化而变化。特别是气温骤降，会大大增加内外层混凝土温差，这对混凝土是极为不利的。温度应力是由于温差引起温度变形造成的；温差愈大，温度应力也愈大。同时，在高温条件下，混凝土不易散热，混凝土内部的最高温度一般可达60~65℃，并且有较长的延续时间。因此，应采取温度控制措施，防止混凝土内外温差引起的温度应力。

1.6.2 施工阶段裂缝预防与控制措施

针对施工阶段混凝土裂缝产生的影响因素，合理选择应对措施将有效预防和抑制混凝土开裂。并且，在施工阶段控制混凝土开裂的措施往往是采取多重保障，共同控制。尤其是大体积混凝土施工，在施工前应拟定完善的施工方案，其中浇筑顺序、温度监控、保温保湿养护等内容对于裂缝控制至关重要。

（1）材料收缩控制。应对混凝土收缩，使用膨胀剂是最常见的方法。

我国膨胀剂品种有10多个，按标准《混凝土膨胀剂》（JC476）规定，膨胀剂最大掺量（替代水泥率）不得超过12%。低碱低掺量膨胀剂的标准掺量为8%。因此，对于补偿收缩混凝土，膨胀剂推荐掺量为8%~12%，单位膨胀剂掺量不小于30kg/m^3；对于填充用膨胀混凝土，膨胀剂推荐掺量为10%~15%，单位膨胀剂掺量不小于40kg/m^3。当掺入粉煤灰等掺合料时，膨胀剂要分别取代水泥和掺合料。考虑到抗渗混凝土在满足强度要求下，还应达到设定的抗渗等级，这要有足够的水泥砂浆包裹集料，所以，其水泥用量应比同等级的非抗渗的混凝土的水泥用量高7%左右，从抗渗耐久性要求来看，这样比较科学合理。根据我国《地下工程防水技术规范》，防水混凝土水泥用量不得低于320kg/m^3，当掺入掺合料时，水泥用量不应低于280kg/m^3。由于我国水泥、砂、石掺合料和减水剂品质各异，不管厂家提供的膨胀剂的标准掺量如何，用户都应按标准（JC476—2001）检验进入工地的膨胀剂品质是否合格，然后设计膨胀混凝土的配合比，按规范要求，混凝土水中14d的限制膨胀率不小于0.015%，干空28d的限制收缩率不大于0.03%。这就要求各混凝土搅拌站和建筑公司试验室添置测定膨胀剂水泥砂浆和膨胀混凝土的限制膨胀率的仪器设备，以及有专门的检验员，这样才能检测入库膨胀剂品质是否合格，配制的膨胀混凝土是否达到本规范的膨胀率要求。这是保证掺膨胀剂混凝土质量的关键。

粉状膨胀剂应与混凝土其他原材料有序投入搅拌机中，膨胀剂重量应按施工配合比投料，重量误差小于±2%，不得少掺或多掺。考虑混凝土的匀质性，其拌制时间比普通混凝土延长30s。

掺膨胀剂的混凝土浇筑方法和技术要求与普通混凝土基本相同，考虑结构要达到抗裂防渗要求，要避免出现冷缝。混凝土的振捣必须密实，不得漏振、欠振和过振。在混凝土终凝以前，要用人工或机械多次抹压，防止表面沉缩裂缝的产生，以免影响外观质量。后浇带中杂物必须清除干净，充分预湿，然后以填充用膨胀混凝土灌缝。

掺膨胀剂的混凝土要特别加强养护，膨胀结晶体钙矾石（$C_3A \cdot 3CaSO_4 \cdot 32H_2O$）形成需要水，补偿收缩混凝土浇筑后1~7d内是膨胀变形的主要阶段，应特别加强浇水养护，7~14d仍需湿养护，才能发挥混凝土的膨胀效应。如不养护或养护马虎，就难以发挥膨胀剂的补偿收缩作用。底板或楼板较易养护，能蓄水养护最好，一般用麻包袋或草席覆盖，定期浇水养护。墙体等立面结构，受外界温度、湿度和风速影响较大，容易发生纵向裂缝。工程实践表明，因混凝土浇筑完3~4d内水化热温升最高，而抗拉强度很低，如果早拆模板，墙体内外温差较大而易于开裂。因此，墙体模板拆除时间宜不少于5d。墙体浇筑完后，应从顶部设水管喷淋，模板拆除后继续养护至14d。冬季施工不能浇水养护时，底板用塑料薄膜和保温材料进行保温保湿养护，而墙体带模养护不少于7d，并进行保温养护。

（2）温度控制。在大体积混凝土施工中，混凝土的拌制、运输必须满足连续浇筑施工以及尽量降低混凝土出罐温度等方面的要求，并应符合下列规定：1）当炎热季节浇筑大体积混凝土时，混凝土搅拌场站宜对砂、石骨料采取遮阳、降温措施；2）当采用泵送混凝土施工时，混凝土的运输宜采用混凝土搅拌运输车，混凝土搅拌运输车的数量应满足混凝土连续浇筑的要求。

混凝土浇筑完毕后，应及时按温控技术措施的要求进行保温养护，并应符合下列规定：1）保温养护措施，应使混凝土浇筑块体的里外温差及降温速度满足温控指标的要求；2）保温养护的持续时间，应根据温度应力（包括混凝土收缩产生的应力）加以控制、确定，但不得少于15d，保温覆盖层的拆除应分层逐步进行；3）在保温养护过程中，应保持混凝土表面的湿润。保温养护是大体积混凝土施工的关键环节，其目的主要是降低大体积混凝土浇筑块体的内外温差值以降低混凝土块体的自约束应力；其次是降低大体积混凝土浇筑块体的降温速度，充分利用混凝土的抗拉强度，以提高混凝土块体承受外约束力的抗裂能力，达到防止或控制温度裂缝的目的。同时，在养护过程中保持良好的湿度和抗风条件，使混凝土在良好的环境下养护。施工人员需根据事先确定的温控指标的要求，来确定大体积混凝土浇筑后的养护措施。

塑料薄膜、草袋可作为保温材料覆盖混凝土和模板，在寒冷季节可搭设挡风保温棚。覆盖层的厚度及材料选用应根据温控指标的要求计算。

对标高位于±0.0以下的部位，应及时回填土；±0.0以上的部位应及时加以覆盖，不宜长期暴露在风吹日晒的环境中。如果是下沉式的大体积混凝土浇筑，采用先浇筑基坑垫层及侧壁，再浇筑大体积混凝土基础的方式更有利于保温。

在大体积混凝土拆模后，应采取预防寒潮袭击、突然降温和剧烈干燥等措施。

在大体积混凝土温控的实际应用中，视工程实际情况而定，甚至有浇筑完成后采用大量沙土掩埋，使其自然冷却的案例。

（3）表面收缩控制。施工忽视混凝土养护，尤其是墙体和柱梁的保温保湿养护不到位，容易产生收缩裂缝。某些露天构筑物尽管当地湿度很大，但由于吹风影响，使混凝土水分蒸发加速，亦即增加其干缩速度，容易引起早期表面裂缝，这也许是夏季比秋冬季、南方比北方出现裂缝多的原因。拆模过早，表面温湿度骤变都会引起表面收缩导致开裂。

2 混凝土结构裂缝的安全性分析

2.1 混凝土结构裂缝安全性分析原则与步骤

2.1.1 混凝土结构裂缝安全性分析原则

建筑结构采用钢筋混凝土形式，难免出现一定的裂缝。从结构体系上讲，亦允许结构带缝服役。但是对于危机结构安全或耐久性的裂缝，必须采取措施进行加固或者修复。

裂缝的判断一直是工程技术人员津津乐道的话题，裂缝的产生由多种客观因素组成，往往是多方面共同作用的结果。这就导致裂缝产生后，相关各方（建设、设计、施工、使用方等）对于裂缝产生的原因很难达成一致，往往相互推诿，经常出现各方对簿公堂的案例。即便由第三方检测单位的介入，对裂缝的性质和产生原因进行了客观的评价，但后期裂缝的修复和赔偿往往无法在各方分摊的比例上达成共识。加之各方均会有不同立场和社会背景，均会对检测人员的工作造成一定的干扰。因此，第三方检测单位在进行裂缝检测和评估过程中，应坚持如下基本原则：

（1）公正性。公正性指的是实验室的全体人员都能严格履行自己的职责，遵守工作纪律，坚持原则，认真按照检验工作程序和有关规定行事。在检测工作中，不受来自各个方面的干扰和影响，能独立地公正地做出判断，始终以客观的科学的检测数据说话。这涉及检测人员的职业道德，是每一个检测人员必须具备的基本素质。

（2）科学性。科学性是判断事物是否符合客观事实的标准，富有科学依据。裂缝检测需要对裂缝的性质进行准确的判断，必须坚持以客观事实为标准，依据相关规范或标准进行判断。这对后期解决各方纠纷起着重要作用，因此科学性也是裂缝检测过程中最重要的原则。裂缝检测的科学性应从三个方面理解：其一是在检测过程中以实际检测的数据作为判断标准，检测过程具有复测性；其二是检测结论是不是有法可依，结论是否有规范或标准的支撑；其三是裂缝检测结论用词的科学性，切不可用词含糊不清或采用非规范化的词语，以造成有纠纷的各方对结论理解的歧义。

（3）公开性。公开性指的是裂缝检测过程和结论的公开性，应对相关参与方以报告的形式对检测结果予以通报，不应有所隐瞒。裂缝检测往往委托的是具有资质的第三方检测机构，本身的检测行为受到资质颁发部门的监督。同时在检测过程中，相关各方均应派出人员进行旁站或者监督，对于检测的数据进行签字确认。取得各方的认可，才能进一步推动检测工作的进行，这其中的关键就是各方对于检测信息的获取应公平对待，不应有所偏颇。

2.1.2　混凝土结构裂缝安全性分析步骤

为了全面地了解结构产生的裂缝现状，调查裂缝的性质和判断裂缝对结构的影响，需要对裂缝进行检测。裂缝的检测工作应严格按照既定的程序进行，确保每个环节的受控、可靠。参考《建筑结构检测技术标准》（GB/T 50344—2004）的规定，裂缝检测过程可分为：委托、现场调查、制定检测方案、现场检测、分析与评估、结论六个阶段（见图 2-1）。

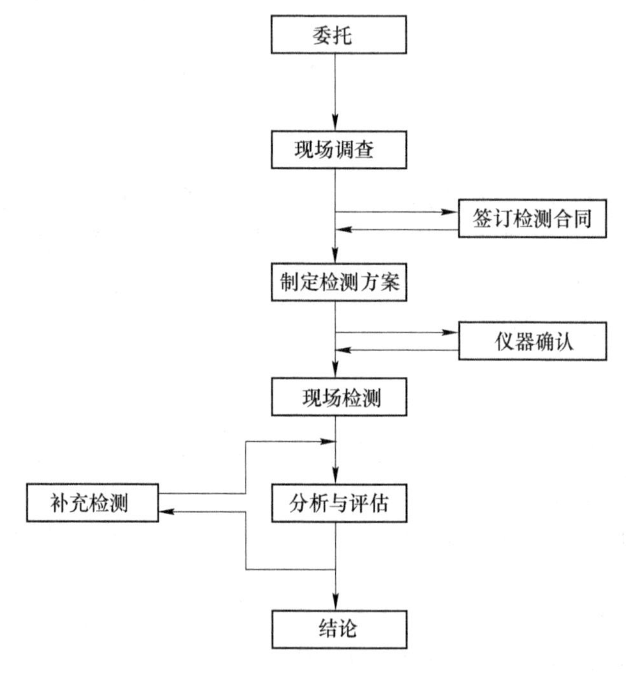

图 2-1　裂缝检测程序图

（1）委托。委托方应选择具备检测资质的单位进行委托，委托阶段属于商务范畴，委托方与检测方应对裂缝检测的目的、方式和依据进行约定，并签署具有法律效应的检测合同，因此委托阶段是整个检测过程不可或缺的一环，也是检测过程有效性的前提保障。

（2）现场调查。现场调查是为了充分掌握裂缝现状，根据调查情况拟定切实可靠的检测方案，明确检测目标及方向，对下一步开展检测具有指导意义。调查前，应先成立调查组。调查组宜由 2~3 人组成，其中应具备相关专业知识的检测人员。调查组切不可不去现场而制定检测方案。委托方为非专业人员，仅通过委托方口述不能全面了解裂缝的发展及现状，往往造成检测方案脱离实际，因此调查组在实地考察前，应充分了解被检测结构的现状，查阅已有的建筑结构相关资料，并结合委托方描述，准备实地调查的相关资料。

现场调查分初步调查与详细调查。详细调查在初步调查之后进行。

1）初步调查。初步调查一般包括下列内容：

① 图纸资料。如岩土工程勘察报告、设计计算书、设计变更记录、施工图、施工日志及施工变更记录、竣工图、竣工质检及验收文件（包括材质、桩基检测报告以及隐蔽工程验收记录等）、施工沉降观测记录、事故处理报告、维修记录、历次加固改造图纸等。

② 建筑物历史。如历次修缮、改造用途变更、使用条件改变以及受灾等情况。

③ 考察现场。按资料核对实物，调查建筑物目前的使用条件和内外环境、查看已发现的问题，听取有关人员意见。

④ 以表格的形式做好初步调查记录。

2）详细调查。根据实际需要选择下列调查内容：

① 结构基本情况。包括结构布置及结构形式、圈梁及支撑布置、结构及其支承构造、构件及其连接构造、结构及其细部尺寸以及其他有关的几何参数。

② 结构使用条件。包括结构上的作用、建筑物内外环境以及使用史（含荷载史）等。

③ 地基基础。包括场地类别与地基土层分布、地基稳定性（斜坡）、地基变形及其在上部结构中的反应、地基承载力的原位测试。桩基承载力测试及其物理力学性质试验、开挖检查基础和桩的工作状态（包括开裂、腐蚀和其他损坏的检查）、其他因素（如地下水抽降、地基浸水水质、土壤腐蚀等）的影响或作用。

④ 上部结构。包括结构支承和构件及其连接工作情况、结构整体性检查等。

在现场调查阶段，要善于根据现场观察到的结构裂缝特征，确定需要进行重点调查的内容。例如，当初步判断裂缝为温度收缩引起的变形裂缝时，需重点调查结构施工的季节，查阅施工日志，了解当时的气温情况；混凝土类型（是泵送混凝土还是现场搅拌混凝土）、配比；拆模及养护等情况；对混凝土砌块砌体工程，还应了解砌块的龄期等。当初步判断裂缝为地基沉降引起的变形裂缝时，需重点了解基础的类型、地基的土质及验槽情况、基础工程隐蔽工程记录、相邻建筑施工时地下水的抽排情况等。在施工阶段，当初步判断结构裂缝主要为受力裂缝时，需重点调查现浇混凝土结构的模板支撑情况、拆除支撑的时间、施工阶段材料堆放、屋面保温材料的受潮吸水情况等。在使用阶段，当初步判断结构裂缝主要为受力裂缝时，需重点查阅有关结构设计图纸及计算书，了解构件设计及施工实际的截面尺寸、材料强度等级及配筋情况、设计及施工变更通知及配筋隐蔽工程记录等。

（3）制定检测方案。检测方式是现场对裂缝进行检测的依据，对能否进一步发掘结构裂缝产生的原因起决定作用。为了避免检测现场盲目的大范围检测，检测方案在制定时应具有针对性，并起到纲领的作用。具体检测方案应包括以下内容：

1）建筑工程概况、建筑面积、结构形式及建造年代等；

2）检测目的及委托方检测要求；

3）检测的依据，主要包括相关的规范、标准或者图集等；

4）裂缝检测的范围；

5）裂缝检测的技术方法，需要测量的参数；

6）与裂缝检测相关的结构参数，如构件混凝土强度、钢筋配置及构件尺寸等。

（4）现场检测。现场检测是直接利用检测仪器对裂缝进行实地量测，并如实记录裂缝的检测信息的过程。现场检测主要依据签署的合同和拟定好的检测方案，通过检测获取结构裂缝实际的信息，通过该真实、有效和客观的检测数据，经过分析得出正确的检测结论。因此，现场检测阶段是整个检测过程最重要的环节。

裂缝现场检测程序如图 2-2 所示。

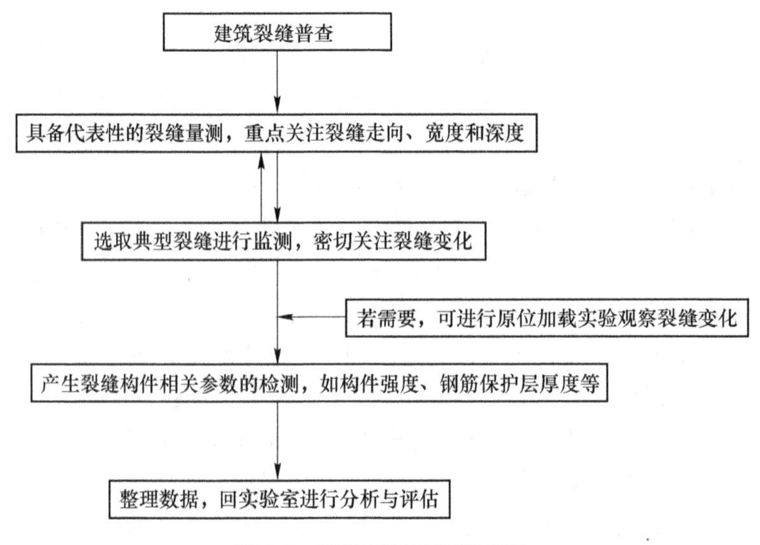

图 2-2　裂缝现场检测程序图

（5）分析与评估、结论。在进行裂缝分析与评估前，应先将调查和检测过程中所有的信息资料进行归纳整理。考虑到裂缝检测过程中，裂缝形态错综复杂，原始记录信息量较大，信息零散、破碎和杂乱，部分裂缝可能对最终的结论有一定的误导。因此此阶段，应安排经验丰富的检测人员对裂缝的原始记录信息进行分类整理，合并简化，删去无关的信息，供分析进一步参考。

接下来的工作，主要是对裂缝的性质进一步分析，从裂缝的走向来推断产生裂缝的原因，评估现阶段裂缝对结构安全的影响程度，并加以系统化的分类归纳。最后依据相关规范，对裂缝的类别、性质给出最后结论，并提出合理化处理意见。对于在混凝土结构中已出现的裂缝，根据检测结果分析评估它们属于哪一种类型，是裂缝控制技术中的一个非常重要的问题。因为裂缝类型判别正确与否，是裂缝处理成败的关键。判断正确，就意味着找到了裂缝的真正原因；看到了裂缝的危害性，从而确定好处理方案。

2.2 混凝土结构裂缝的检测

2.2.1 混凝土结构裂缝的检测方法

2.2.1.1 静态裂缝的检测

当对结构或构件的裂缝进行检测时，大部分裂缝均处于静止状态，即裂缝不会进一步开展。此时从时间段上讲，采集裂缝基本信息的时间较短，采集数据的准确率较高，复测性良好。静态状态下，裂缝检测的主要内容有长度、宽度、深度及形态描述。

A 裂缝的长度检测

裂缝的走向往往是不规则、无序的，这就增加了裂缝长度检测的不确定性。对于某些断断续续的裂缝，是否判断为一条裂缝，很大程度上依赖于检测人员的技术水平和经验。一般情况下，裂缝长度检测采用的工具为卷尺或激光测距仪。同时，裂缝的长度并不是判断裂缝对结构影响或裂缝是否需要修复的指标。

B 裂缝的宽度检测

裂缝的宽度是裂缝的重要指标，相关规范对裂缝的宽度极限值均做出了明确规定。超过一定宽度的裂缝对结构的安全产生一定影响，因此必须采取修补措施。一般情况下，裂缝的宽度检测采用混凝土裂缝宽度比对卡，如图 2-3 所示。比对卡携带方便，使用简单，缺点是精度较差。对于某些检测精度要求较高的工程，可以采用刻度放大镜或者裂缝宽度检测仪，如图 2-4 所示。

裂缝的宽度沿走向呈现或大或小，宽度不一。在对裂缝宽度进行检测时，应选取整条裂缝宽度最大处进行测量，并宜选择三处记录。通常意义上，裂缝的宽度指的是混凝土表面的裂缝宽度。混凝土内部裂缝宽度会有一定变化，规范上解

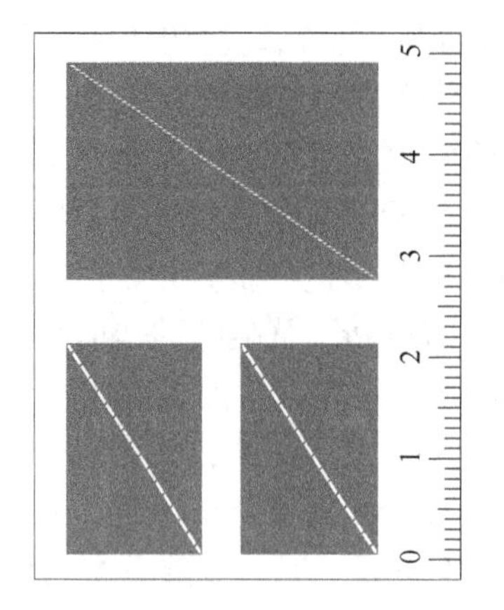

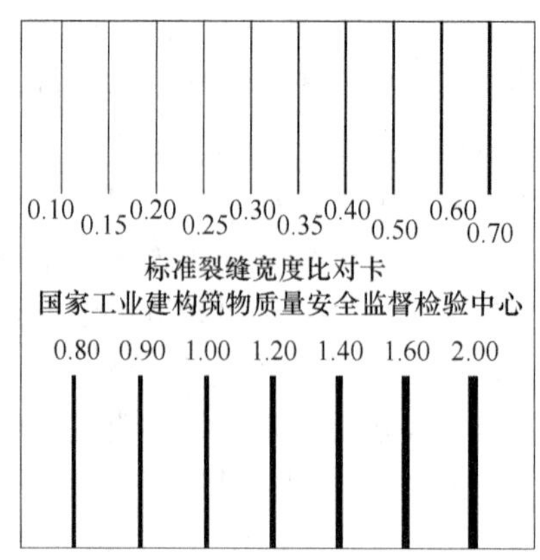

图 2-3　裂缝宽度对比卡

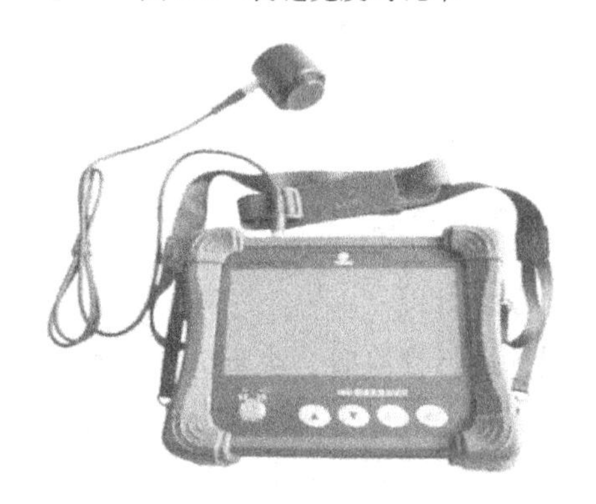

图 2-4　裂缝宽度检测仪

释，应采用混凝土表面裂缝的宽度作为裂缝的宽度进行计量。

C　裂缝的深度检测

裂缝的深度检测是判断裂缝深度是否大于钢筋保护层厚度和裂缝是否贯通的重要手段。裂缝深度检测通常情况下采用超声波法。其原理利用脉冲波在技术条件相同的混凝土中传播的时间、接收波的振幅和频率等声学参数的相对变化，来判断混凝土的缺陷。当有裂缝存在时，混凝土内部的整体性遭到破坏，声波只能绕过裂缝传播到接收换能器，因此传播路径的改变使得声时偏长，声速降低，进而判断混凝土内部存在裂缝。

在工程实际应用中，裂缝的内部缺陷往往无法从混凝土表面准确定位。同时，考虑到裂缝位置的不确定性，超声波法检测裂缝深度常用的方法有单面平测法、双面斜测法和深部裂缝检测法。

除了超声法检测裂缝深度以外，近年来出现了多种检测裂缝深度的新方法。本节将重点介绍超声波法，并对新方法进行简单的介绍，具体详见表 2-1。

表 2-1　裂缝深度检测的新方法介绍

名　称	原　理	实用价值	备　注
CT 断层扫描法	CT 即电子计算机断层扫描，利用精准的 γ 射线对混凝土芯样进行逐层扫描	成像清晰，对裂缝的深度检测准确率高	检测费用贵，对结构取芯有一定破损
地质雷达法	利用大功率高频电磁脉冲在不同电性界面上产生的回波特性不同，进行成像分析	成像一般，准确率一般，容易受到金属物质（钢筋或预埋件）的干扰	检测费较少，对结构无影响

（1）单面平测法。依据《超声法检测混凝土缺陷技术规程》（CECS21：2000），当构件仅裸露一个可测面，且该测试面上存在裂缝时，可采用单面平测法检测裂缝深度。平测法应在裂缝测试部位按照跨缝和不跨缝进行检测。超声法的基本假设为：1）裂缝附近混凝土质量基本一致；2）跨缝与不跨缝检测，其声速相同（不跨缝检测的声速其实是平测声速）；3）跨缝测读的首波信号绕裂缝末端至接收换能器。具体检测见图 2-5 和图 2-6，并依据规范中所提供的公式，推算裂缝深度。

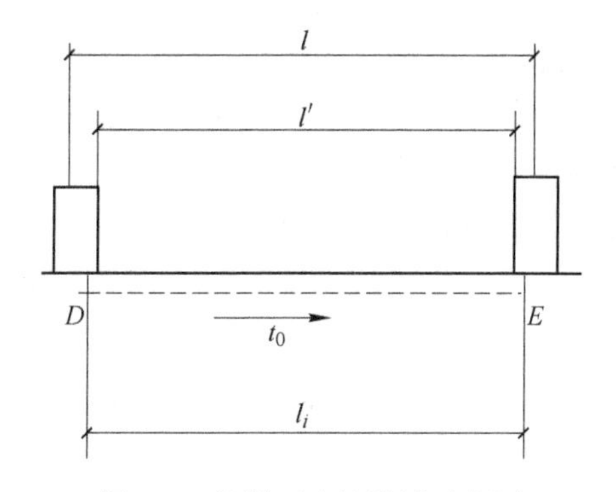

图 2-5　等距不跨缝检测示意图

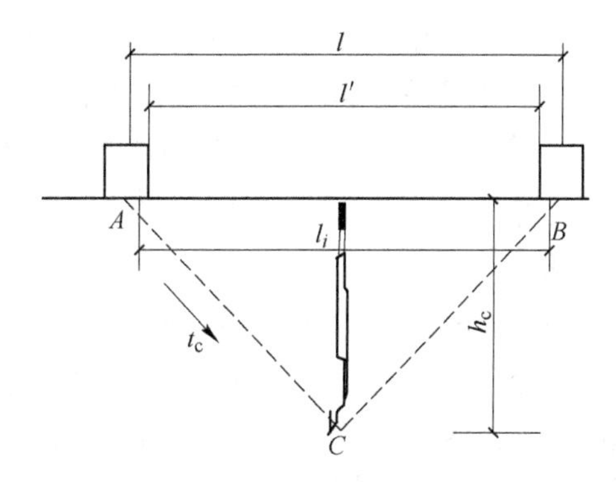

图 2-6　等距跨缝检测示意图

（2）双面斜测法。当结构的裂缝部位具有两个相互平行的测试表面时，可采用双面穿透斜测法检测测点，布置如图 2-7 所示。将 T、R 换能器分别置于两测试表面对应测点 1，2，3 等的位置。读取相应声时值 t_i、波幅值 A_i 及主频率 f_i。

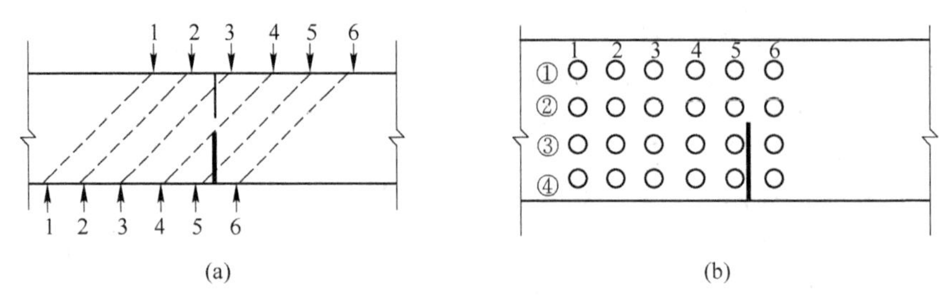

图 2-7　双面斜测法检测裂缝深度示意图
（a）平面图；（b）立面图

裂缝深度判定：当换能器的连线通过裂缝，根据波幅声时和主频的突变，可以判定裂缝深度以及是否在所处断面内贯通。

（3）深部裂缝检测法。深部裂缝的检测，往往采用钻孔对测法，该法适用于大体积混凝土中裂缝深度大于 500mm 的裂缝。所钻取的钻孔应满足如下要求：

1）孔径应比所用换能器直径大 5～10mm。

2）孔深应至少比裂缝预计深度深 700mm，经测试如浅于裂缝深度则应加深钻孔。

3）对应的两个测试孔，必须始终位于裂缝两侧，其轴线应保持平行。

4）两个对应测试孔的间距宜为 2000mm，同一检测对象各对测孔间距应保持相同。

测试前应先向测试孔中注满清水，然后将换能器分别置于裂缝两侧的对应孔中，以相同高程等间距（100～400mm）从上到下同步移动，逐点读取声时波幅和换能器所处的深度，具体详见图 2-8。以换能器所处深度与对应的波幅值绘制坐标图，随换能器位置的下移波幅逐渐增大。当换能器下移至某一位置后波幅达到最大并基本稳定该位置所对应的深度便是裂缝深度值。

D　裂缝的形态检测

裂缝的形态对于判断该裂缝的性质具有重要作用。宏观结构图上，应有裂缝的区域分布。在宏观裂缝分布图的基础上，应进一步描绘构件的裂缝形态图。形态图上包括裂缝在构件上的位置、裂缝的走向、裂缝的宽度变化等。对于典型裂缝，如梁端多条斜裂缝，应重点进行描绘，最好有文字性的说明。对于非典型裂缝，仅统计裂缝数量即可，以免造成工作量繁多而无效。

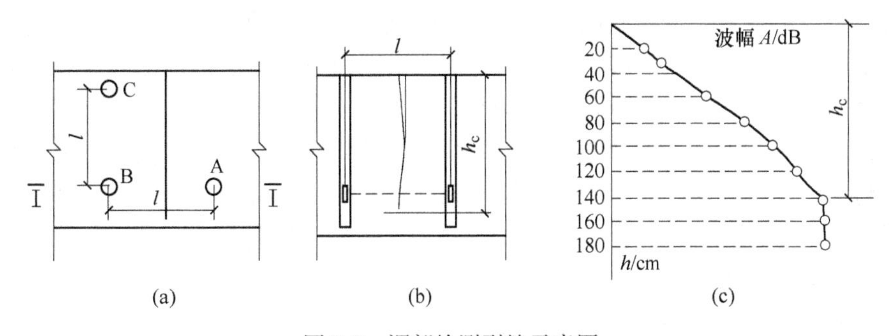

图 2-8 深部检测裂缝示意图

(a) 平面图（C 为比较孔）；(b) Ⅰ-Ⅰ剖面图；(c) 曲线图

2.2.1.2 动态裂缝的检测

结构裂缝往往处于随时变化之中，为了全方位了解裂缝开展或者闭合的情况，应对具有代表性的结构裂缝进行监测。针对民用建筑领域，监测的裂缝一般是对结构安全有一定影响或者有持续开展趋势的裂缝。同一裂缝在不同工况下的开展与闭合如图 2-9 所示。

图 2-9 同一裂缝在不同工况下的开展与闭合

2.2.2 混凝土结构构件的检测方法

2.2.2.1 混凝土强度检测

现阶段，混凝土强度检测的方法相对成熟，主要分为非破损法和局部破损法。非破损法主要有回弹法、超声法和超声回弹法。局部破损法主要有钻芯法、拔出法和剪压法。本节主要介绍回弹法、超声回弹法和钻芯法。

A 回弹法检测混凝土强度

回弹法检测混凝土强度是现今现场检测过程中，应用最广泛、最便捷的检测方法。回弹法是利用混凝土回弹值、构件碳化深度与混凝土抗压强度之间的关系曲线来推定混凝土抗压强度的一种非破损方法。由于回弹法是根据弹性物质回弹值的大小与表面硬度有关的原理而设计的，其准确精度不高，但是其设备简单，操作方便，测试迅速，以及检测费用低廉且不破坏混凝土的正常使用，故在现场直接测定中使用较多。现阶段回弹法并无国家标准，只有行业标准《回弹法检测混凝土抗压强度技术规程》（JGJ/T 23—2011）。本节将依据该标准，对回弹法检测混凝土进行介绍。

（1）仪器准备。检测现场所用的回弹仪常为中型回弹仪，其冲击动能为2.207J。回弹仪的构造除应满足国家标准《回弹仪》（GB/T 9138）的规定，还应符合下列规定：

1）在弹击锤与弹击杆碰撞的瞬间，弹击拉簧应处于自由状态，且弹击锤起跳点应位于指针指示刻度尺上的“0”处；

2）在洛氏硬度 HRC 为 60±2 的钢砧上，回弹仪的率定值应为 80±2；

3）回弹仪使用时的环境温度应为−4～40℃。

（2）现场强度检测。依据规范，混凝土强度可按单个构件或按批量进行检测，对于混凝土生产工艺、强度等级相同，原材料、配合比、养护条件基本一致且龄期相近的一批同类构件的检测应采用批量检测。按批量进行检测时，应随机抽取构件，抽检数量不宜少于同批构件总数的 30%且不宜少于 10 件。当检验批受检构件数量大于 30 个时，抽样构件数量可适当调整，并不得少于国家现行有关规范规定的最少抽样数量。

对于一般构件，测区数不宜少于 10 个。当受检构件数量大于 30 个且不需要提供单个构件推定强度或受检构件某一方向尺寸不大于 4.5m 且另一方向尺寸不大于 0.3m 时，每个构件的测区数量可适当减少，但不应少于 5 个。现场检测时对于测区的布置还应注意以下几点：

1）相邻两测区的间距不应大于 2m，测区离构件端部或施工缝边缘的距离不宜大于 0.5m，且不宜小于 0.2m；

2）测区宜选在能使回弹仪处于水平方向的混凝土浇筑侧面。当不能满足这一要求时，也可选在使回弹仪处于非水平方向的混凝土浇筑表面或底面；

3）测区宜布置在构件的两个对称的可测面上，当不能布置在对称的可测面上时，也可布置在同一可测面上，且应均匀分布。在构件的重要部位及薄弱部位应布置测区，并应避开预埋件；

4）测区的面积不宜大于 0.04m^2；

5）测区表面应为混凝土原浆面，并应清洁、平整，不应有疏松层、浮浆、油垢、涂层以及蜂窝、麻面。

检测时，回弹仪的轴线应垂直于测试面，并且缓慢均匀施压，待弹击杆反弹后测读回弹值，并记录每个测区弹击的16个测值。

（3）碳化检测。混凝土的碳化是介质与混凝土相互作用的一种很广泛的形式，最典型的例子是大气中的二氧化碳气体（CO_2）对混凝土的作用，在工业区，其他酸性气体如二氧化硫（SO_2）、硫化氢（H_2S）等也会引起混凝土“碳化”（准确地说是中性化）。大气中的 CO_2 与水泥水化物中的氢氧化钙（$Ca(OH)_2$）发生化学反应：

$$Ca(OH)_2 + CO_2 \longrightarrow CaCO_3 + H_2O$$

$$XCaO \cdot YSiO_2 \cdot ZH_2O + nCO_2 \longrightarrow XCaCO_3 + YSiO_2 \cdot nH_2O + H_2O$$

严格地讲，碳化反应不限于水泥水化物中的氢氧化钙，在其他一些水泥水化物或未水化物中也会发生其他类型的碳化反应。但是就混凝土的碳化而论，氢氧化钙的碳化影响最大。由于混凝土碳化的结果，混凝土的凝胶孔隙和部分毛细管可能被碳化产物碳酸钙（$CaCO_3$）等堵塞，混凝土的密实性和强度会因此有所提高。但是，由于碳化降低了混凝土孔隙液体的pH值（碳化后pH值≈8~10），碳化一旦达到钢筋表面，钢筋就会因其表面的钝化膜遭到破坏而产生锈蚀。

现场碳化深度的检测方法：采用适当的工具在测区表面形成直径约15mm的孔洞，其深度应大于混凝土的碳化深度。孔洞中的粉末和碎屑应除净，不得用水擦净。同时，应采用浓度为1%的酚酞酒精溶液滴在孔洞内壁的边缘处，未碳化的混凝土变为红色，已碳化的混凝土不变色，当已碳化与未碳化界限清楚时，再用深度测量工具测量已碳化与未碳化混凝土交界面到混凝土表面的垂直距离，此距离即为碳化深度。

依据《回弹法检测混凝土抗压强度技术规程》（JGJ/T 23—2011），回弹值测量完毕后，应在有代表性的测区上测量碳化深度值，测点数不应少于构件测区数的30%，应取其平均值作为该构件每个测区的碳化深度。当碳化深度值极值大于2.0mm时，应在每一测区分别测量碳化深度值。

（4）强度推定。构件的混凝土强度换算值，按回弹规程所要求的平均回弹值及测得的平均碳化深度值由《回弹法检测混凝土抗压强度技术规程》（JGJ/T 23—2011）附表A查得。再由混凝土强度换算值计算得出结构构件混凝土强度平均值及标准差。

$$m_{f_{cu}^c} = \frac{1}{n}\sum_{i=1}^{n} f_{cu,\,i}^c$$

$$s_{f_{cu}^c} = \sqrt{\frac{\sum_{i=1}^{n} (f_{cu,\,i}^c)^2 - n\,(m_{f_{cu}^c})^2}{n-1}}$$

式中 $s_{f_{cu}^c}$——构件强度标准差；

$f_{cu,i}^c$——单一构件的强度值；

$m_{f_{cu}^c}$——本批所有量测构件的强度平均值；

n——量测构件个数。

混凝土强度的推定值$f_{cu,e}$，根据检测结果，按照下列规定进行推定：

当该结构或构件测区数少于10个时：

$$f_{cu,e}=f_{cu,min}^c$$

式中 $f_{cu,min}^c$——构件中最小的测区混凝土强度换算值。

当该结构或构件测区强度值中出现小于10.0MPa时：

$$f_{cu,e}<10.0\text{MPa}$$

当该结构或构件测区数不少于10个或按批量检测时，应按以下公式计算：

$$f_{cu,e}=m_{f_{cu}^c}-1.645s_{f_{cu}^c}$$

B 钻芯法检测混凝土强度

钻芯法依据的规范是《钻芯法检测混凝土强度技术规程》。钻芯法是利用专用钻机，从混凝土结构中钻取芯样以检测混凝土强度或观察混凝土内部质量的方法。对混凝土构件局部破损所取芯样进行抗压试验推测混凝土强度，它能准确反映构件实际情况。由于钻芯法属于破损的检测方法，对结构的承载能力有一定的影响。因此，芯样宜在结构或构件的下列部位钻取：

（1）结构或构件受力较小的部位；

（2）混凝土强度具有代表性的部位；

（3）便于钻芯机安放与操作的部位；

（4）避开主筋、预埋件和管线的部位。

钻取芯样后由实验室做好试样，用300kN压力机进行抗压试验，再进行计算后得出混凝土抗压强度值。

C 超声回弹法检测混凝土强度

该方法是采用回弹仪、混凝土超声波检测仪综合检测并推断混凝土结构中普通混凝土抗压强度的方法。应注意该方法不适用于冻害、化学侵蚀、火灾、高温等已造成表面疏松、剥落的混凝土检测。检测方法详见行业标准《超声回弹综合法检测混凝土强度技术规程》（CECS 02：2005）。

D 混凝土强度与裂缝的关系

混凝土强度受多种因素的综合影响，但从构成混凝土的材料的本质而言，水泥和骨料是决定混凝土强度的本质原因。水泥是混凝土的组成物质之一，水泥的强度等级直接影响混凝土的强度，当其他材料不变时，水泥强度等级越高，配置的混凝土的强度也就越高。但是在水泥强度等级不变时，在满足最小水泥用量的前提下，水灰比越小配置的混凝土强度就越高；反之则越低。在建筑工程中，粉煤灰、矿粉等外掺料被普遍用来部分代替水泥，外掺料的加入量过高，水泥的含量就会偏低，混凝土就可能出现质量问题。不同的掺合料对混凝土的强度影响是不同的。一般情况下需水量大的掺合料基本上都会降低混凝土的强度，需水量小的掺合料一般会增强混凝土的强度。

骨料是指构成混凝土的砂子和石子。一般石子和砂子的强度都比混凝土的强度高很多，而且混凝土的破坏主要不是骨料的破碎，所以正常情况骨料不会对混凝土的强度产生影响。但是如果骨料的泥含量、泥块含量、杂质的含量及骨料的几何尺寸针片状超出标准规定，那么也会影响混凝土的强度。同时骨料的大小、级配情况对混凝土的强度的影响也不能忽视。外加剂的种类很多，虽然它们主要的性质都不同，但是大多数都对混凝土的强度有所影响。混凝土强度与裂缝存在着一定关系，但是需要说明的是，并不代表构件混凝土强度低，就一定会出现裂缝。

2.2.2.2 钢筋配置检测

钢筋配置检测包括检测钢筋的保护层厚度和混凝土构件中钢筋的间距、根数和直径。钢筋实际配置情况对构件承载能力有很大影响，同时保护层对于钢筋起到隔离空气的作用，保证钢筋在使用年限内的耐久性。根据相关文献，钢筋间距和保护层均对裂缝的开展有一定的影响，钢筋锈涨会导致混凝土开裂。因此，在综合考虑裂缝成因时，钢筋配置亦是重要因素之一。

A 钢筋保护层厚度检测

钢筋配置检测主要包括钢筋保护层检测和钢筋间距检测。由于受限于现阶段技术水平，钢筋直径的无损检测还未成熟，因此本节将详细介绍钢筋保护层的检测方法。

钢筋保护层厚度是最外层钢筋外边缘至混凝土表面的距离。钢筋保护层主要有以下两方面的作用：

（1）混凝土保护层厚度不应小于受力钢筋的直径，是为了保证混凝土对钢筋的握裹能力。

（2）钢筋保护层厚度与结构耐久性密切相关。原则上，环境越恶劣，相应的保护层厚度越大。

参照《混凝土结构工程施工质量验收规范》（GB 50204—2015）附录E的规定，对钢筋保护层抽样数量进行如下规定：

（1）对非悬挑梁板类构件，应各抽取构件数量的2%且不少于5个构件进行检验。

（2）对悬挑梁，应抽取构件数量的5%且不少于10个构件进行检验；当悬挑梁数量少于 10 个时，应全数检验。

（3）对悬挑板，应抽取构件数量的 5%且不少于 20 个构件进行检验；当悬挑板数量少于 20 个时，应全数检验。

钢筋保护层厚度通常采用无损检测。当出现纠纷或者检测精度需要时，可采用剔凿法进行检测。剔凿法检测结果精确，具有说服力，缺点是对结构造成破坏。因此市面上较流行的方法是电磁感应法，该方法为无损检测法，检测精度很大程度上依赖仪器的质量。其原理是：探头等计量仪器中的线圈，当交流电流通电后便产生磁场，在该磁场内有钢筋等磁性体存在，这个磁性体便产生电流，由于有电流通过便形成新的反向磁场。由于这个新的磁场，计量仪器内的线圈产生反向电流，结果使线圈电压产生变化。由于线圈电压的变化，是随磁场内磁性体的特性及距离而变化的，利用这种现象便可测出混凝土中的钢筋保护层、直径及位置等。需要说明的是，即便市面上进口的探测仪，对于钢筋直径的检测准确率均不高。建议在实际检测中，采用剔凿法对钢筋直径进行检测。

现场实际检测中，梁类构件应对全部纵向受力钢筋的保护层厚度进行检验；板类构件应抽取不少于 6 根纵向受力钢筋进行保护层厚度检验。对于每根钢筋，应检测不同位置 3 处，并计算平均值。钢筋保护层厚度的允许偏差，参照表 2-2。

表 2-2　结构实体纵向受力钢筋保护层厚度的允许偏差

构件类型	允许偏差/mm
梁	+10，-7
板	+8，-5

依据《混凝土结构工程施工质量验收规范》（GB 50204—2015）附录 E. 0. 4 条的规定，梁类、板类构件纵向受力钢筋的保护层厚度应分别进行验收，并应符合下列规定：

（1）当全部钢筋保护层厚度检验的合格率为 90%及以上时，可判为合格；

（2）当全部钢筋保护层厚度检验的合格率小于 90%但不小于 80%时，可再抽取相同数量的构件进行检验；当按两次抽样总和计算的合格率为 90%及以上时，仍可判为合格；

（3）每次抽样检验结果中不合格点的最大偏差均不应大于规范中规定允许偏差的 1.5 倍。

依据《混凝土结构设计规范》（GB 50010—2010）（2015 年版）第 8. 2. 1 条的规定，规定了设计使用年限为 50 年的混凝土结构最外层钢筋保护层厚度应符合表 2-3 的规定。

表 2-3 混凝土保护层的最小厚度 (mm)

环境类别	板、墙、壳	梁、柱、杆
一	15	20
二 a	20	25
二 b	25	35
三 a	30	40
三 b	40	50

上述两种规范，对于钢筋保护层的规定并不相同，施工质量验收规范主要规定了纵向受力钢筋的保护层允许偏差，即检测时应检测纵向受力钢筋的保护层。而新版本的设计规范，将钢筋保护层的概念进行了修正，强调保护层为最外层钢筋外边缘至混凝土表面的距离。因此，设计规范规定了保护层的最小厚度，在实际应用中，应注意区分。在检测报告中应说明检测的是纵向受力钢筋的保护层还是最外侧钢筋的保护层，以免造成歧义。

B 钢筋数量和间距检测

混凝土中钢筋数量和间距的检测一般采用钢筋探测仪或雷达仪，其检测原理与钢筋保护层厚度检测原理相同（具体详见上节）。钢筋数量和间距的检测应注意以下几点：

(1) 测试部位应避开其他金属材料和较强的铁磁性材料，测试构件表面应清洁、平整。

(2) 测试部位的选择应尽量保持随机。尤其是在检测板墙类构件时，检测人员在现场应秉持公正的原则，在检测区域内随机抽取测试部位。

检测梁柱类构件钢筋数量和间距时，应将构件全部受力主筋逐一检测出来，并标记主筋的位置。箍筋检测时，对非加密区箍筋应连续检测 7 根，加密区箍筋应全部检出，并标记位置。

检测板墙类构件钢筋数量和间距时，应在测试部位连续检测 7 根钢筋。当钢筋数量少于 7 根时，应将该方向上全部钢筋检出。

构件钢筋间距的计算方法为：确定第一根钢筋和最后一根钢筋的距离，该距离除以 $N-1$（N 为所检钢筋根数），得出钢筋的平均间距。钢筋数量和间距的评定标准可以参照《混凝土结构现场检测技术标准》（GB/T 50784—2013）或者《混凝土结构工程施工质量验收规范》（GB 50204—2015）。根据现场大量检测数据分析得出，采用钢筋探测仪和雷达仪检测钢筋数量和间距，其精度可以满足实际应用的要求。对于构件内多层布置的钢筋，由于电磁屏蔽的作用，内层钢筋的检测效果不理想，无法准确定位。对于梁柱类构件，如果主筋钢筋间距过小，可能导致漏检的情况。在实际检测前，应与委托方或监管方进行沟通并约定检测结果的评定依据哪个规范。上述两种规范对钢筋间距合格的判定并不相同，《混凝土结构工程施工质量验收规范》（GB 50204—2015）判定结果较严格，因为该规范规定构件混凝土浇筑前的钢筋间距允许偏差，未充分考虑混凝土浇筑过程中的振动影响。《混凝土结构现场检测技术标准》（GB/T 50784—2013）判定结果更符合施工现场实际情况，因此钢筋数量和间距的检测建议采用后者进行判定。

2.2.2.3 构件尺寸检测

混凝土构件尺寸检测一般包括截面尺寸、标高和轴线定位等。与裂缝开展密切相关的为构件的截面尺寸，因此本节重点探讨混凝土构件截面尺寸的检测。截面尺寸的检测一般采用卷尺或钢直尺即可，其抽样原则和判定标准均应按照《混凝土结构工程施工质量验收规范》（GB 50204—2015）。检测时应注意以下两点：

（1）应采取措施剔除构件表面抹灰层、装修层。

（2）量测时应选择构件截面最小处进行，尤其是处于环境侵蚀较严重的构件。并应以所测的构件的最小截面尺寸作为构件安全性分析的基础。

2.2.2.4 构件密实度检测

A 原理

超声波检测法是利用超声来进行介质和部件内部缺陷的检测技术，包括材料内部缺陷探测、粘接或焊接缺陷的探测等，也称为超声无损探伤，目前已经广泛地应用于建筑、材料、机械等各领域。

超声波检测法的主要原理如图 2-10 所示。

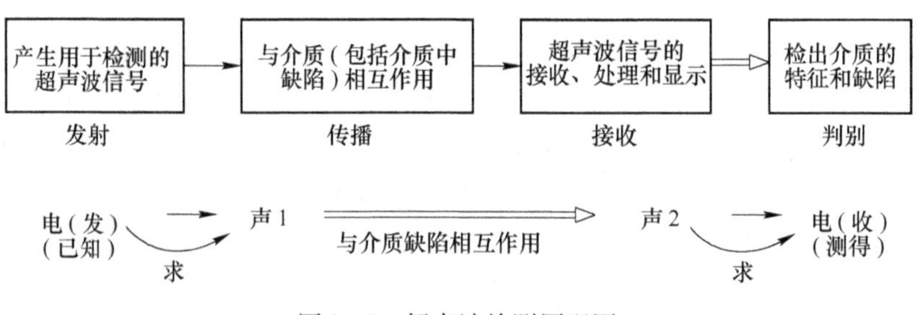

图 2-10 超声波检测原理图

在图 2-10 所示的超声波检测过程中，要求从电（发）和电（收）两个已知和测得的电信号求出声 1 和声 2 两个射入和射出介质的电信号，从声 1 和声 2 的对比中或从同一个声 1 不同的声 2 对比中去检出介质特性和缺陷特征。这个过程实际上是一个信号的传输检测过程。在这个过程中，由电（发）和电（收）去求声 1 和声 2 是检测换能器研究的问题，其中比较重要的是电声信号转换的瞬态特性和向介质辐射的声场特性。而如何从声 1 与声 2 或不同的声 2 对比中去探测缺陷和分析介质特性，则是超声波在介质中的传播问题，其中主要的是传播速度、衰减、界面上的反射和透射、缺陷的散射等特性。

B 检测超声波换能器（探头）

超声波检测过程是信号的传输过程，有关检测超声波信号的产生和接收是超声波检测中比较重要的问题之一。检测超声波换能器是实现产生和接收用于检测的超声波信号的器件，随着无损检测技术的发展，对检测超声波换能器的研究和制作，在国内外越来越受到普遍的重视。检测超声波换能器主要是利用材料的压电效应做成的压电换能器，俗称“探头”。

在已知的电脉冲的激励下或者在一个已知的入射声波脉冲作用下，探头会随之产生超声波脉冲响应；或者说，在已知电脉冲激励下，探头在负载中产生的超声波由界面反射回来后，又被探头接收输出的电脉冲影响特性，可以反映出所检介质内部特性和缺陷。对该过程的分析，就是通常所说的发射接收、又发又收特性。

对于探头，其中心轴线上声场的声压 p 计算公式为：

$$p = 2\rho v U_0 \sin \frac{k}{2}\left(\sqrt{a^2 + z^2} - z\right) e^{j\left[\omega t + \frac{\pi}{2} - \frac{k}{2}\left(\sqrt{a^2+z^2}+z\right)\right]}$$

$$|p| = 2\rho v U_0 \left| \sin \frac{k}{2}\left(\sqrt{a^2 + z^2} - z\right) \right|$$

上面两式中，v 为介质声速，$\rho v U_0 = p_0$，由上式给出探头中心轴线上声场声压随距离的变化曲线，如图 2-11 所示。

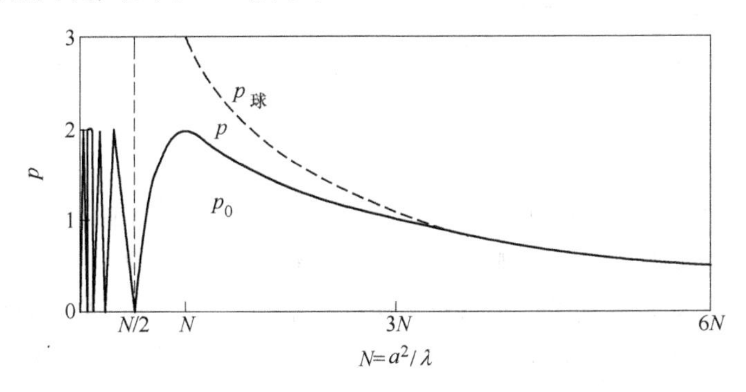

图 2-11 探头声压曲线图

C 检测仪和探头性能指标

（1）声波检测仪应符合下列要求：

1）具有实时显示和记录接收信号的时程曲线以及频率测量或频谱分析功能；

2）声时测量分辨力优于或等于 0.5μs，声波幅值测量相对误差小于 5%，系统频带宽度为 1~200kHz，系统最大动态范围不小于 100dB；

3）声波发射脉冲宜为阶跃或矩形脉冲，电压幅值为 200~1000V。

（2）探头（换能器）应符合下列要求：

1）圆柱状径向振动，沿径向无指向性；

2）有效工作面轴向长度不大于 150mm；

3）谐振频率宜为 30~50kHz；

4）水密性满足 1MPa 水压不渗水。

D　检测前准备工作

现场检测前准备工作应符合下列规定：

（1）采用标定法确定仪器系统延迟时间；

（2）探头应能在全测量范围内平滑移动。

根据《超声法检测混凝土缺陷技术规程》（CECS 21:2000），其数据处理及判断公式如下：

$$m_x = \sum X_i / n$$

$$s_x = \sqrt{(\sum X_i^2 - n \cdot m_x^2)/(n-1)}$$

$$X_0 = m_x - \lambda_1 \cdot s_x$$

式中　m_x——声速平均值；

s_x——标准差；

X_0——异常情况的判断值。

异常数据判断方法详见《超声法检测混凝土缺陷技术规程》（CECS 21:2000）表 6-3.2。

E　现场检测方法

针对混凝土构件采用超声法检测密实度，建议采用对测法进行检测。如图 2-12所示，在相互平行的两个测试面上，分别画出间距为 100~300mm 的网络线，并将节点编号。如若现场条件不具备，易可根据现场情况采用斜测方法或钻孔埋管法，如图 2-13 和图 2-14 所示。按照现场操作的经验而言，对测法操作的便捷性在于探头接收端较易接收到信号，信号亦较稳定，便于保存或拍照。钻孔埋管法适用于待测构件截面较大或测距较大时，其检测难度较大。

现场检测时应注意以下几点：

（1）测试混凝土表面应平整、清洁。表面抹灰层必须与混凝土面结合紧密，否则将影响超声波传播。如无法确认时，可将抹灰层剔除。

（2）耦合剂内应避免出现夹杂、泥土等干扰检测的杂质。

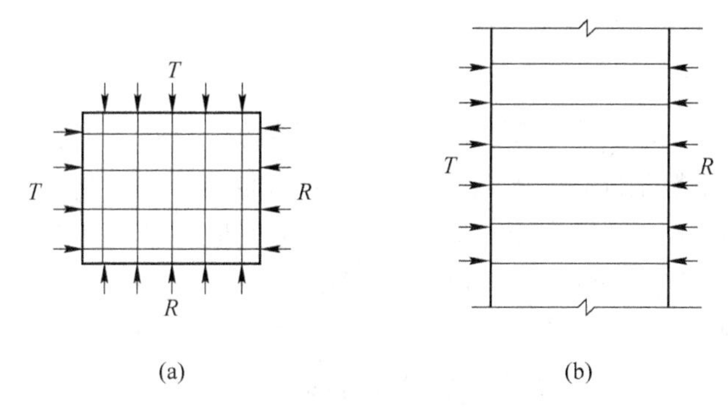

图 2-12　对测法检测混凝土密实度示意图
（a）平面图；（b）立面图

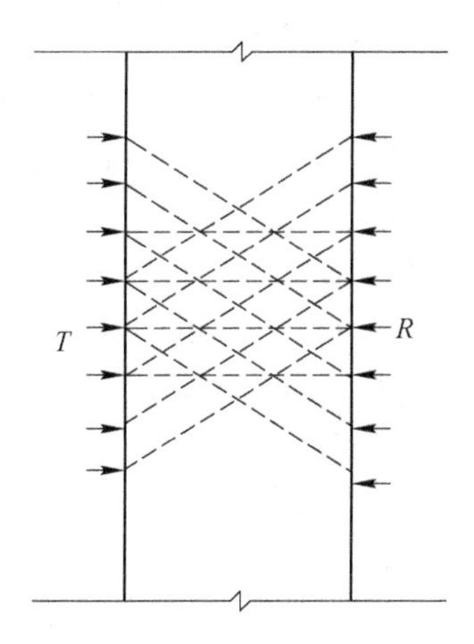

图 2-13　斜测法检测混凝土密实度示意图

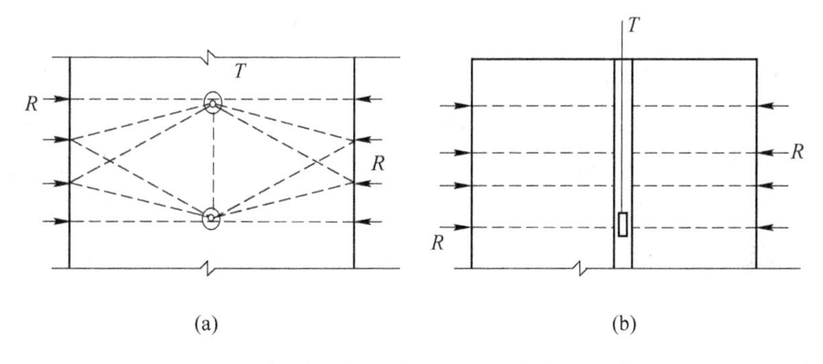

图 2-14　钻孔埋管法检测混凝土密实度示意图
（a）平面图；（b）立面图

（3）两个换能器连线不应与构件内钢筋走向平行，以免造成超声波沿钢筋走向进行传播，使检测数据异常。

2.2.2.5　钢筋锈蚀检测

A　原理

前文提到过，钢筋因为锈蚀而涨开，由于混凝土抗拉强度较小，容易导致混凝土的开裂。钢筋的锈蚀是个复杂的化学过程，混凝土在水化作用时，水泥中氯化钙生成氢氧化钙，使混凝土中含有大量的氢氧根离子，使 PH 值一般可达到 12.5~13.5，钢筋在这样的高碱环境中，表面容易生成一层钝化膜，研究结果表明，这种钝化膜能阻止钢筋的锈蚀，只有这层钝化膜遭到破坏，在有水和氧气的条件下，钢筋就会发生电化学腐蚀。其过程如下：

阳极反应：　$Fe \longrightarrow Fe^{2+} + 2e^-$

阴极反应：　$O_2 + 2H_2O + 4e^- \longrightarrow 4OH^-$

综合：　$2Fe + O_2 + 2H_2O \longrightarrow 2Fe(OH)_2$

$$4Fe(OH)_2 + O_2 + 2H_2O \longrightarrow 4Fe(OH)_3$$

$$Fe(OH)_3 + 3H_2O \longrightarrow Fe(OH)_3 \cdot 3H_2O\text{(红铁锈)}$$

造成钢筋的锈蚀的原因很多，主要有以下两点：

（1）混凝土碳化引起钢筋锈蚀。因为混凝土硬化后，表面混凝土遇到空气中二氧化碳的作用，使氢氯化钙慢慢经过化学反应变成碳酸钙，使之碱性降低，碳化到钢筋表面时，使钝化膜遭到破坏，钢筋就开始腐蚀。众所周知，大气是二氧化碳的主要来源，大气中通常含 0.2%~0.3%的二氧化碳，而且只要有大气存在的地方，就必然存在二氧化碳，对于普通的硅酸盐而言，水化产生的氢氧化钙可达到整个水化产物的 10%~15%，它作为水泥水化产物之一，一方面，它是混凝土高碱度的提供源和保证者，对保护钢筋起着十分重要的作用；另一方面，它又是混凝土中最不稳定的成分之一，很容易与环境中的酸性介质发生中和反应，使混凝土碳化，并逐步延伸到钢筋，使钢筋开始锈蚀。

（2）氯离子引起的钢筋锈蚀。混凝土结构中，氯离子进入混凝土通常有两种途径：其一是掺入，如掺入含有氯盐的外加剂，使用海砂，施工用水含氯盐，在含盐环境中搅拌、浇筑混凝土；其二是渗入，环境中的氯盐通常通过混凝土的宏观、微观缺陷，渗入到混凝土中并达到钢筋表面，直接或间接破坏混凝土的包裹作用及钢筋钝化的高碱度两种屏障，使之发生锈蚀继而锈蚀产物体积膨胀，使混凝土保护层开裂与脱落。

B　检测方法

在结构检测中，为了了解钢筋锈蚀情况对混凝土结构的影响，一般遵循的流程见图 2-15。

为了减少钢筋锈蚀对结构造成危害，需要即时了解现有的结构中的钢筋锈蚀状态，以便对钢筋采取必要的措施进行预防。目前对钢筋锈蚀的测试，通常采用

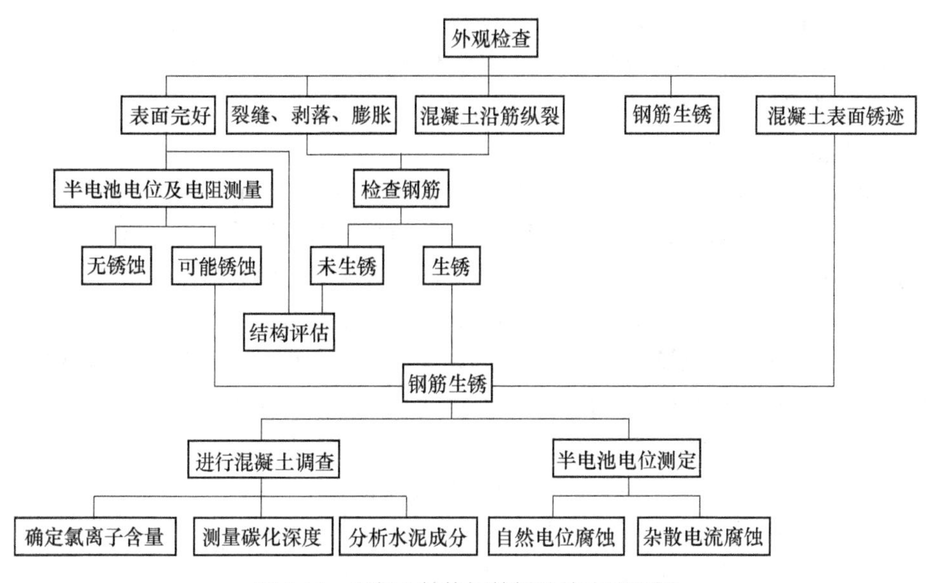

图 2-15 混凝土结构钢筋锈蚀检查流程图

如下几种方法：

（1）视觉法和声音法。在常规的混凝土结构中，钢筋锈蚀的第一视觉特征是钢筋表面出现大量的锈斑，显然，只要检查钢筋表面就可以看到；有时混凝土表面下的裂缝发展到表面，混凝土最终开裂时可直接检查钢筋，在早期可以用“发声”方法估计下部裂缝引起的破坏。

（2）氯离子的监测。它需要对钢筋以上或周围的混凝土进行采样，一般通过钻芯方法，然后用电测法或化学方法确定氯含量。最近，已有中和反应法仪器用于结构中氯离子含量的检测。

（3）极化电阻法。极化电阻法（线形极化法）作为一种锈蚀监测方法，已经成功地应用于工业生产和许多环境。该方法的原理是将锈蚀率与极化曲线在自由锈蚀电位处的斜率联系在一起，可以用双电极或三电极系统监测材料与环境耦合的锈蚀率。

（4）半电池电位法。目前，国内外常用的方法是半电池电位法。

钢筋在混凝土中锈蚀是一种电化学过程。此时，在钢筋表面形成阳极区和阴极区。在这些具有不同电位的区域之间，混凝土的内部将产生电流。钢筋和混凝土的电学活性可以看作是半个弱电池组，钢的作用是一个电极，而混凝土是电解质，这就是半电池电位检测法名称的由来。

半电池电位法是利用“$Cu+CuSO_4$ 饱和溶液”形成的半电池与“钢筋+混凝土”形成的半电池构成一个全电池系统。由于“$Cu+CuSO_4$ 饱和溶液”的电位值相对恒定，而混凝土中钢筋因锈蚀产生的化学反应将引起全电池的变化。因此，电位值可以评估钢筋锈蚀状态。

在检测实际应用中，采用半电池电位法和氯离子监测法比较常见，并且检测结果可靠稳定。因此本书将重点介绍上述两种方法。

a　氯离子监测法

当混凝土中含有氯离子（Cl^-）时，即使混凝土的碱度还较高，钢筋周围的混凝土尚未碳化，钢筋也会出现锈蚀现象。这是因为氯离子的半径小，活性大，具有很强的穿透氧化膜的能力，氯离子吸附在膜结构有缺陷的地方，如位错区或晶界区等，使难溶的氢氧化铁转变成易溶的氯化铁致使钢筋表面的钝化膜局部破坏。钝化膜破坏后，露出的金属便是活化-钝化原电池的阳极。由于活化区小，钝化区大，构成一个大阴极、小阳极的活化-钝化电池，使钢筋产生所谓的坑蚀现象。

钢筋的腐蚀速度与混凝土中氯离子的含量有关。有资料表明：混凝土中氯化物含量达 0.6~1.2kg/m³，钢筋的腐蚀过程就可以发生，图 2-16 中曲线表示的是促使混凝土中钢筋锈蚀的氯离子含量的临界值，由图中可看到：混凝土孔隙水的 pH 值高，促使钢筋锈蚀的氯离子含量临界值相应增高。

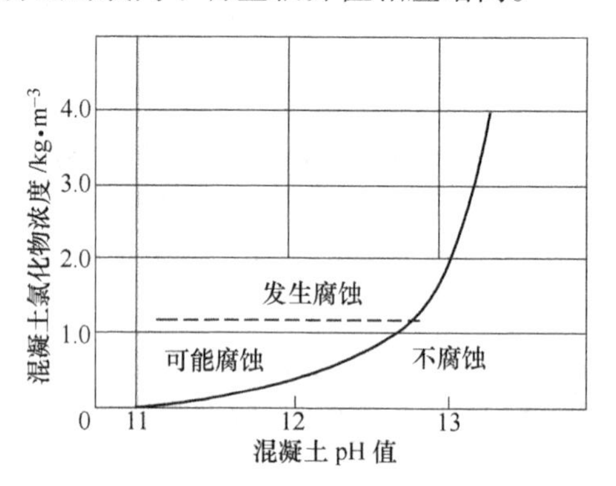

图 2-16　氯离子含量与钢筋锈蚀关系图

进入混凝土中的氯离子主要有两个来源：

施工过程中掺加的防冻剂等——内掺型；

使用环境中氯离子的渗透——外渗型。

在地上建筑中（指没有海水和盐雾侵蚀的建筑），内掺型造成的破坏比较常见。实例及经验表明，氯离子对钢筋混凝土的危害是非常大的，因此，对氯的侵蚀要格外注意。

在《混凝土结构设计规范》（GB 50010—2002）第 3.4 条规定，室内正常环境下，最大氯离子含量不得大于 1.0%。在非严寒和非寒冷地区的露天环境下，最大氯离子含量不得大于 0.3%。严寒和寒冷地区的露天环境下，最大氯离子含量不得大于 0.2%。

b 半电池电位法

检测前，首先配制 $CuSO_4$ 饱和溶液。半电池电位法的原理要求混凝土成为电解质，因此必须对钢筋混凝土结构的表面进行预先润湿。检测时，保持混凝土湿润，但表面不存有自由水。

为避免破凿对结构造成损伤，采用电位梯度法而非电位值法进行检测。现场电位梯度测试不需要凿开混凝土，使用两个相距 20cm 的硫酸铜电极，仪器连接方法见图 2-17。

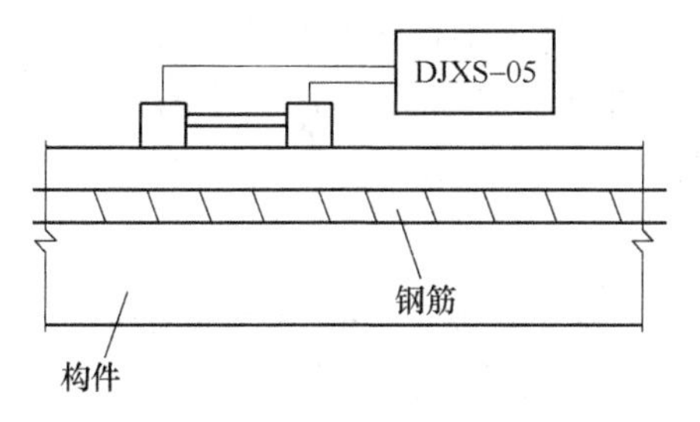

图 2-17 梯度测量现场工作仪器连接图

根据电位梯度测试的测试原理，一个测区内，一旦连接好两个电极开始测试后，两个电极的前后顺序不可调换。

同时依据《建筑结构检测技术标准》（GB 50344—2004）中关于钢筋电位与钢筋锈蚀状况的判别标准为：

（1）-200mV 或高于-200mV，无锈蚀活动性或锈蚀活动性不确定；

（2）-200~-350mV，钢筋发生锈蚀的概率为 50%，可能存在坑蚀现象；

（3）-350~-500mV，钢筋发生锈蚀的概率为 95%。

2.3 混凝土结构裂缝的安全性评定

2.3.1 混凝土结构裂缝的类型判断

根据对裂缝的分析和判断，认识裂缝有害程度和做出处理意见，还须做好下述的许多细致工作：

（1）调查裂缝发生、发展的时间过程（即“病历”）。

（2）查看施工图纸、施工记录、沉降观测等资料。

（3）将裂缝发生部位、走向、形态记录于施工图上。

（4）进行必要的检测（如混凝土、钢筋、砂浆及主体结构几何尺寸等施工质量）。

（5）进行必要的力学验算。

（6）根据调查资料、裂缝概念、裂缝经验进行裂缝原因筛选和判断。

(7) 裂缝有害程度和处理意见。

上述工作中，裂缝发生部位、走向、形态的调查和记录十分重要，是裂缝判断、定性的主要依据；一般情况下，据此往往可以定性；在似是而非的情况下，则须作进一步的取证和分析。在裂缝的分析和判断中，应注意避免将温差裂缝、干缩裂缝当做地基基础不均匀沉降，避免将变形裂缝当做荷载裂缝，避免将仅有质量通病的建筑当做危房（危险房屋）。

以下从常见裂缝形态判断裂缝成因：

(1) 梁的常见裂缝。混凝土梁作为结构中主要的受力构件，主要承担弯矩荷载。梁构件从配筋角度来说，在支座顶部和跨中底部配筋量较大。因此加强对梁构件裂缝的判断，在实际工程运用中，具有重要的意义。混凝土梁构件常见裂缝详见表 2-4。

表 2-4 混凝土梁构件常见裂缝

序号	示 例	描 述	裂缝成因	处理方式
1		多出现跨中，由上而下，不贯通	成因复杂，多考虑为拆模过早，施工养护不到位	裂缝封闭
2		多出现跨中，单侧贯通或环状贯通	多考虑为混凝土强度不够、配筋不足、偶然超载	加固处理
3		出现端部，由上而下，不贯通	负弯矩受拉，成因复杂，多考虑为拆模过早，施工养护不到位	裂缝封闭
4		两侧端部，不贯通，有发展趋势	不均匀沉降或位移	沉降或位移，稳定后加固处理
5		斜向裂缝，中间宽而密	成因复杂，多为承载能力缺陷所致，如配箍不足、强度不足，主要提示抗剪承载力不足	加固处理
6		跨中裂缝由上而下，跨中上方裂缝密集	受弯承载力不足	立即加固

（2）柱的常见裂缝。混凝土柱在结构体系中扮演者竖向承重构件的角色。由于混凝土材料自身抗压能力极强，柱构件易受拉产生裂缝，柱与梁产生裂缝的形态不大相同。柱产生裂缝的原因主要有压力、荷载偏心、地震水平力等。因此加强对柱构件裂缝的判断，在实际工程运用中，具有重要的意义。混凝土柱构件常见裂缝详见表2-5。

表2-5 混凝土柱构件常见裂缝

序号	示　例	描　述	裂缝成因	处理方式
1		水平裂缝，不贯通截面	偏心受压导致的弯曲受拉开裂	裂缝封闭
2		水平裂缝，断续不连通	裂缝深度小于保护层，沿箍筋开裂，多为施工振捣、养护原因	裂缝封闭
3		裂缝短粗密集，局部保护层破坏	受压裂缝，柱承载能力严重不足，严重影响承载能力	停止使用，立即加固

（3）墙的常见裂缝。混凝土墙构件作为垂直构件，较少产生受力裂缝。原因为墙受到的竖向压力往往比柱少很多。但由于墙构件尺寸较大，容易产生各种形态的收缩裂缝、温度裂缝等。混凝土墙构件常见裂缝详见表2-6。

（4）板的常见裂缝。板构件双方向尺寸较大，是最易产生裂缝的混凝土构件。板主要承受竖向面荷载，因此板底、板面是容易出现裂缝的，但是对于板裂缝的判断，应结合裂缝走向、形态综合分析，具体详见表2-7。

表 2-6　混凝土墙构件常见裂缝

序号	示　例	描　述	裂缝成因	处理方式
1	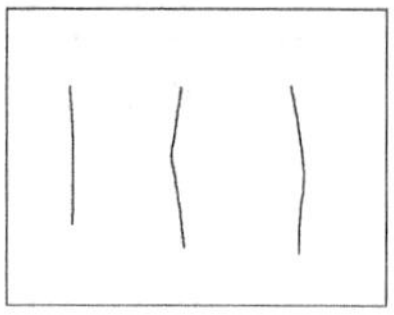	竖向裂缝，等间距出现	温度收缩裂缝	裂缝封闭
2	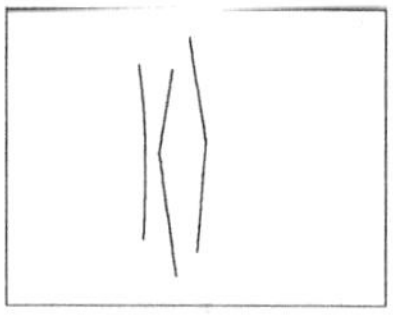	竖向裂缝，集中出现若干条	弯曲受拉裂缝，往往出现在墙体受弯最大处	裂缝封闭处理
3	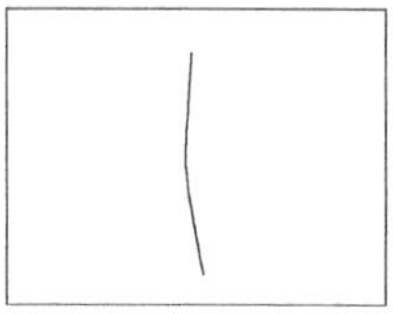	竖向裂缝，出现于施工缝处	接茬裂缝	裂缝封闭处理
4	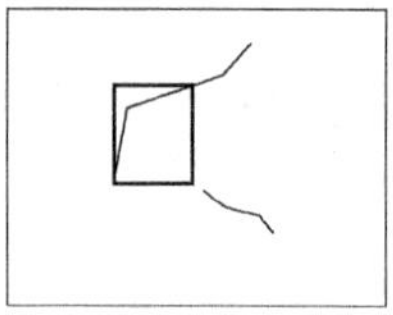	预留洞口处斜向延展裂缝	局部构造措施影响	裂缝封闭处理
5	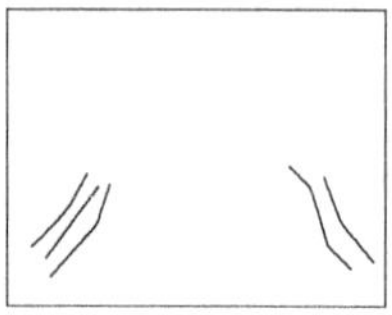	斜向裂缝，成八字形态	不均匀沉降	稳定后加固处理

表 2-7　混凝土板构件常见裂缝

序号	示　例	描　述	裂缝成因	处理方式
1		板底跨中无规则裂缝	成因复杂，拆模过早、强度不足、配筋不足或超载	裂缝封堵封闭，宽度过大需加固
2	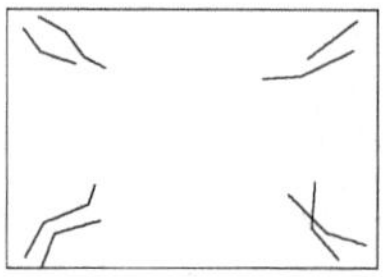	板底角部斜裂缝	成因复杂，拆模过早、强度不足、配筋不足或超载	裂缝封堵封闭，宽度过大需加固

续表 2-7

序号	示 例	描 述	裂缝成因	处理方式
3		预留孔洞附近斜裂缝	应力集中或施工缺陷	裂缝封闭
4		板面支座裂缝	负弯矩受拉，成因复杂，拆模过早、负筋保护层过大、强度不足	裂缝封闭，必要时加固处理
5		板面跨中无规则裂缝	正弯矩受压，受力裂缝	及时加固处理

2.3.2 混凝土结构裂缝宽度验算

裂缝宽度引起的原因可分为两大类：一是由荷载引起的裂缝；另一类是由变形（非荷载）引起的裂缝，如材料收缩、温度变形、混凝土碳化（钢筋锈蚀膨胀）以及地基不均匀沉降等原因引起的裂缝。很多裂缝往往是几种原因共同作用的结果。调查表明，工程实践中结构物的裂缝属于变形因素为主引起的约占80%，属于荷载为主引起的约占20%。非荷载引起的裂缝十分复杂，目前主要是通过构造措施（如加强配筋、设置变形缝等）进行成本控制。本节所讨论的为荷载引起的正截面裂缝验算。

2.3.2.1 验算公式

根据正常使用阶段对结构构件裂缝的不同要求，将裂缝的控制分为三个等级：正常使用阶段严格要求不出现裂缝的构件，裂缝控制等级属一级；正常使用阶段一般不要求出现裂缝的构件，裂缝控制等级属二级；正常使用阶段允许出现裂缝的构件，裂缝控制等级属三级。

钢筋混凝土结构构件由于混凝土的抗拉强度低，在正常使用阶段常带裂缝工作，因此，其裂缝控制等级属于三级。若要使构件的裂缝达到一级或二级要求，必须对其施加预应力，将结构构件做成预应力混凝土结构构件。

试验和工程实践表明，在一般情况下，只要将钢筋混凝土结构构件的裂缝宽度限制在一定非范围内，结构构件内的钢筋并不会锈蚀，对结构构件的耐久性也不会造成威胁。因此，裂缝宽度的验算可以按下面的公式进行：

$$W_{max} \leqslant W_{lim} \tag{2-1}$$

式中 W_{max}——荷载作用产生的最大裂缝宽度；

W_{lim}——最大裂缝宽度限值。

因此，裂缝的验算主要是按荷载效应准永久组合并考虑长期影响作用的最大裂缝宽度的计算。求得后，按式（2-1）即可判定是否超出限值。

2.3.2.2 计算方法

规范采用平均裂缝宽度乘以扩大系数的方法确定最大裂缝宽度 W_m。下面对公式如何建立进行介绍。

（1）平均裂缝宽度 W_m。在裂缝出现的过程中，存在一个裂缝基本稳定的阶段。因此，对于一根特定的构件，其平均裂缝间距可以用统计的方法根据试验资料求得，相应地存在一个平均裂缝宽度 W_m

现仍以轴心受拉构件为例来建立平均裂缝宽度 W_m 的计算公式。

如图 2-18（a）所示，在轴向力 N_k 的作用下，平均裂缝间距 l_{cr} 之间的各截面，由于混凝土承受的应力（应变）不同，相应的钢筋应力（应变）也发生变化，在裂缝截面混凝土退出工作，钢筋应变最大（图 2-18（c））；中间截面由于粘结力使混凝土应变恢复到最大值（图 2-18（b）），而钢筋应变最小。根据裂缝开展的粘结-滑移理论，认为裂缝宽度是由于钢筋与混凝土之间的粘结破坏，出现相对滑移，引起裂缝处的混凝土回缩而产生的。因此，平均裂缝宽度 W_m，应等于平均裂缝间距之间沿钢筋水平位置处钢筋和混凝土总伸长之差，即

$$W_m = \int_0^{l_{cr}} (\varepsilon_s - \varepsilon_c) dl \tag{2-2}$$

为方便计算，现将曲线应变分布简化为平均应变和直线分布，如图 2-18（b）、（c）所示，于是

$$W_m = (\varepsilon_{sm} - \varepsilon_{cm}) l_{cr} = \left(1 - \frac{\varepsilon_{cm}}{\varepsilon_{sm}}\right) \varepsilon_{sm} l_{cr} \tag{2-3}$$

由试验知 $\varepsilon_{cm}/\varepsilon_{sm} = 0.15$，故 $\alpha_c = 1 - \varepsilon_{cm}/\varepsilon_{sm} = 1 - 0.15 = 0.85$，令 $\sigma_{sm} = \varphi \sigma_s$，则式（2-2）为

$$W_m = \alpha_c \varphi \frac{\sigma_s}{E_s} l_{cr} \tag{2-4}$$

上式不仅适用于轴心受拉构件，也同样适用于受弯、偏心受拉和偏心受压构件。式中 E_c 为钢筋弹性模量。但是，应该指出的是，按式（2-3）计算的 W_m，是指构件表面的裂缝宽度，在钢筋位置处，由于钢筋对混凝土的约束，使得截面上各点的裂缝宽度并非如图 2-18（a）所示处处相等。

（2）平均裂缝间距 l_{cr} 的计算。理论分析表明，裂缝间距主要取决于有效配筋率 ρ_{te}。钢筋直径 d 及其表面形状。此外，还与混凝土保护层厚度 c 有关。

有效配筋率 ρ_{te} 是指按有效受拉混凝土截面面积 A_{te} 计算的纵向受拉钢筋的配

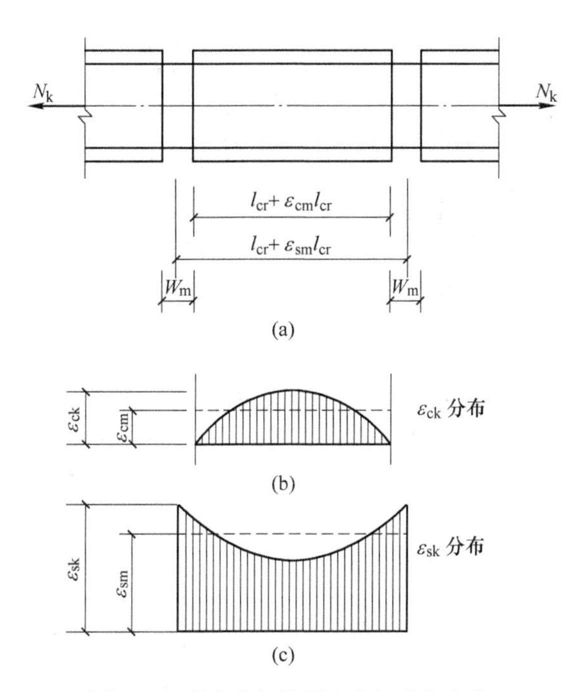

图 2-18　裂缝之间混凝土和钢筋的应变

（a）裂缝宽度计算简图；（b）ε_{ck}分布图；（c）ε_{sk}分布图

筋率，即

$$\rho_{te} = A_s / A_{te} \tag{2-5}$$

有效受拉混凝土截面面积 A_{te} 按下列规定取用：

对轴心受拉构件，A_{te} 取构件截面面积；

对受弯、偏心受压和偏心受拉构件，取

$$A_{te} = 0.5bh + (b_f - b)\ h_f \tag{2-6}$$

式中　b——矩形截面宽度，T 形和工字形截面腹板厚度；

h——截面高度；

b_f，h_f——分别为受拉翼缘的宽度和高度。

对于矩形、T 形、倒 T 形及工字形截面，A_{te} 的取用见图 2-19（a）~（d）所示的阴影面积。

试验表明，有效配筋率 ρ_{te} 愈高，钢筋直径 d 愈小，则裂缝愈密，其宽度愈小。随着混凝土保护层 c 的增大，外表混凝土比靠近钢筋的内部混凝土所受约束要小。因此，当构件出现第一批（条）裂缝后，保护层大的与保护层小的相比，在离开裂缝截面较远的地方，外表混凝土的拉应力才能增大到其抗拉强度，才可能出现第二批（条）裂缝，其间距 l_{cr} 将相应增大。

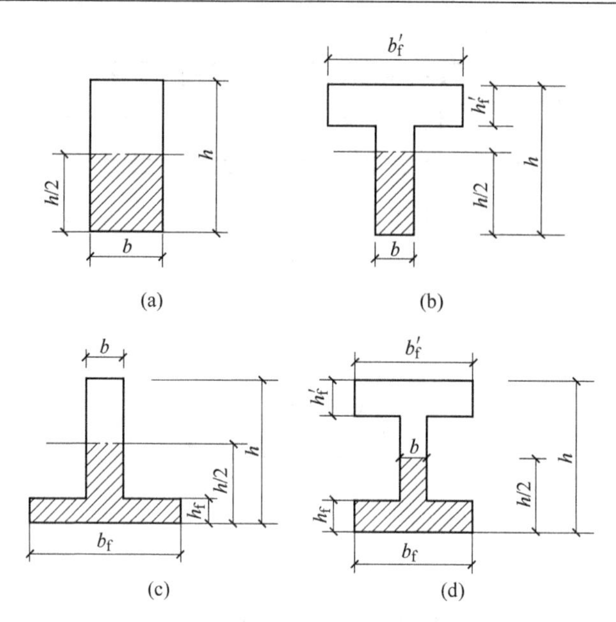

图 2-19　有效受拉混凝土截面面积（图中阴影部分面积）

根据试验结果，平均裂缝间距可按半理论半经验公式计算：

$$l_{cr} = \beta(1.9c_s + 0.08\frac{d_{eq}}{\rho_{te}}) \tag{2-7}$$

式中　β——系数，对轴心受拉构件取 $\beta = 1.1$，对受弯、偏心受压构件取 $\beta = 1.0$，对偏心受拉构件取 $\beta = 1.05$；

c_s——最外层纵向受拉钢筋外边缘至受拉区底边的距离，当 c_s <20mm 时，取 c_s =20mm；当 c_s >65mm 时，取 c_s =65mm；

d_{eq}——受拉区纵向钢筋的等效直径，$d_{eq} = \frac{\sum n_i d_i^2}{\sum n_i v_i d_i}$，$n_i$ 为受拉区第 i 种纵向钢筋根数，d_i 为受拉区第 i 种钢筋的公称直径。

v——纵向受拉钢筋相对粘结特征系数，对变形钢筋，取 $v = 1.0$；对光面钢筋，取 $v = 0.7$，钢筋直径换算的条件是单位周长上的面积相等，即 $\frac{\pi d^2/4}{\pi d} = \frac{A_s}{u}$，故得 $d = 4A_s/u$。

（3）裂缝截面钢筋应力 σ_{sq} 的计算。在荷载效应的准永久组合作用下，构件裂缝截面处纵向受拉钢筋的应力 σ_{sq}，根据使用阶段（Ⅱ阶段）的应力状态（图 2-20），可按下列公式计算：

1）轴心受拉（图 2-20a）：

$$\sigma_{sq} = \frac{N_q}{A_s} \tag{2-8}$$

2）偏心受拉（图 2-20b）：

$$\sigma_{sq} = \frac{N_q e'}{A_s(h_0 - a'_s)} \tag{2-9}$$

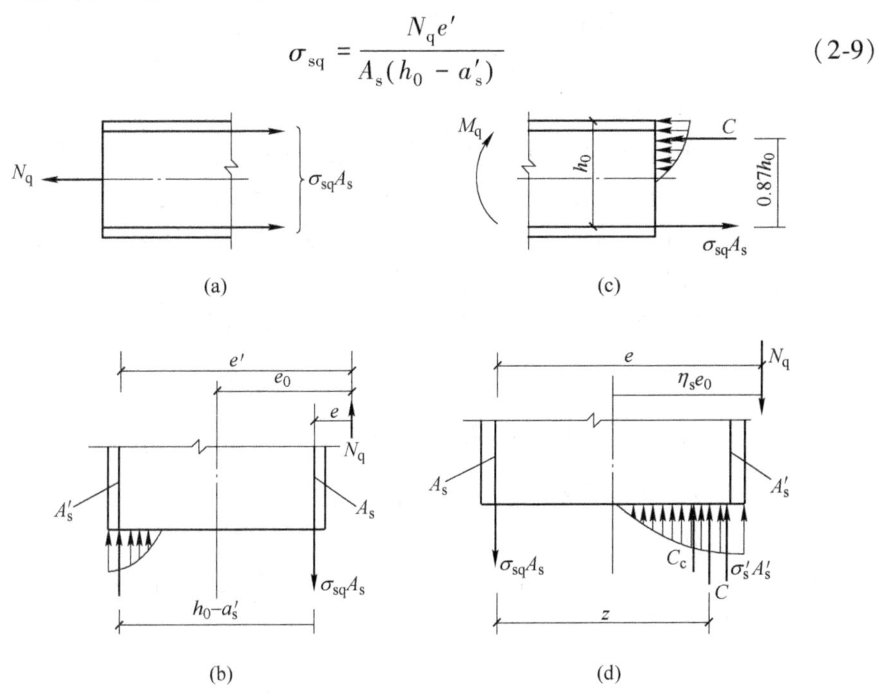

图 2-20 构件使用阶段的截面应力状态

（a）轴心受拉；（b）偏心受拉；（c）受弯；（d）偏心受压

C—受压区总压应力合力；C_c—受压区混凝土压应力合力

3）受弯构件（图 2-20c）：

$$\sigma_{sq} = \frac{M_q}{0.87\, h_0\, A_s} \tag{2-10}$$

4）偏心受压（图 2-20d）：

$$\sigma_{sq} = \frac{N_q(e - z)}{A_s z} \tag{2-11}$$

$$z = \left[0.87 - 0.12(1 - \gamma'_f)\left(\frac{h_0}{e}\right)^2\right] h_0$$

$$e = \eta_s e_0 + y_s$$

$$\eta_s = 1 + \frac{1}{4000\,\frac{e_0}{h_0}}\left(\frac{l_0}{h}\right)^2$$

当 $\frac{l_0}{h} \leqslant 14$ 时，可取 $\eta_s = 1.0$。

式中　A_s——受拉区纵向钢筋截面面积，对轴心受拉构件，A_s 取全部纵向钢筋截面面积；对偏心受拉构件，A_s 取受拉较大边的纵向钢筋截面面积；对受弯构件和偏心受压构件，A_s 取受拉区纵向钢筋截面面积；

e'——轴向拉力作用点至受压区或受拉较小边纵向钢筋合力点的距离；

e——轴向压力作用点至纵向受拉钢筋合力点的距离；

z——纵向受拉钢筋合力点至受压区合力点之间的距离，且 $z \leqslant 0.87h_0$；

η_s——使用阶段的偏心距增大系数；

y_s——截面重心至纵向受拉钢筋合力点的距离，对矩形截面 $y_s = h/2 - a$；

γ'_f——受压翼缘面积与腹板有效面积之比值，$\gamma'_f = \dfrac{(b_f - b)\,h'_f}{bh_0}$，其中，$b_f$，$h'_f$ 为受压翼缘的宽度、高度，当 $h'_f > 0.2h_0$ 时，取 $h'_f = 0.2h_0$。

（4）钢筋应变不均匀系数 φ 的计算

系数 φ 为裂缝之间钢筋的平均应变（或平均应力）与裂缝截面钢筋应变（或应力）之比，即

$$\varphi = \sigma_{sm}/\sigma_{sq} = \varepsilon_{sm}/\varepsilon_{sq} \tag{2-12}$$

系数 φ 愈小，裂缝之间的混凝土协助钢筋抗拉作用愈强；当系数 $\varphi = 1$，即 $\sigma_{sm} = \sigma_{sq}$ 时，裂缝截面之间的钢筋应力等于裂缝截面的钢筋应力，钢筋与混凝土之间的粘结应力完全退化，混凝土不再协助钢筋抗拉。因此，系数 φ 的物理意义是，反映裂缝之间混凝土协助钢筋抗拉工作的程度。《混凝土结构设计规范》（GB 50010—2010，以下简称《规范》）规定，该系数可按下列经验公式计算：

$$\varphi = 1.1 - \frac{0.65 f_{tk}}{\rho_{te}\,\sigma_{sq}} \tag{2-13}$$

式中　f_{tk}——混凝土抗拉强度标准值。

为避免过高估计混凝土协助钢筋抗拉的作用，当按式（2-13）算得的 $\varphi < 0.2$ 时，取 $\varphi = 0.2$；当 $\varphi > 1.0$ 时，取 $\varphi = 1.0$。对直接承受重复荷载的构件，$\varphi = 1.0$。

（5）最大裂缝宽度 W_{max}。实测数据表明，裂缝宽度具有很大的离散性。取实测裂缝宽度 W_t 与计算的平均裂缝宽度 W_m 的比值为 τ_s（称为短期裂缝宽度扩大系数）。试验梁的大量裂缝量测结果统计表明，τ_s 的概率分布基本为正态分布。因此超越概率为5%的最大裂缝宽度可由下式求得

$$W_{max} = W_m(1 + 1.645\delta) \tag{2-14}$$

式中 δ——裂缝宽度变异系数。

根据可靠概率为95%的要求，该系数可由实测裂缝宽度分布直方图的统计分析求得：对于轴心受拉和偏心受拉构件 $\tau_s=1.9$，对于受弯构件 $\tau_s=1.66$。此外，尚应考虑在荷载长期效应组合作用下，由于受拉区混凝土应力松弛和滑移徐变，裂缝间受拉钢筋平均应变还将继续增长；同时混凝土收缩，也使裂缝宽度有所增大。因此，短期最大裂缝宽度还需乘以荷载长期效应裂缝扩大系数 τ_l。对各种受力构件，《规范》均取 $\tau_l=0.9\times1.66\approx1.5$，这样最大裂缝宽度为

$$W_{max}=\tau_s\tau_l W_m \tag{2-15}$$

将式（2-3）和式（2-6）代入式（2-15）可得

$$W_{max}=\tau_s\tau_l\alpha_c\varphi\frac{\sigma_{sq}}{E_s}\left(1.9c_s+0.08\frac{d_{eq}}{\rho_{te}}\right) \tag{2-16}$$

令

$$\alpha_{cr}=\tau_s\alpha_c\beta$$

即可得到用于各种受力构件正截面最大裂缝宽度的统一的计算公式为

$$W_{max}=\alpha_{cr}\varphi\frac{\sigma_{sq}}{E_s}\left(1.9c_s+0.08\frac{d_{eq}}{\rho_{te}}\right) \tag{2-17}$$

式中 α_{cr}——构件受力特征系数，对轴心受拉构件 $\alpha_{cr}=2.7$；对偏心受拉构件 $\alpha_{cr}=2.4$；对受弯和偏心受压构件 $\alpha_{cr}=1.9$；

c_s——最外层纵向受拉钢筋外边缘至受拉区底边的距离；当 $c_s<20$mm 时，取 $c_s=20$mm；当 $c_s>65$mm 时，取 $c_s=65$mm。

在计算最大裂缝宽度时，按式（2-4）算得的 $\rho_{te}<0.01$ 时，《规范》规定应取 $\rho_{te}=0.01$。这一规定是基于目前对低配筋构件的试验和理论研究尚不充分的缘故。

对 $e_0/h_0\leqslant0.55$ 的偏心受压构件，可不作裂缝宽度验算。

按式（2-17）算得的最大裂缝宽度 W_{max} 不应超过附表3-2中规定的最大裂缝宽度允许值 W_{lim}，在验算裂缝宽度时，构件的材料、截面尺寸及配筋、按荷载的准永久组合计算的钢筋应力，即式（2-17）中的 φ、E_s、σ_{sq}、ρ_{te} 均为已知，而 c_s 值按构造一般变化很小，故 W_{max} 主要取决于 d、v 这两个参数。因此，当计算得出的 $W_{max}>W_{lim}$ 时，宜选择较细直径的变形钢筋，以增大钢筋与混凝土接触的表面积，提高钢筋与混凝土的粘结强度。但钢筋直径的选择也要考虑施工方便。

如采用上述措施不能满足要求时，也可增加钢筋截面面积 A_s，加大有效配筋率 ρ_{te} 从而减小钢筋应力 σ_{sq} 和裂缝间距 l_{cr}，达到符合式（2-1）的要求。改变截面形式和尺寸，提高混凝土强度等级，效果甚差，一般不宜采用。

式（2-17）是计算在纵向受拉钢筋水平处的最大裂缝宽度，而在结构试验或质量检验时，通常只能观察构件外表面的裂缝宽度，后者比前者约大 τ_b 倍。该倍数可按下列经验公式估算：

$$\tau_b = 1 + 1.5\,\alpha_s / h_0$$

式中 α_s ——从受拉钢筋截面重心到构件近边缘的距离。

2.3.3 混凝土结构裂缝的安全鉴定

2.3.3.1 混凝土结构裂缝的宽度界定

混凝土结构的裂缝在工程中常可见到，产生裂缝的原因也比较复杂，而混凝土结构的破坏又往往首先从裂缝开始。是不是混凝土有了裂缝，结构就有了问题，就不安全了，还能不能使用，所有这些疑虑使人们对结构上发生的裂缝非常关注，非常谨慎，也非常担心，因此常常造成人们的心理负担，以致无形中对裂缝的处理产生了极其严格和过于谨慎的态度，导致处理问题的复杂化和技术上的难度，增加了经济上过多的费用。事实上从对工程常见裂缝的观察、分析来看，如温度裂缝、收缩裂缝，甚至混凝土受拉区发生宽度不大的裂缝等，一般并未影响或造成危及结构的安全。因此，不能说混凝土一有裂缝，就是工程质量事故，就必须加固处理。

那么如何界定混凝土结构产生的裂缝，达到什么程度时，或者说裂缝宽度允许值为多少时，就需要加固处理，这在工程技术方面是一个既要保证混凝土结构的安全，又不能造成过大经济负担的处理原则问题。

对此国家标准对混凝土结构裂缝的宽度限值均有界定，现一并列出。

（1）《混凝土结构设计规范》（GB 50010—2010）；

（2）《混凝土结构工程施工质量验收规范》（GB 50204—2002）；

（3）《工业厂房可靠性鉴定标准》（GBJ 50144）；

（4）《民用建筑可靠性鉴定标准》（GB 50292）；

（5）《混凝土结构加固设计规范》（GB 50367）。规范规定：混凝土裂缝分为三类，即静止裂缝、活动裂缝、尚在发展的裂缝（最终会终止的裂缝）。针对三种裂缝将裂缝宽度划分为 $W \leqslant 0.2$mm，$0.1 \leqslant W \leqslant 1 \sim 5$mm 的裂缝，或更深的贯穿裂缝，采用不同的修补方法。

（6）《混凝土结构加固技术规范》（CECS 25:90）。规范规定：一般构件裂缝宽度不大于 0.45mm；露天或室内高温环境，裂缝宽度不大于 0.3mm，仍属满足要求，不需加固。从耐久性角度看，应采取灌浆修补措施，且裂缝宽度大于 1.0mm 时，宜用微膨胀水泥浆修补。

《民用建筑可靠性鉴定标准》（GB 50292—2015）第 6.2.4 条规定，混凝土结构构件的裂缝使用性评定应按表 2-8、表 2-9 进行评定。

表 2-8 钢筋混凝土构件裂缝宽度等级评定

检查项目	环境类别和作用等级	构件种类		裂缝评定标准		
				a 级	b 级	c 级
受力主筋处的弯曲裂缝或弯剪裂缝宽度/mm	Ⅰ-A	主要构件	屋架、托架	≤0.15	≤0.20	>0.20
			主梁、托梁	≤0.20	≤0.30	>0.30
		一般构件		≤0.25	≤0.40	>0.40
	Ⅰ-B，Ⅰ-C	任何构件		≤0.15	≤0.20	>0.20
	Ⅱ	任何构件		≤0.10	≤0.15	>0.15
	Ⅲ，Ⅳ	任何构件		无肉眼可见的裂缝	≤0.10	>0.10

注：1. 对拱架和屋面梁，应分别按屋架和主梁评定；
2. 裂缝宽度以表面量测的数值为准。

表 2-9 预应力混凝土构件裂缝宽度等级评定

检查项目	环境类别和作用等级	构件种类	裂缝评定标准		
			a_s 级	b_s 级	c_s 级
受力主筋处的弯曲裂缝或弯剪裂缝宽度/mm	Ⅰ-A	主要构件	无裂缝（≤0.05）	≤0.05（≤0.10）	>0.05（>0.10）
		一般构件	≤0.02（≤0.15）	≤0.10（≤0.25）	>0.10（>0.25）
	Ⅰ-B，Ⅰ-C	任何构件	无裂缝	≤0.02（≤0.05）	>0.02（>0.05）
	Ⅱ，Ⅲ，Ⅳ	任何构件	无裂缝	无裂缝	有裂缝

注：1. 表中括号内限值仅适用于采用热轧钢筋配筋的预应力混凝土构件。
2. 当构件无裂缝时，评定结果无 a_s 级或 b_s 级，可根据其混凝土外观质量的完好程度判定。

《工业建筑可靠性鉴定标准》（GB 50144—2008）第 6.2.5 条规定，混凝土结构构件的裂缝使用性评定应按表 2-10 进行评定。

表 2-10 钢筋混凝土构件裂缝宽度等级评定

环境类别与作用等级	构件种类与工作条件		裂缝宽度/mm		
			a	b	c
Ⅰ-A	室内正常环境	次要构件	<0.3	>0.3，≤0.4	>0.4
		重要构件	≤0.2	>0.2，≤0.3	>0.3
Ⅰ-B，Ⅰ-C	露天或室内高湿度环境、干湿交替环境		≤0.2	>0.2，≤0.3	>0.3
Ⅲ，Ⅳ	使用除冰盐环境、滨海室外环境		≤0.1	>0.1，≤0.2	>0.2

混凝土结构构件不适于承载的裂缝宽度评定见表 2-11。

表 2-11　混凝土结构构件不适于承载的裂缝宽度评定表

检查项目	环境	构件类别		c_u 或 d_u 级
受力主筋处的弯曲裂缝、一般弯剪裂缝和收拉裂缝宽度/mm	室内正常环境	钢筋混凝土	主要构件	>0.50
			一般构件	>0.70
		预应力混凝土	主要构件	>0.20(0.30)
			一般构件	>0.30(0.50)
	高湿度环境	钢筋混凝土	任何构件	>0.40
		预应力混凝土		>0.10(0.20)
剪切裂缝和受压裂缝/mm	任何环境	钢筋混凝土或预应力混凝土		出现裂缝

从表中分析得出，对于裂缝类型的判断尤为重要，不同的裂缝类型对于裂缝宽度的要求不同。但是规范中，对于构件具体评为 c_u 或 d_u 级并未限定，应结合建筑结构实际现状和构件相关检测结果综合判定，评定的准确性很大程度上依赖于检测人员的专业水平。

2.3.3.2　混凝土结构裂缝的安全性鉴定

A　使用性鉴定标准

按裂缝宽度检测结果评定等级时（表 2-8、表 2-9），应遵循下列规定：

（1）若检测值小于计算值及现行设计规范限值时，可评为 a_s 级；

（2）若检测值大于或等于计算值，但不大于现行设计规范限值时，可评为 b_s：

（3）若检测值大于现行设计规范限值时，应评为 c_s级；

（4）若计算有困难或计算结果与实际情况不符时，宜按表 2-8 或者表 2-9 的规定；

（5）对沿主筋方向出现的锈蚀裂缝，应直接评为 c_s级；

（6）若一根构件同时出现两种裂缝，应分别评级，并取其中较低一级作为该构件的裂缝等级。

B　安全性鉴定标准

（1）当混凝土结构构件出现表 2-11 所列的受力裂缝时，应视为不适于继续承载的裂缝并应根据其实际严重程度定为 c_u或者 d_u级。

（2）当混凝土结构构件出现下列情况的非受力裂缝时，也应视为不适于继续承载的裂缝，并应根据其实际严重程度定为 c_u或 d_u级。

1）因主筋锈蚀产生的沿主筋方向的裂缝，其裂缝宽度已大于 1mm。

2）因温度收缩等作用产生的非受力裂缝，其宽度已比表 2-11 规定的弯曲裂缝宽度值超出 50%，且分析表明已显著影响结构的受力。

当混凝土结构构件同时存在受力和非受力裂缝时，应按上述规定分别评定其等级，并取其中较低一级作为该构件的裂缝等级。

（3）当混凝土结构构件出现下列情况之一时，不论其裂缝宽度大小，应直接定为 d_u 级：

1）受压区混凝土有压坏迹象；

2）因主筋锈蚀导致构件掉角以及混凝土保护层严重脱落。

C 危险性鉴定标准

混凝土结构构件具有下列之一的裂缝及损坏等状况，应视为危险构件（从结构单元来看为危险点）：

（1）构件承载力小于作用效应的85%（$R/Y_0S<0.85$）；

（2）梁、板产生超过 $L_0/150$ 的挠度，且受拉区的裂缝宽度大于1mm；

（3）简支梁、连续梁跨中部位受拉区产生竖向裂缝，其一侧向上延伸达梁高的2/3以上，且缝宽大于0.5mm，或在支座附近出现剪切斜裂缝，缝宽大于0.4mm。

（4）梁、板受力主筋处产生横向水平裂缝和斜裂缝，缝宽大于1m，板产生宽度大于0.4mm的受拉裂缝；

（5）梁、板因主筋锈蚀，产生沿主筋方向的裂缝，缝宽大于1mm，或构件混凝土严重缺损，或混凝土保护层严重脱落、露筋；

（6）现浇板面周边产生裂缝，或板底产生交叉裂缝；

（7）预应力梁、板产生竖向通长裂缝；或端部混凝土松散露筋，其长度达主筋直径的100倍以上。

（8）受压柱产生竖向裂缝，保护层剥落，主筋外露锈蚀；或一侧产生水平裂缝，缝宽大于1mm，另一侧混凝土被压碎，主筋外露锈蚀。

（9）墙中间部位产生交叉裂缝，缝宽大于0.4mm。

建筑工程中对混凝土结构的安全是以承载能力达到极限状态为基准，但大多数工程的使用标准是由裂缝控制的。

一般工程中常以混凝土结构设计规范规定的荷载作用下的混凝土结构最大裂缝宽度限值为控制标准，以满足结构构件的适用性（正常使用）和耐久性（避免钢筋锈蚀）的要求。对于温度收缩裂缝可适当放宽非受力裂缝界定。限制裂缝宽度的理由：过宽裂缝会引起混凝土中钢筋的锈蚀，降低结构耐久性；损坏结构外观，引起使用者不安。而荷载作用下过宽的裂缝，说明承载力不足，危及结构安全；其他类型的裂缝都会对结构外观、正常使用和耐久性产生影响。对裂缝的处理原则，从根本上讲，关键还是要区分裂缝的性质，是受力性质的荷载裂缝，还是非受力性质的温度收缩或沉降裂缝。普通钢筋混凝土构件在内力不到30%极限荷载便出现裂缝，裂缝宽度为0.05~0.1mm，一般不超过0.2mm，这种裂缝对结构的安全度没有影响，还可以承受70%～80%的极限荷载。如为承载力不足的裂缝，不论宽度大小均应处理，而一般都是先加固、后处理裂缝。对沉降引起的上部结构的裂缝，则应待地基沉降稳定后（必要时先对地基进行加固），再处理裂缝。对温度裂缝可以实施封闭处理。从结构安全可靠性分析，即使裂缝宽度未超过国家标准规定，但当出现下列情况之一时，也应进行处理。

确认结构构件混凝土被压裂、胀裂，裂缝扩展；混凝土被压碎，保护层脱落，结构严重变形，影响结构刚度和整体性；承载力达不到标准规范的要求，出现受力性的明显裂缝等。

任何一幢建筑物不可能绝对没有裂缝。裂缝往往引起房屋的破坏，一旦出现裂缝，人们又把裂缝看成是房屋危险的标志（征兆）。从对结构安全的影响性质来讲，对于裂缝，可以划分为“有害裂缝”和“无害裂缝”。对混凝土和构件而言，混凝土本身就有肉眼所看不见的微裂缝存在。当混凝土受压荷载在30%极限强度以下时，微裂缝不变动；荷载达到极限强度的30%～70%时，微裂缝显著扩展，迅速增加，裂缝相连，直至破坏。工程界一般以人们肉眼可见的裂缝宽度0.05mm（视力极佳者可见0.02mm缝宽）为界，小于0.05mm宽度，对于结构承重，防水防腐等一般危害不大，视为“无裂缝结构”。对不允许有裂缝的结构，一般是指不大于0.05mm宽度的初始裂缝的结构；对允许有裂缝的结构一般裂缝宽度限值为0.3mm。结构上产生的变形裂缝（温度收缩裂缝）虽然对结构安全性没有明显影响，但影响使用性能。楼面板裂缝，使楼下顶棚出现渗漏，屋面板裂缝拉裂防水层，造成屋面漏水。裂缝对构件隔声、防水性能影响较大，也使住户产生不安全感。一个建筑物要具有实实在在的安全性，还要给人以安全的感觉。有裂缝的房子对使用者尤其商品住宅者来讲，是很难接受的，所以裂缝的最大危害是社会影响大。

3 混凝土结构裂缝的修复加固

3.1 混凝土结构裂缝修复的目的及原则

3.1.1 混凝土结构裂缝修复的目的

在修补混凝土裂缝之前应全面考虑与之相关的各种影响因素。如果对裂缝产生原因或修补目的考虑不周，则常常会做许多不必要或不合适的工作。

裂缝修补最常见的目的是保护钢筋免于锈蚀。因为裂缝给二氧化碳和湿气侵入混凝土内部提供了途径，所以，裂缝给人的第一感觉就是会引起钢筋锈蚀。然而，研究结果指出，裂缝不一定都引起钢筋锈蚀。许多施工规范都有在各种条件下裂缝开度的最大允许值，问题是裂缝开度里外不一，在混凝土表面比内部钢筋处要宽，开度的差别取决于混凝土保护层厚度。为了防止流体从结构物渗入或溶出，也要进行混凝土裂缝修补。在修补前，应考虑混凝土裂缝是否能自动闭合，特别是出入的流体为水的情况下。

在许多情况下，微细裂缝一般不影响混凝土结构的耐久性和正常运行。当考虑裂缝对混凝土外观的影响时，应从结构运行期间人们一般观察混凝土表面的距离和环境来分析。

3.1.2 混凝土结构裂缝修复的原则

（1）不需进行修补的裂缝工程。对于不影响结构功能（安全性、适应性、耐久性）要求的裂缝，通常视为无害裂缝，该裂缝工程可不需进行处理。

按照前述使用性鉴定标准（表 2-8、表 2-9）划分为 a_s 级的裂缝，为无害裂缝，可不必进行修补。对划分为 b_s 级的裂缝，如略低于 a_s 级的要求，也可不进行处理。

从防渗要求，根据国内外防渗的工程经验，不需修补的裂缝宽度的限值为 0. 1mm；这种 0. 1mm 宽度的裂缝，在有水和二氧化碳的条件下，如前所述还可自愈，故 0. 1mm 以下的裂缝，即使有防水要求也可不必修补。

（2）需进行修补的裂缝工程。对于影响结构适应性和耐久性要求的裂缝应进行修补。上述不需处理的裂缝宽度限值，即表 2-8 和表 2-9 中对应的裂缝宽度，实际上，也是裂缝处需修补的下限值。其上限值，根据《民用建筑可靠性鉴定标准》（GB 50292—1999）可知，钢筋混凝土一般受弯和轴拉构件，当处于室内正常环境，主要构件为 0.5mm、一般构件为 0.7mm；当处于高湿度环境为 0.4mm。对于预应力混凝土构件，当处于室内正常环境，主要构件为 0.2mm（0.3mm），一般构件为 0.3mm（0.5mm）；当处于高湿度环境为 0.1mm（0.2mm）。对于斜拉型剪切裂缝，任何湿度环境和任何构件均不允许出现。因此，上述裂缝宽度上限值以下，表 2-8、表 2-9 中 b_s 和 c_s 级的裂缝工程应进行修补。

（3）需进行加固的裂缝工程。根据安全性鉴定标准（表 2-11）划分为 c_u 或 d_u 级的受力裂缝，以及根据《标准》按非受力裂缝划分为 c_u 或 d_u 级的裂缝工程，不适于继续承载，应进行加固处理。

3.2　混凝土结构裂缝修复的方法

3.2.1　表面处理法及填充法

3.2.1.1　表面处理法

（1）适用范围。表面处理法适用于轻微裂缝的处理。轻微裂缝也可以称为无害裂缝，一般宽度较小，深度也有限，除影响观瞻以外，对于结构使用功能、承载安全和耐久性基本上不造成影响。因此，只要裂缝已经稳定，无须采用特别的处理手段，简单地进行表面处理，加以掩饰就可以了。

（2）处理方法。处理方法包括：

1）结构表面涂刷。结构混凝土表面的浅层裂缝（龟裂或细小的表层裂纹，一般宽度小于 0.2mm），或宽度不超过限值的正常受力裂缝，待其稳定后可以用涂刷水泥浆、其他涂料（如弹性涂膜防水材料、聚合物水泥膏等）或者外加抹灰层（混凝土结构）的方式加以掩盖，确保其不再显现而造成观感缺陷。

施工方法一般为：先用钢丝刷将混凝土表面打毛，清除表面附着物；然后用水冲洗干净后充分干燥；最后用涂刷材料充填混凝土表面的裂缝。施工的关键在于界面结合的牢固程度。这种方法的优点是比较简便，缺点是修补施工无法深入到裂缝内部，对延伸裂缝难以追踪其变化。

2）后浇混凝土掩盖。对于有找平层、后浇层、叠合层等混凝土后续施工的情况，可以对开裂的混凝土表面打毛或剔凿成粗糙面，经清扫、冲水、润湿后，利用后浇混凝土振捣时水泥浆的渗入，弥合裂缝。

3）对表面抹灰装修。对于有抹面层、装饰层、粘贴层的混水构件表面，则无须特别处理。在后续施工前，浇水湿润或涂刷界面粘结材料（水泥浆等），再进行表面装饰层施工而将其掩盖，即可消除裂缝的影响。

4）清水表面处理。对于清水混凝土构件的表面，可以通过涂刷水泥浆或其他装饰性材料而掩盖微细裂缝。如果裂缝较宽，则可以用刮腻子的方法将宽度较大的裂缝填塞，然后再涂刷面层材料加以掩饰。

5）建筑手法处理。有时还可以通过建筑处理的手法掩饰裂缝。例如，沿构件拼接处主动设置装饰性的凹槽或其他形式的线条，引导出现裂缝并用深色涂料加以掩盖，还能取得装饰性的效果。

某些房间内的装饰性线条，实际就是为了达到引导并掩盖裂缝的目的而设置的，甚至室外墙面也通过布置雨漏管或竖向装饰性线条以及其他类似的手法掩饰或处理，都取得了很好的效果。

上述处理方法1）和4），只适用于已静止、已稳定的浅层裂缝，不适合处理处于发展期的裂缝。

（3）验收。表面掩饰裂缝的主要目的就是为了消除可见缺陷，改进观瞻上的效果。因此，处理施工完成以后，按相应施工质量验收规范对于外观质量的要求，进行检查、验收就可以了。

3.2.1.2 填充法

（1）适用范围。填充法适用于不影响安全和使用功能的较宽裂缝。实际工程中，不可避免因收缩、温度变化或基础沉降而开裂。绝大多数的可见裂缝均属此类。对这类裂缝，仅作修补即可。

（2）处理方法。处理方法包括：

1）凿槽嵌补。凿槽嵌补法是在开裂混凝土结构的表面沿裂缝剔凿凹槽，然后嵌填修补材料，以消除结构表面的可见裂缝（图3-1）。凹槽可为V形、梯形或U形，宽度和深度可为40~60mm左右。凹槽凿成后，可用压缩空气清扫槽内残碴并用高压水冲洗干净。接着用环氧树脂、环氧胶泥、聚氯乙烯胶泥、沥青膏等材料嵌补、填平，或再以水泥砂浆等修补材料按规定的工艺填塞、抹平。有时表面还要刷水泥净浆或其他材料，或者进行表面处理，压实抹平，使外形平整、光滑、美观。在某些场合，为了功能的需要，还将加做防水油膏或加做防锈涂层等。水泥砂浆由于会收缩，所以使用时一半加入适量的膨胀剂。当钢筋已经锈蚀时，应先将钢筋除锈并做防锈处理后，再嵌补修补材料。

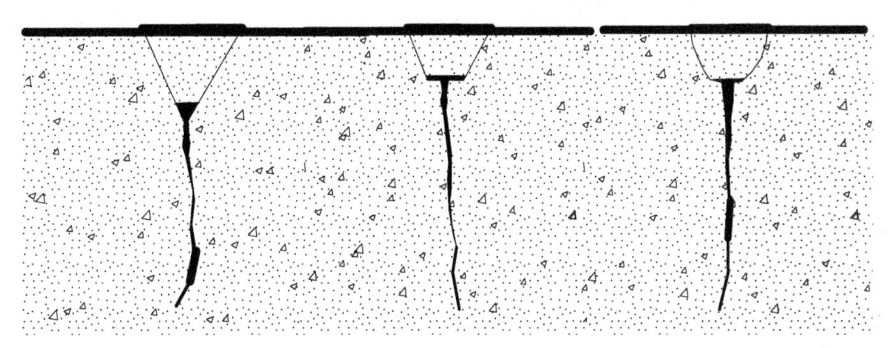

图3-1 凿槽嵌补法修复裂缝

凿槽嵌补的方法是一种消除结构表面可见裂缝的方法，其并不能填补混凝土内部的裂缝，故结构中仍可能残存裂缝。但这些内部裂缝对于结构安全和使用功能并不构成影响。

2）扒钉控制裂缝。对尚处于发展期的宽大而且不稳定的裂缝，有时为了避免裂缝的继续延伸和发展加宽，可以跨裂缝采用扒钉加以控制。此时除凿槽嵌补以外，还要沿裂缝以一定间距和跨度预先钻孔，然后跨缝钉入扒钉，并采用环氧树脂等胶结材料填充钻孔，固定扒钉（图 3-2）。

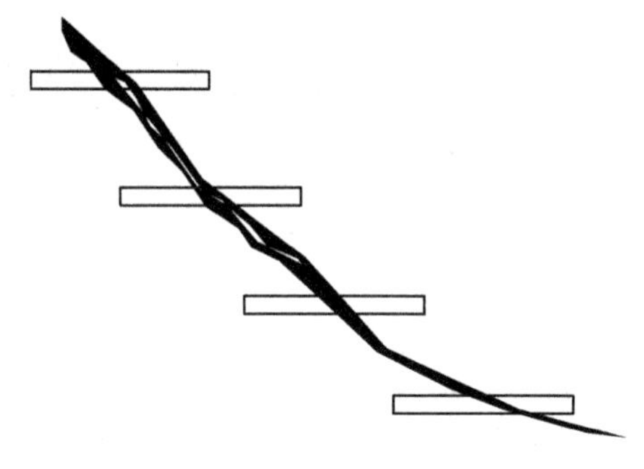

图 3-2　扒钉控制裂缝发展

这种方法可以增强裂缝区域的抗力，但可能会使混凝土在其他地方（比如附近区域）产生裂缝，因此，应考虑对相邻区域的混凝土进行监测或处理。

修复裂缝的方法相对比较简单，因此在实际工程中经常应用。尽管其并不能根除裂缝，但对于处理一般裂缝也已足够有效了。

3）自行愈合。在潮湿及无拉应力的情况下，一种称为“自愈合”的自然修复方法可能比较有效。其常应用于闭合潮湿环境中的非活动裂缝，例如屋盖、地下室墙混凝土中的静止裂缝。

这种愈合作用的原理是：通过水泥的连续水化以及存在于空气和水中的 CO_2 将水泥浆体中的 $Ca(OH)_2$ 碳化而产生 $CaCO_3$ 晶体，$CaCO_3$ 晶体在裂缝中沉淀、聚集和生长，从内部密封裂缝。此外，晶体之间互相连接，产生了一种机械粘结力，在相邻晶体之间及晶体与水泥浆体及骨料表面形成化学粘结力，对修补裂缝产生有利作用。

在愈合过程中，裂缝和邻近混凝土的饱水度是获得足够强度的必要条件。可以将开裂截面浸没在水中或者将水蓄在混凝土的表面，使裂缝中充满水。在整个愈合过程中，必须保证裂缝的湿润状态，否则出现干湿循环现象会使愈合强度急剧下降。愈合过程应当在裂缝出现后就立即付诸实施，推迟愈合，会使强度恢复程度降低。

4）仿生自愈合法。目前正在研究一种新的裂缝处理方法，即“仿生自愈合法”。它模仿生物组织对受创伤部位自动分泌某种物质，而使创伤部位得到愈合的机能。在混凝土的传统组分中加入某些特殊组分（如含胶粘剂液芯纤维的胶囊），在混凝土内部形成智能型仿生自愈合神经网络系统。当混凝土出现裂缝时，胶囊破裂分泌出的部分液芯纤维，就可使裂缝重新愈合。

（3）验收。在施工过程中发现的一般缺陷裂缝，及时进行处理后，按施工质量验收规范的要求检查验收就可以了。对交付使用以后在服役期出现的一般裂缝，同样在修补处理的施工完成以后，按施工质量验收规范的要求进行检查和验收。

3.2.2 灌浆法及结构加固法

3.2.2.1 灌浆法

（1）适用范围。对于已经构成严重缺陷的裂缝，例如渗水、漏雨而影响使用功能的裂缝；或宽度很大超过限制，表明抗力消耗较大但尚没有构成安全性问题的受力裂缝，则应进行封闭，对其进行比较彻底的处理。

（2）处理方法。处理方法包括：

1）压力灌浆。利用压力将修补材料的浆液灌入裂缝内部，从而消除裂缝。这是一种无损的方法，适用于宽度较大且较深的裂缝，尤其是贯通裂缝或混凝土破碎裂缝的修补。其具有工艺简单、无须钻孔、处理裂缝的针对性强等特点。这种修补方式可以消除结构深层的裂缝，粘结弥合被裂缝分割破碎的混凝土，达到密实混凝土的目的。灌浆材料可为水泥浆或环氧树脂、甲基丙烯酸酯、聚合物水泥等，一般应具有黏度小、粘结性能好、收缩性小、抗渗性好、抗拉强度高、无毒或低毒等特点。有时，为了灌注工艺的要求，还须添加稀释剂、增加剂。修补浆液的配制需要有一定的经验和严格的操作工艺。

图 3-3 所示为沿裂缝压力灌浆的示意图。压浆泵的配置、压力的选择、压浆嘴的间距等工艺参数，应根据裂缝检测结果经估算确定。

2）抽吸灌浆。图 3-4 所示为吸浆灌缝的示意图。其利用抽吸真空造成的负压，将修补材料的浆液吸入裂缝内部，从而消除裂缝。工艺原理为：封闭裂缝后，利用抽吸管的吸盘对裂缝内抽气造成负压，将涂布在裂缝表面的浆液吸入裂缝内，从而达到封闭裂缝的目的。当然，浆液的配制、吸管的规格、布置的间距等工艺参数，也应由裂缝检测的结果经估算确定。

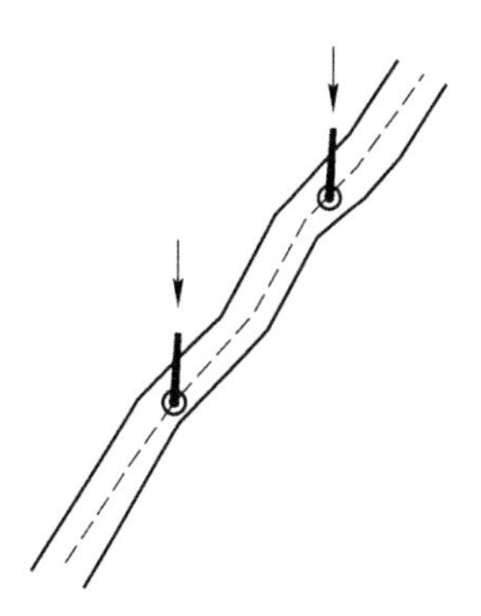

图 3-3 沿裂缝压力灌浆

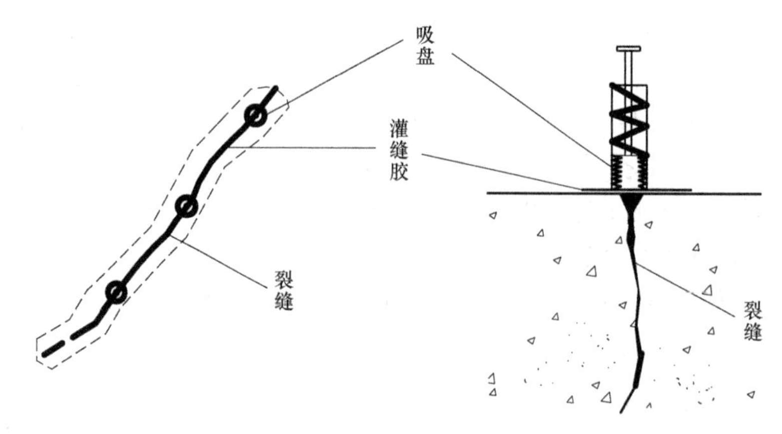

图 3-4　抽吸灌浆封闭裂缝

常用的浆液包括环氧树脂、丙烯酸酯以及其他专用的混凝土胶粘剂。封闭前需注意清除裂缝内影响粘结的污染物，见图 3-5～图 3-8。

图 3-5　固定吸盘底座

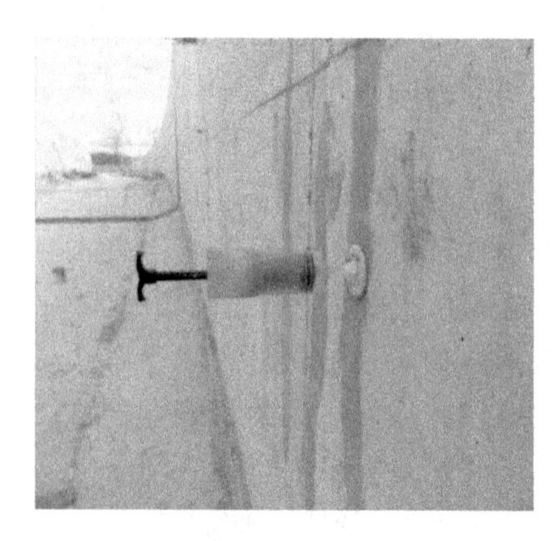

图 3-6　压力注浆图

图 3-7　多个注胶孔从下往上操作

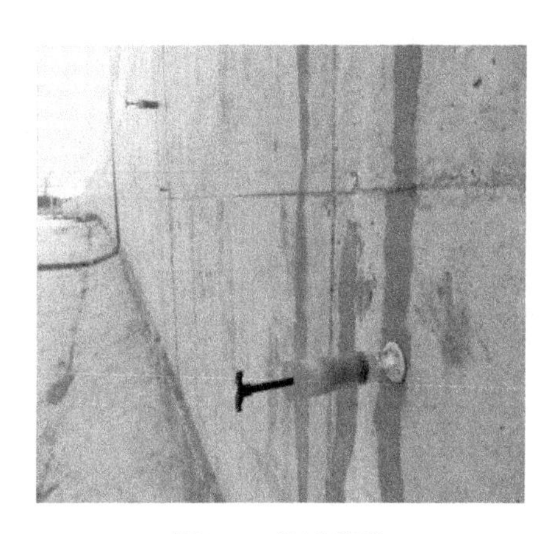

图 3-8　注满浆液

3）浸渍混凝土。被裂缝分割破碎的混凝土，当其范围较广且宽度和深度也很大时，靠压力或抽吸灌浆已很难解决问题。此时，为了恢复混凝土的整体性，可以通过钻孔后的高压灌浆形成浸渍混凝土，以恢复混凝土的抗力。具体方法是需处理的混凝土区域内钻孔，并高压注入修补材料。使其沿裂缝和缺陷渗入材料内部。填补所有的缝隙，从而增强混凝土的密实性（图 3-9）。浸渍混凝土实质上已经属于改性混凝土了，其力学性能实际上比未经处理的混凝土已有了很大的改善。

4）钻孔灌浆。钻孔灌浆法一般可分为骑缝钻孔法和斜孔处理法两种。

① 骑缝钻孔法。骑缝钻孔法是在混凝土表面不开槽而直接进行钻孔。沿裂缝中心钻一孔，直径一般为 50~75mm。孔必须足够大，并沿裂缝的整个长度与裂缝相交。修复材料的数量应足以承受作用在栓塞上的结构荷载。所钻的孔应清理干净，不会松动，并用灌浆材料填充。

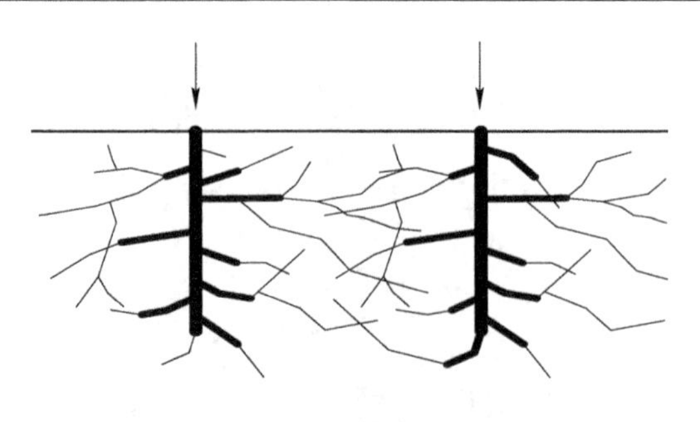

图 3-9 浸渍混凝土

由于裂缝的发展不会是一个平面，以线找面的做法使部分钻孔可能不与裂缝相交，造成盲孔，灌浆材料无法充填到裂缝中，形成了盲段而影响灌浆效果（图3-10）。

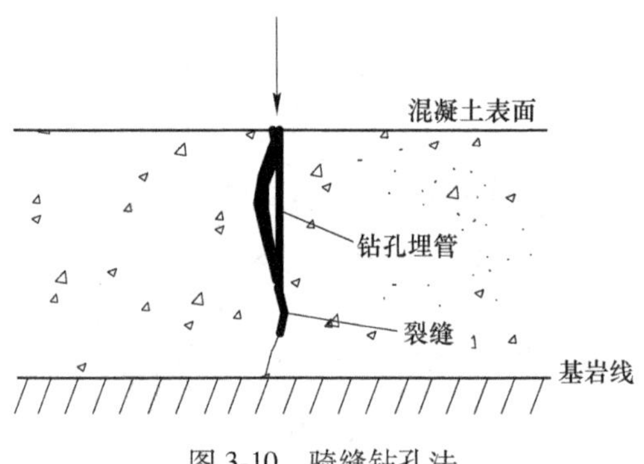

图 3-10 骑缝钻孔法

② 斜孔处理法。斜孔处理法解决了骑缝钻孔难以找准裂缝的缺点，采用以点找面的办法。浆液在灌浆压力下可以畅通地充填到裂缝中，提高了灌浆质量，加强了防渗能力。这种方法对大体积混凝土较厚的结构和薄壁衬砌结构均适用。

该方法由于工序较少，施工简单而被普遍采用。但仍存在钻孔时微细粉尘容易堵塞缝口的可能，从而会造成灌浆通道堵塞，影响灌浆质量。此外由于管孔容积大，因而会耗费较多的浆材，增加了灌浆成本。斜孔处理法详见图 3-11。

5）补充加强筋。

① 普通钢筋。开裂的钢筋混凝土结构可以采用植入钢筋并用环氧树脂固定的方法进行修补。此法首先密封裂缝，在与裂缝面约呈 90°角的位置钻孔，在这些孔和裂缝中注入环氧树脂，并将加强钢筋插入，埋置在这些孔中，从而修补裂缝区域（图 3-12）。

一般加强钢筋直径 10mm 或稍大，钢筋伸出裂缝两侧至少 500mm。钢筋间距可以根据修补需要设置。钢筋可以根据设计指标和原有钢筋的位置，按需要的形

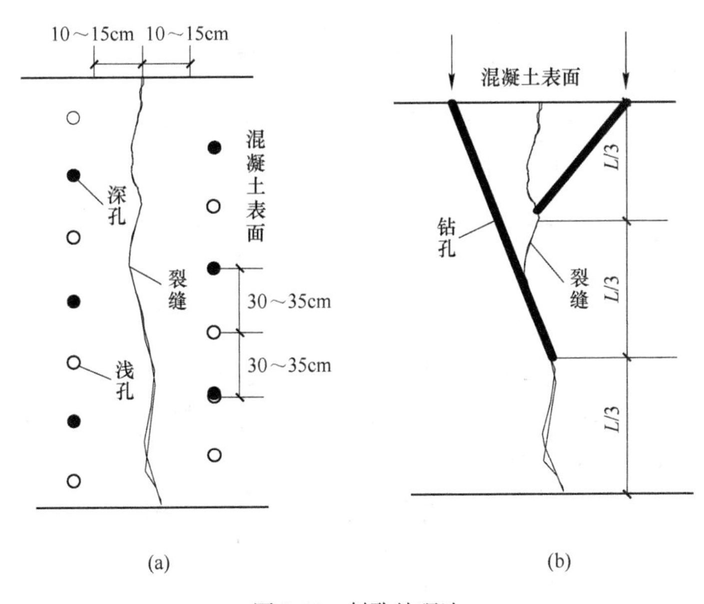

图 3-11 斜孔处理法

(a) 平面示意图；(b) 剖面示意图

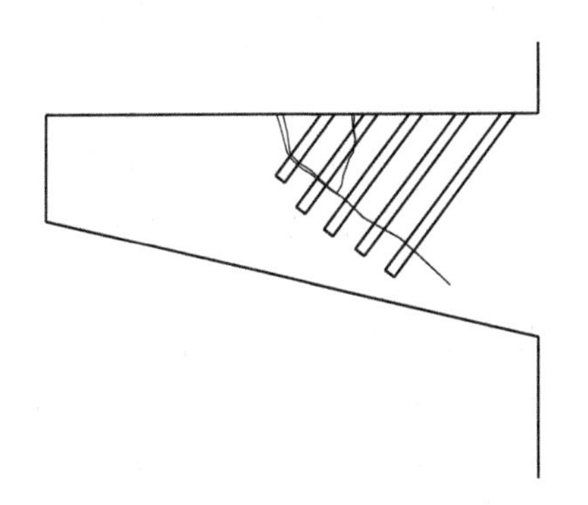

图 3-12 加强钢筋修复裂缝

式植入。环氧树脂将钢筋粘结到孔壁，并填充到裂缝内面，将开裂混凝土形成一个整体，从而增强了裂缝区域的抗力。

② 预应力筋。当构件的主要部分必须加固或裂缝必须闭合时，往往可以采用后张预应力实现（图 3-13）。这种技术采用预应力索或预应力筋对裂缝区域混凝土施加预压应力。施工时对预应力筋必须提供足够的锚固，同时应小心谨慎，避免结构的其他部位发生局部承压及次应力问题。张拉力（包括偏心张拉）对结构内力产生的影响应认真加以分析。对后张超静定结构使用这种方法时，还应考虑二次弯矩及其引发的次应力作用的影响。

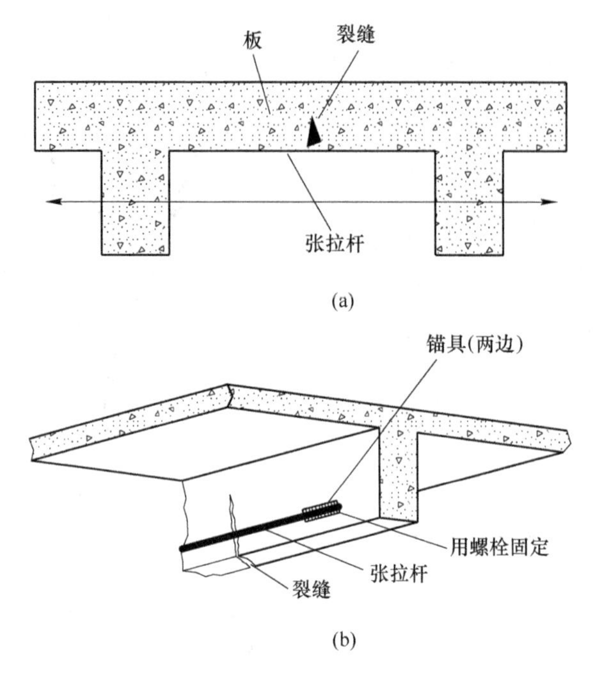

图 3-13 外加预应力修复裂缝

（a）修补板上的裂缝；（b）修补梁上的裂缝

（3）验收。灌浆、吸浆或浸渍混凝土施工需要有配套的专用设备，施工的工艺参数须通过检测计算并结合工程经验确定。普通钢筋锚固需有专门的材料，预应力钢筋张拉应有相应的设备。因此通常应请素质较高并具有实际经验和专用装备的专业队伍进行施工。

封闭裂缝需有专门制定的施工技术方案。比如上述处理方法 1）、3）和 4）中关于浆液的配制、罐浆口的布置、压力的选择、灌入量的确定、灌浆的质量要求均应明确规定。一般以浆液是否从裂缝溢出来判断灌浆的效果。

本节介绍的方法在验收时需检查施工操作记录，并由观察、判断进行验收。若采用补充加强筋的方法修复裂缝，验收时一定要检查钢筋的锚固实施是否可靠。

3.2.2.2 加固处理

（1）适用范围。在混凝土结构中，由于钢筋变形、屈服而引起的裂缝，具有一定的延性性质，尤其是混凝土受压、受剪形式的破坏，从开裂到崩溃的发展过程很快，容易形成无预兆的脆性破坏，甚至引起构件断裂、压溃乃至结构解体、倒塌。因此，若经检测和复核发现结构抗力不足，且有破坏预兆标志存在安全隐患的裂缝，则应对相关的构件进行加固处理。此时裂缝问题已退居次要地位，结构安全已成为问题的关键。

（2）处理方法。处理方法包括：

1）增大截面法。增大截面法是采用与原结构相同的材料增大混凝土结构构件的截面面积，同时增配钢筋，从而提高其承载力、刚度或改变其自振频率的一种直接加固方法。这种方法可广泛用于混凝土结构梁、板、柱、墙体等构件的加固（图 3-14、图 3-15）。增大截面法优点是工艺简单、适用范围广；缺点是施工期间建筑结构不能正常使用且周期较长，此外，由于增大构件截面，在增加构件自重的同时减少了使用空间。

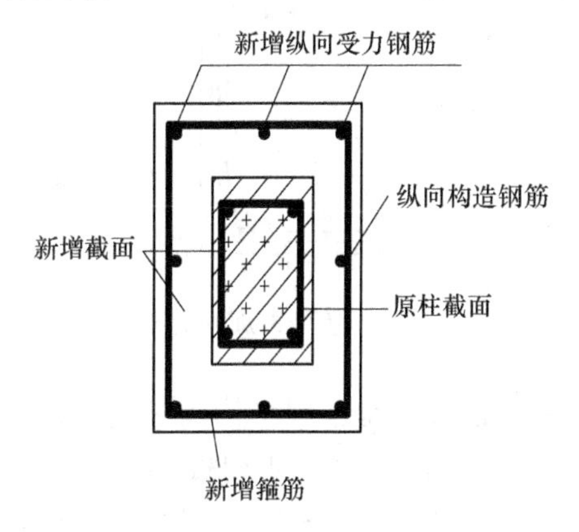

图 3-14 受压构件增大截面加固法

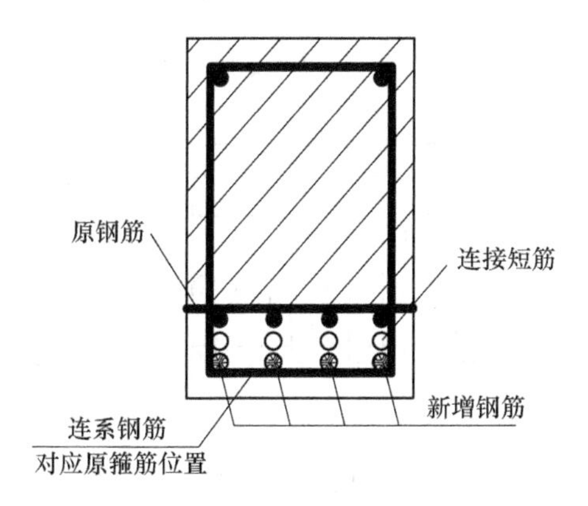

图 3-15 受弯构件梁增大截面加固法

2）外包钢材法。外包钢材法是对钢筋混凝土梁、柱外包型钢、扁钢焊成的构架，并灌注结构胶粘接，以达到构件整体受力，共同约束原构件的加固方法（图 3-16）。这种方法适用于使用上不允许增大混凝土截面尺寸，而又需要大幅度地提高承载力和抗震能力的混凝土梁、柱。加固结构的环境温度不应高于

60℃；当环境具有腐蚀性介质时，还应有可靠地防护措施。外包钢材法在基本不增大构件截面尺寸的情况下增加构件的延性和刚度，提高了承载力，特别适用于大跨度的受弯或受压结构构件，但加固费用较高。

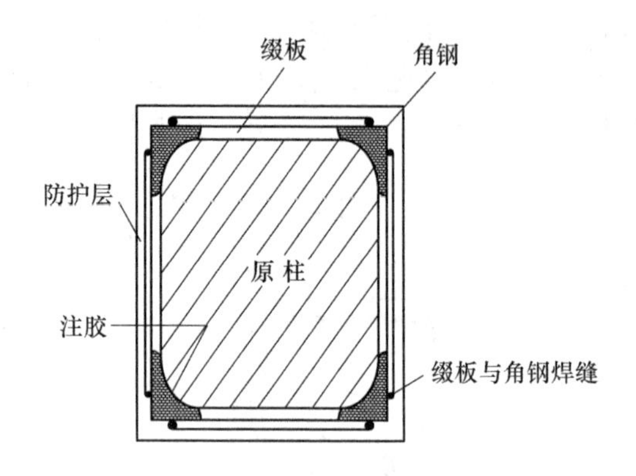

图 3-16 外包型钢加固混凝土柱

3）锚贴钢板法。锚贴钢板法是采用结构胶粘剂及锚栓将钢板粘贴于混凝土受弯、大偏心受压或受拉构件的表面，使钢板参与受力，形成整体性的复合截面，以提高构件承载力的一种加固方法（图 3-17）。为确保长期使用安全，加固后构件的环境温度不应高于 60℃。当环境具有腐蚀性介质时，还应有可靠的防护措施。有防火要求时，应按构件耐火等级要求进行防护处理。

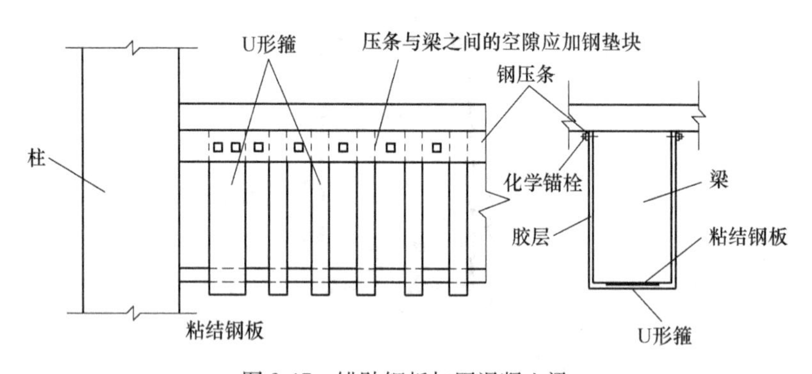

图 3-17 锚贴钢板加固混凝土梁

4）粘贴纤维法。粘贴纤维法是用胶粘剂将纤维布或纤维板等复合材料粘贴到构件需要加强的部位，常用于承受静力作用下的受弯或受拉构件（图 3-18~图 3-23）。加固时可选玻璃纤维（GFRP）、芳纶纤维（AFRP）、玄武岩纤维（BFRP）或碳纤维（CFRP）材料。这种方法施工简便，周期短，对环境影响小，加固后不影响结构外观。

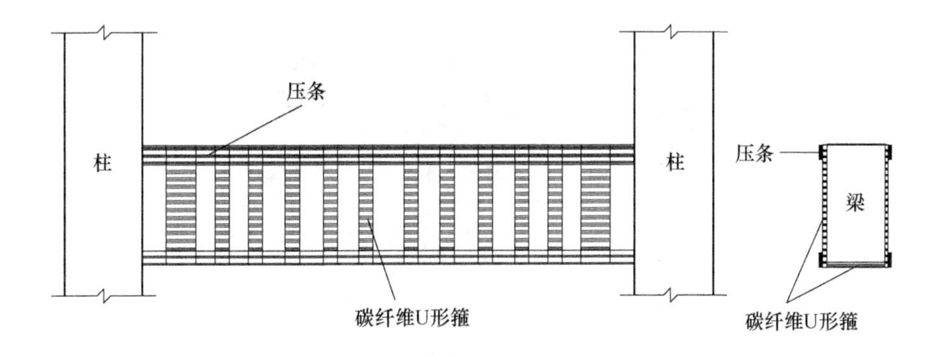

图 3-18 粘贴纤维法加固示意图

图 3-19 梁体碳纤维加固

图 3-20 地下室板顶碳纤维加固

图 3-21 地下室板顶负弯矩区加固

图 3-22 碳纤维加固拉拔试验

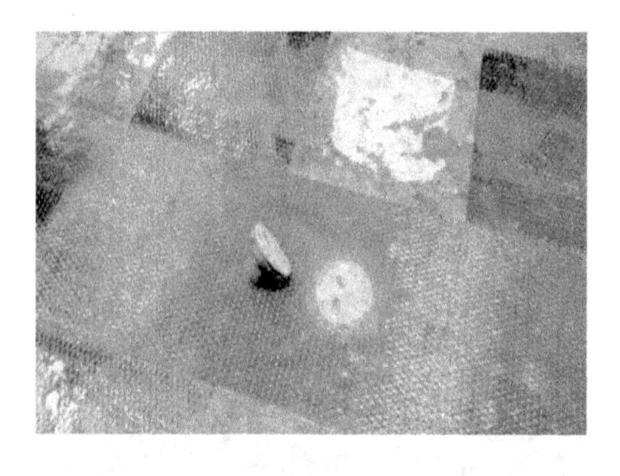

图 3-23 碳纤维加固拉拔试验

粘贴碳纤维复合材料的施工工艺（图3-24）如下：

① 混凝土表面处理。为了得到良好的粘贴效果，先清除粘贴区域混凝土表面的浮浆和疏松混凝土；并去除油污、油漆；凸处凿平，凹处用树脂砂浆补平；最后用压缩空气吹除浮尘。如果是对锈蚀开裂的钢筋混凝土构件进行加固，尚应做好钢筋的防锈措施，且应尽量使树脂砂浆渗透至锈胀裂缝内。

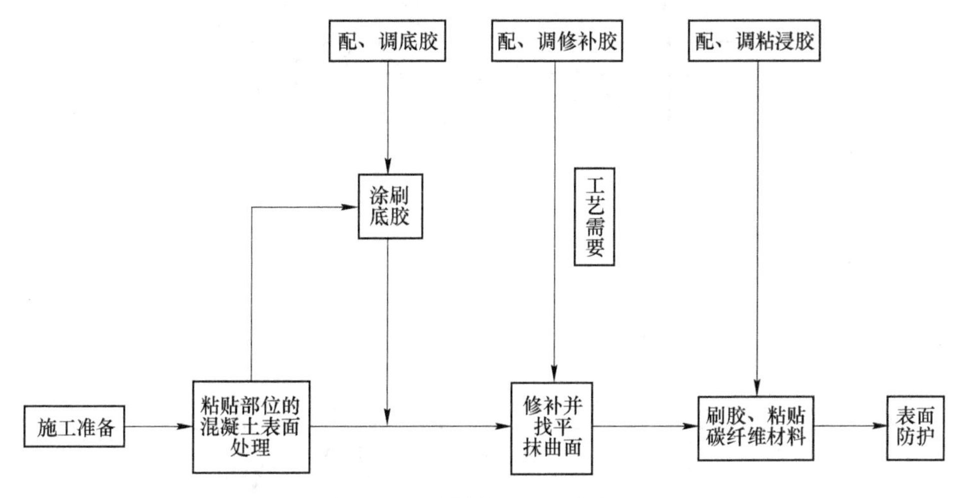

图3-24　碳纤维加固工艺流程

② 放线与下料。按照设计图位置及纤维复合的规格尺寸，将每一片碳纤维复合材料的具体粘贴位置用墨线标出，搭接位置要错开。然后按放样尺寸裁出碳纤维片材，编号存放好，避免皱折和接触水与灰尘。

③ 粘贴纤维片材。首先在混凝土表面涂膜浸渍树脂底胶，纵横向均匀涂抹，如底胶被混凝土吸收，须再涂一遍，直到表面全部充满为止。然后将充分浸透胶液的纤维布或纤维板按放线位置粘贴到构件混凝土表面上。如有皱折或翘起，轻压使其平整。最后用滚筒压挤贴片，使贴片与混凝土面充分密贴。如发现有未密合的现象，可用小刀顺纤维方向切开，灌胶并加以压平。若采用多层纤维布加固，则应在第一层浸渍树脂固化后，才能继续粘贴第二层纤维贴片，并在表面均匀涂抹一层浸渍树脂。

④ 养护后验收。

5）外加预应力法。外加预应力法是采用在构件体外加预应力的钢拉杆（分水平拉杆、下撑式拉杆和组合式拉杆三种）或撑杆，对结构进行加固的方法（图3-25、图3-26）。这种方法适用于要求提高承载力、刚度和抗裂性及加固后占用空间小的混凝土承重结构。加固后可以减小构件的挠度、缩小裂缝宽度甚至可以使裂缝完全闭合。但此法不宜用于处在温度高于60℃环境下的混凝土结构，否则应进行防护处理；也不适用于收缩徐变大的混凝土结构。

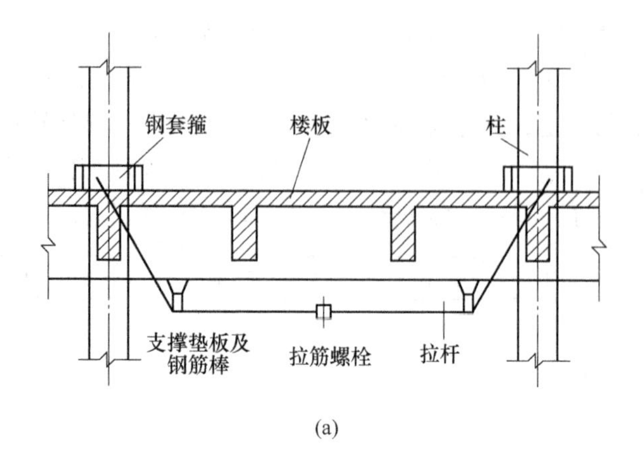

(a)

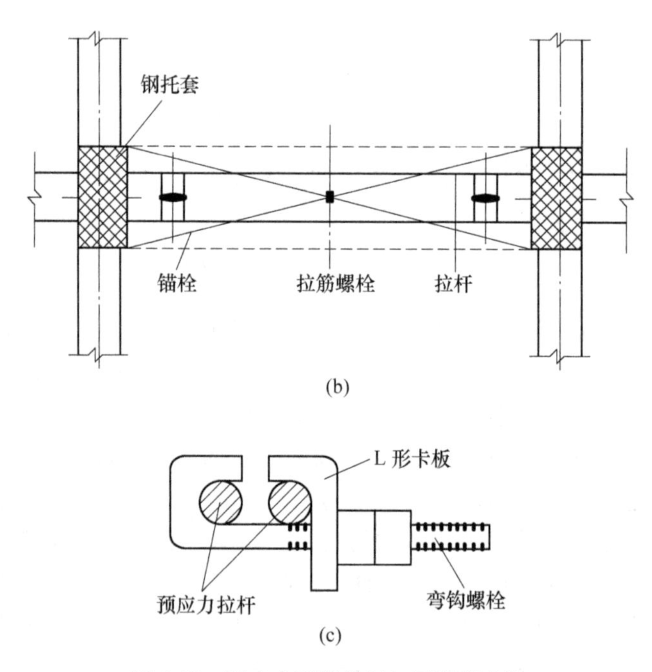

(b)

(c)

图 3-25　预应力下撑拉杆加固混凝土梁

6）混凝土置换法。混凝土置换法是处理严重损坏混凝土的一种有效方法。这种方法是先将损坏的混凝土剔除，然后再置换入新的混凝土或其他材料。常用的置换材料有：普通混凝土或水泥砂浆、聚合物或改性聚合物混凝土或砂浆。施工中，可采用喷射混凝土的方法以确保新老混凝土截面粘结良好。

7）改变传力途径法。改变传力途径法是对结构的计算简图加以改造，增加新的传力途径，从而达到加固结构体系的目的。主要方法有以下几种：

① 增设构件加固法。在原有构件基础上增加新的构件，以减少原有构件的

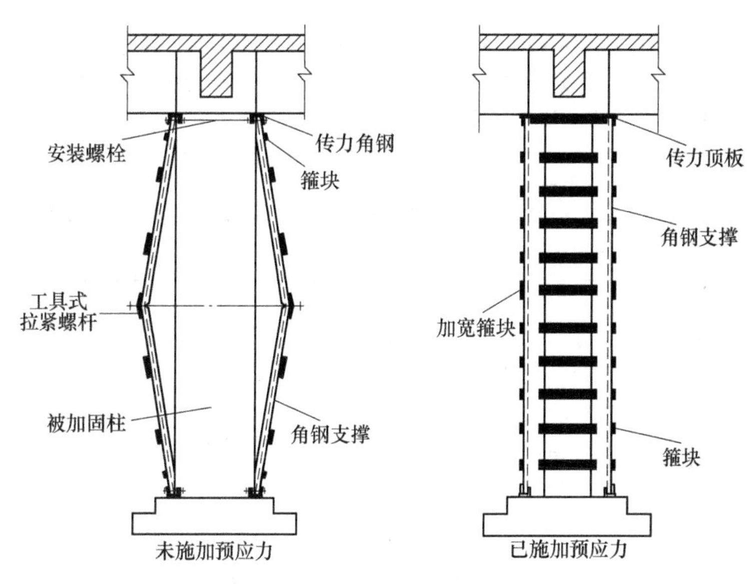

图 3-26 预应力撑杆加固混凝土柱

受荷载面积，达到加强结构的目的。

② 增设支点加固法。在梁、板等构件上增设支点，在柱子、屋架间增设支撑构件，减少结构构件的计算跨度，减少荷载效应。

③ 增加结构整体性加固法。通过增设支撑等将多个结构构件形成整体，共同工作。由于整体结构破坏概率明显小于单个构件，该方法在不加固原有结构构件的情况下提高了结构的承载力。

④ 改变结构刚度比加固法。通过改变结构的刚度比，使结构内力重新分布，达到改善结构受力状况。

⑤ 卸载加固法。采用新型建筑材料置换原有的建筑分隔或装饰材料，以减轻荷载，提高结构的可靠性。

在介绍的上述 7 种加固方法中，除最后一种方法以外，其他 6 种方法都称为直接加固法。各种混凝土结构直接加固方法的特点和适用范围如表 3-1 所示。

表 3-1 混凝土结构加固方法的适用范围及特点

加固方法	增大截面法	外包钢材法	锚贴钢板法	粘贴纤维法	外加预应力法	混凝土置换法	改变传力途径法
适用件受力性质	受弯、受压	受弯、受压	受弯、大偏压、受拉	受弯、受拉、受压、受剪	受弯、受拉、受压、受剪	受弯、受压	各种受力形态构件

续表 3-1

加固方法	增大截面法	外包钢材法	锚贴钢板法	粘贴纤维法	外加预应力法	混凝土置换法	改变传力途径法
适用环境条件	不限	温度≤60℃	温度≤60℃	温度≤60℃	温度≤60℃	不限	不限
适用最低强度	C10	不限	C15	C15	C30	不限	不限
耐久性能	好	定期维护	定期维护	好	好	好	好
施工特点	湿作业周期长	周期短	周期较短	干作业周期较短	技术难度高周期短	湿作业周期长	技术复杂难度高
加固后外观影响	占用使用空间	可能占用使用空间	不占用使用空间	不占用使用空间	基本不占用使用空间	可能占用使用空间	可能占用使用空间

8）基础加固。在加固上部结构的同时，如果基础本身承载力不足，地基承载力或变形无法满足安全和正常使用的要求，则应优先采用增大截面法、改变持力层和改变基础类型的方法对基础进行加固。一般增大截面法适用于柱下独立基础、条形基础的加固，通过扩大基础底板面积，可降低地基附加压力达到满足地基承载力和变形的要求（图 3-27、图 3-28）。

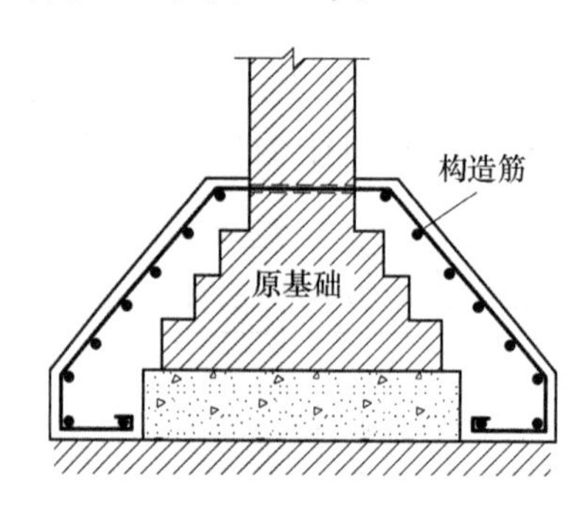

图 3-27　墙下条形基础增大截面法加固

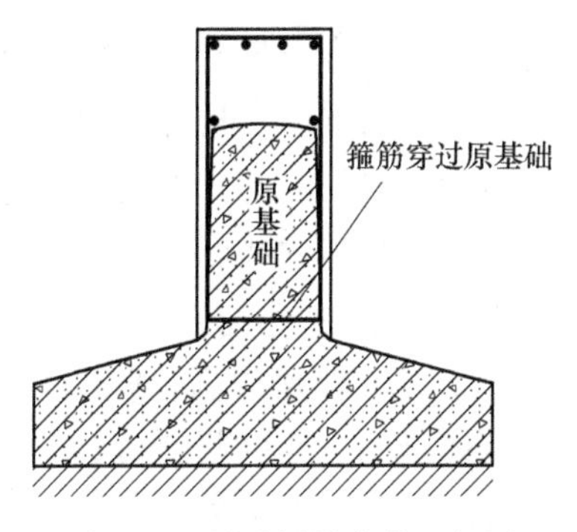

图 3-28 基础梁增大截面加固

如果建筑原持力层土质太差，可通过竖向构件将上部荷载传递到下部较好土层。

当局部增大截面不能满足要求时，可将原独立或条形基础改造成筏形基础或箱形基础，以提高基础的承载能力和抵抗不均匀沉降的能力。

如果建筑在使用过程中由于地基不均匀沉降而出现倾斜开裂等危险迹象，应待上部结构加固完成后再进行纠偏或加固作业。

结构加固比较复杂，已不单是裂缝处理问题而属于另外的范畴了。由于内容太多，可详见专门著作，此处不再赘述。

（3）验收。结构加固意味着对原有设计的修改变动。根据《混凝土结构工程施工质量验收规范》的要求，应按加固设计方案中所提出的质量要求，按非正常验收执行。

3.3 混凝土结构裂缝修复材料的选择

3.3.1 表面处理法及填充法修复材料

3.3.1.1 聚合物复合修补材料

聚合物修补材料主要有两大类，即聚合物水泥砂浆和聚合物砂浆。

聚合物水泥砂浆是在水泥砂浆中掺入作为改性剂的聚合物。这种改性水泥砂浆的 pH 值与普通水泥砂浆基本相同，并且能使水泥砂浆的收缩减少，提高新老混凝土的粘结能力，提高砂浆的抗渗、抗拉强度等性能。工程上通常用的聚合物胶乳有丁苯胶乳、丙烯酸胶乳和改性丙烯酸胶乳等。聚合物水泥砂浆的强度 7d 可达 80MPa，一般用于修补加固厚度小于 30mm 的构件。

聚合物砂浆修补材料是用有机高分子聚合物完全取代水泥为胶结材料配制而成的砂浆。工程上通常以所使用的聚合物的名称来命名其配制所得砂浆，如环氧树脂砂浆、聚酯砂浆等。这些有机高分子聚合物的密实性、力学性能都较水泥好得多，因此这些修补材料具有良好的抗渗、抗冻和耐腐蚀的性能。但是由于这些有机高分子材料的热学性能与所需修补的基础混凝土相差较大，因此不适合用于建筑物中温度变化较大的部位，且由于这些有机高分子聚合物均有毒，对人体健康有危害，因此一般仅用于建筑物的一些特殊部位的修补。环氧砂浆固化时间（20℃下）为2~6h，但是由于它弹性模量较高，脆性大，收缩性大，所以容易产生脱水或裂缝，即使是低弹性模量的聚酯砂浆，也只可在一定范围内用于速凝修补工程。由于树脂类材料与混凝土的弹性模量相差较大，所以小面积修补块的粘结面易开裂脱落。

A　聚合物水泥砂浆修补材料

聚合物水泥砂浆（PCM）又称聚合物改性水泥砂浆（PMM），它是由水泥、骨料与分散在水中的有机聚合物同时搅拌而成，这种聚合物是由成千上万单分子物质组成的大分子量的物质，聚合物可以是由一种单体聚合而成，也可以是更多的单体聚合而成的共聚物。

目前已开发的PCM用聚合物品种有丙烯酸酯共聚乳液、聚氯丁二烯橡胶、聚苯乙烯橡胶、氯乙烯偏氯乙烯共聚乳液、BJ乳液、BHC乳液、苯丙乳液等。

聚合物水泥砂浆的性能主要受聚合物的种类、掺量的影响。聚合物水泥砂浆收缩率一般较小，极限引伸率较大，抗拉弹模较低，因此具有较高的抗折、抗拉强度；抗龟缩性也较普通水泥砂浆好得多；由于其对老混凝土的粘结强度极好，加之又具有抗水及抗氯离子渗透、抗冻融等良好的耐久性，所以它是一种十分优异的新型补强加固材料。

B　聚合物砂浆修补材料

（1）环氧砂浆（略）。

（2）环氧品种与组成（略）。

C　纤维复合修补材料

（1）钢纤维混凝土。

1）钢纤维的种类与特性（略）。

2）钢纤维混凝土的组成与配合比，钢纤维混凝土组成、作用及品种。

① 钢纤维。由于混凝土中分布的纤维的平均间距越小，则抗拉、抗弯强度就越高。钢纤维混凝土的抗拉强度随钢纤维的掺量增加而增加，但是并不是纤维越多越好，因为在纤维掺量过多的情况下，在混凝土搅拌时，纤维因连锁作用会引起缠绕和互相套入而团聚成球，这样一来就会减少均匀分布的纤维数量，反而

影响钢纤维混凝土的质量。

② 粗骨料。在钢纤维混凝土中，如果纤维的平均间隔太大，将使钢纤维混凝土的性能明显降低。而混凝土中粗骨料粒径的大小，将影响纤维之间的间隔，故要使钢纤维混凝土性能良好，就必须选择合适的粗骨料粒径范围。为了提高钢纤维混凝土整体抗冲磨性能，宜选用抗冲磨性良好的粗骨料。

③ 掺合料。选择合适的混凝土掺合料可提高混凝土的强度和改善其密实性，从而提高其抗冲磨性能，常用的高性能混凝土掺合料有硅灰、矿渣微粉、矿渣复合掺合料等。

④ 砂率。在确定了粗骨料最大粒径及钢纤维掺量后，可以通过试拌调整获得该水灰比的最佳砂率。钢纤维混凝土的砂率较普通混凝土高，一般在40%~50%。

⑤ 水泥用量。为了确保混凝土的耐磨性，在保证混凝土强度与和易性的前提下，应尽可能降低水泥用量，一般控制在 550kg/m^3 以内。抗冲耐磨钢纤维砂浆，只是在抗冲耐磨钢纤维混凝土中去掉粗骨料，其配合比确定原则与混凝土基本相同。

3）钢纤维混凝土性能。钢纤维混凝土性能较普通混凝土在强度和韧性方面有很大提高，但新拌混凝土流动性差，且钢纤维混凝土砂率较高，胶凝材料总量较高，因此与普通混凝土相比，体积收缩较大，易产生微细裂缝。

（2）合成纤维修补材料。裂缝产生的主要原因是水泥硬化过程中的物理化学作用而导致的塑性收缩及应力集中，而加入纤维既可以限制水泥硬化过程中的裂缝生成，又可抵抗因为荷载作用导致的裂缝扩展，但钢纤维价格昂贵，使混凝土造价过高，难以在普通工程中推广。玻璃纤维耐碱性较差及制品表面粗糙，使其应用范围受到一定限制。近年来以聚丙烯和尼龙为代表的合成纤维在混凝土中的应用得到了很大的进展。尽管由于其弹性模量低的弱点，目前只能起到非结构加强的作用，但已在许多工程应用中取得了明显的效益。

1）聚丙烯合成纤维混凝土用聚丙烯和其他有机原料制备的合成纤维，都具有很高的变形性，且其抗拉强度也比混凝土高。聚丙烯合成纤维已在几十个国家成功地应用于混凝土工程中。聚丙烯合成纤维主要用于桥梁路面的建设和修补混凝土，隧道等的防水、防腐工程，其主要作用是有效减少混凝土塑性收缩裂缝；提高混凝土的抗拉强度和韧性；增强混凝土对摩擦和疲劳荷载的抵抗；减少混凝土的透水性；增强混凝土对冻融循环的抵抗；减少钢筋的腐蚀。

① 聚丙烯合成纤维性能。聚丙烯合成纤维也称为 PP 纤维。

由于聚丙烯合成纤维的这些性能，使其在掺入混凝土中时，不会与混凝土发生化学反应，纯粹是物理力学方面的作用，由于熔点和燃烧点低，因此遇火灾时，聚丙烯合成纤维熔化，为混凝土中的水汽排出提供通道，进而达到防爆裂的效果。

② 混凝土中聚丙烯合成纤维的掺量及形态。国产纤维由于直径较粗，标准掺量一般为 0.9kg/m^3，进口纤维直径小，掺量一般为 0.6kg/m^3。经过搅拌后分散成单丝，呈三维乱向分布，每立方米混凝土中约有 600 万~800 万根纤维，甚至更多，现有聚丙烯纤维达到 1.6 亿根 10.6kg。纤维呈弯曲状态，加大了与混凝土之间的摩擦力，而且单位体积内，纤维数目越多，这种咬合力越大，越能改善混凝土的抗裂性能。

③ 聚丙烯合成纤维混凝土的性能。聚丙烯合成纤维混凝土在强度方面跟普通混凝土相比并不是很大，主要是改善了混凝土的韧性和冲击能力，因此对承载能力不高但要求耐冲击、高韧性的构件，聚丙烯合成纤维是非常有效的技术途径。新拌纤维混凝土黏聚性和抗离析性能较普通混凝土好，但相同用水量情况下，坍落度会小很多。

2）尼龙纤维混凝土。尼龙纤维可以减少塑性裂缝，提高抗裂性及抗冲击韧性，改善耐磨性，不影响和易性，同时尼龙纤维的耐久性良好，尼龙纤维混凝土成本增加较少，约为钢纤维混凝土增加值的 15%~50%。

尼龙纤维混凝土的配比与性能。当混凝土中掺入少量尼龙纤维时，可使混凝土基体获得显著的非结构性增强效果，大大减少混凝土的塑性裂缝并使混凝土抗冲击性能得到改善。当掺量提高时，混凝土抗冲击性能可大大增加。实验表明尼龙纤维体积掺量 0.2%时，混凝土劈裂抗拉强度能提高近 20%，抗冲击次数也能提高近 20 倍。

3.3.2　灌浆法及结构加固法修复材料

3.3.2.1　灌浆法裂缝修补材料

A　环氧树脂化学灌浆材料

环氧树脂化学灌浆材料，具有稳定性好、室温固化、收缩小、粘结力强等一系列优点，是一种较好的补强固结化学灌浆材料。它填补混凝土裂缝后，使混凝土紧密粘结在一起，恢复结构的整体性，而且由于其粘结力和内聚力均大于混凝土本身的，因此修补后的混凝土强度甚至比开裂前的混凝土强度还高。

环氧树脂化学灌浆材料由环氧树脂、固化剂、稀释剂、增塑剂、填料和其他改性剂等组成。其材料的组成、作用及品种见表 3-2。

表 3-2 环氧树脂化学灌浆材料组成、作用及品种

组成		作用	品种
环氧树脂		粘结力强，收缩性小，纯树脂固化物收缩率小于2%；稳定性高，可长期存放不变质，化学稳定性好，耐一般的酸碱及有机溶剂，电绝缘性及物理力学性能好	最常用的是双酚A型环氧树脂，如牌号E-51、E-44、E-42、E-35、E-20
固化剂		环氧树脂本身不会固化，使用时需加入固化剂使其交联成体型结构的巨分子，从而固化成不溶不熔的硬质产物	脂肪族伯、仲胺类，如乙二胺、二亚乙基三胺、三亚乙基四胺、多亚乙基多胺等
增塑剂	非活性增塑剂	加入增塑剂可提高韧性以及抗冲击强度和耐寒性能，但抗拉强度、弹性模量、软化点都相应降低。非活性增塑剂不参与固化反应，活性增塑剂（增韧剂）能参与固化反应	一些沸点高、挥发性低的有机溶剂
	活性增塑剂		低分子聚酰胺树脂、液态聚硫橡胶等
稀释剂	非活性稀释剂	不参与固化反应，在固化过程中会挥发，引起较大体积收缩，如用量过大还会降低固化物性能	丙酮、苯、甲苯、二甲苯等
	活性稀释剂	活性稀释剂中的环氧基会与胺类固化剂反应，单环氧化合物活性稀释剂，用量过多会降低固化物的性能。双环氧化合物活性稀释剂使黏度变大，稀释效果差	有环氧丙烷苯基醚、环氧丙烷丁基醚、甘油环氧树脂、乙二醇二缩水甘油醚等

环氧树脂化学灌浆材料按其稀释剂可分为3类，即非活性稀释剂体系、活性稀释剂和糠醛-丙酮稀释剂体系的环氧树脂灌浆材料。

a 非括性稀释剂体系的环氧灌浆材料

（1）组成与配比。这种浆材由丙酮、二甲苯等非活性稀释剂和环氧树脂混合组成，其代表性浆液的配方见表3-3。用于潮湿混凝土裂缝处理的浆液组成与性能见表3-4。

（2）性能。这类环氧树脂化学灌浆材料浆液配制简单，黏度低，固化过程防热效应小，使用简便，可应用于一般的灌筑修补混凝土裂缝。值得注意的是，用于潮湿混凝土裂缝处理的浆液，由于掺有大量不参与反应的溶剂会挥发，存在固化物收缩大、物理力学性能下降、粘结力低等缺点。其性能见表3-5。

表 3-3 非活性稀释剂体系浆液的一般配方

材料名称	浆液组成			材料名称	浆液组成		
	1	2	3		1	2	3
环氧树脂（6101）/g	100	100	100	环氧氯丙烷/mL	20	20	—
邻苯二甲酸二丁酯/mL	10	10	10	乙二胺/mL	15	—	10
二甲苯/mL	40	60	60	间苯二胺/mL	—	17	—

表 3-4 潮湿混凝土裂缝处理的非活性稀释剂体系浆液配方

材料名称	浆液组成	材料名称	浆液组成
环氧树脂（6101）/g	100	煤焦油/g	25
邻苯二甲酸二丁酯/mL	10	乙二胺/mL	10
二甲苯/mL	40	DMP-30/mL	5
环氧氯丙烷/mL	20		

表 3-5 潮湿混凝土裂缝处理的浆液非活性稀释剂体系浆液性能

项目		性能	项目	性能
黏度（20℃时）/mPa·s	15min	4.5	抗压强度/MPa	17.9
	45min	7.6		
	75min	16.3	潮湿 28d 劈裂粘结强度/MPa	1.25
	105min	27		

b 活性稀释剂体系的环氧树脂灌浆材料

（1）组成和配比。典型的活性稀释剂体系浆液配方如表 3-6 所示。

表 3-6 典型活性稀释剂体系浆液配方

材料名称	浆液组成/份		材料名称	浆液组成/份	
	配方 1	配方 2		配方 1	配方 2
环氧树脂（6101）	100	100	聚酰胺树脂（651）	15	—
环氧丙烷丁基醚（501）	40	40	二亚乙基三胺	—	15
甘油环氧树脂（622）	—	30	多亚乙基三胺	15	—

（2）性能。活性稀释剂体系环氧浆液所使用的活性稀释剂不挥发，可得到较好的性能。现有的活性稀释剂的黏度一般都比非活性稀释剂的大，稀释效果不太理想，影响浆液可灌性，如果用量太大还会影响固化物的性能。

c 糠醛-丙酮稀释体系的环氧树脂灌浆材料

目前比较广泛采用的是用糠醛-丙酮作混合物稀释剂的环氧树脂浆液。

（1）糠醛-丙酮-环氧树脂体系。糠醛-丙酮稀释体系的环氧树脂灌浆材料常见配方见表 3-7。

表 3-7 糠醛-丙酮稀释体系常用的配方

材料名称	环氧树脂（6101）	糠醛	丙酮	三亚乙基三胺
浆液组成（质量比）	100	35~50	30~50	16~20

糠醛-丙酮是黏度较小的有机溶剂，是环氧树脂有效的稀释剂，糠醛-丙酮相互反应，最后树脂化成不溶的高分子。糠醛-丙酮的这一特性，降低了浆液的黏度，提高了可灌性，改善了固化物的韧性，增强了浆液对混凝土含水裂缝的粘结强度。糠醛-丙酮-环氧树脂体系基本性能见表 3-8。

表 3-8 糠醛-丙酮-环氧树脂体系基本性能

项目		性能
物理性能	抗弯强度/MPa	30.0~85.0
	抗冲击强度/MPa	0.5~3.0
劈裂粘结强度/MPa	干缝	1.7~2.8
	湿缝	1.2~1.9
起始黏度（25℃时）/mPa·s		6~20

糠醛-丙酮稀释体系的环氧树脂灌浆材料也存在一些缺点：早期放热量大、固化的时间长、浆液的黏度逐渐增大，对潮湿和裂缝有水的混凝土的粘结强度较低。有以下一些改性的方法。

1）采取低温固化的措施。采用固化剂，并加促进剂，使环氧树脂浆液在低温的环境下很好地固化。固化剂是苯酚、甲醛、乙二胺缩合的复性胺，属于三元芳香胺，活性高。DMP-30 促进固化剂与环氧树脂的固化反应，提高了在低温下的反应速度（低温为放在-7~-11℃的冷库养护，自然冬季为在冬季室外养护，温度范围-10~-15℃）。

糠醛-丙酮稀释体系通过低温固化改性后的性能见表 3-9，体系的粘结强度较低温改性前有明显提高。

表 3-9 糠醛-丙酮稀释体系低温固化改性后的性能

项目				性能			
				配方 1	配方 2	配方 3	配方 4
“8”字形试件粘结强度/mPa	45d	低温	干	1.6	5.1	2.9	4.9
			湿	2.6	4	3.5	4.8
		自然冬季	干	7.48	5.8	5.8	5.9
			湿	5.8	4.7	4.9	9
	90d	低温	干	3.3	6.7	4.1	5.8
			湿	3.2	5.7	3.6	5
		自然冬季	干	7.5	4.6	7.6	3.9
			湿	6.5	7.27	7.4	4.5
黏度（35℃时）/mPa·s			起始	6			
抗压强度/MPa			24h	65			
			45d	41.5			
			90d	78.3			

2）减少水的影响。主要可从以下 3 方面改进：为保证环氧树脂浆液在有水情况下能固化，可在浆液中添加煤焦油；为破坏粘结面上的水膜，提高粘结强度，通常采用潜伏性固化剂酮亚胺；在糠醛-丙酮混合稀释体系的环氧树脂浆液中，增加糠醛-丙酮的用量，或在双酚 A 型环氧树脂中加入三聚氰酸环氧树脂或甘油环氧树脂，都能进一步提高浆液的亲水性及与有水混凝土的粘结强度。表 3-10和表 3-11 所示配方可供参考。

表 3-10 掺加酮亚胺的浆液的配比

材料名称	浆液组成（质量比）	材料名称	浆液组成（质量比）
混合树脂	100	DMP-30	30
糠醛	30	乙醇	1
丙酮	30	水泥	3

表 3-11 掺用甘油环氧树脂的浆液的配比

材料名称	浆液组成	材料名称	浆液组成
混合树脂/g	100	丙酮/mL	37.5
聚酰胺/g	10	乙二胺/mL	14.3
糠醛/g	37.5		

3）掺加酮亚胺的配比，其抗压强度达 25.0MPa，潮湿“8”字形试件 14d

粘结强度可达 2.77MPa，饱和水缝 30d 劈裂粘结强度大于 1.1MPa。掺加甘油环氧树脂的浆液，其抗拉强度为 7.0MPa，潮湿“8”字形试件粘结强度为1.34~2.42MPa。

（2）半醛亚胺-糠醛-丙酮-环氧树脂体系。将糠醛的一部分按等摩尔比先与胺类固化剂反应合成半醛亚胺，再以半醛亚胺作固化剂与环氧树脂-糠醛-丙酮体系混合，这可减少原体系中环氧树脂、糠醛、丙酮、胺混合时这部分糠醛与胺反应所产生的热量，克服使用糠醛和丙酮作为稀释剂时，早期发热量大的缺点。若要提高早期强度，可在浆液中加入促进剂间苯二酚，以提高胺与环氧基的反应速度。

B 甲基丙烯酸酯类化学灌浆材料

甲基丙烯酸酯类化学灌浆材料一个显著的优点就是能灌入 0.05mm 的细微裂缝，在 0.2~0.3MPa 压力下，浆液可渗入混凝土内 4~6cm 深处，灌入混凝土干裂缝能恢复混凝土的整体性；灌注有水的混凝土裂缝，如采用亲水性较好的配方和适当的工艺，也能部分恢复整体性。浆体的组成、作用及品种见表 3-12。

表 3-12 甲基丙烯酸酯类浆液的组成、作用及品种

组 成	作 用	品 种
主剂	其聚合体粘结强度大，对大多数物质，如金属、玻璃、混凝土、岩石、某些塑料等，均有较大的粘结强度和良好的成膜能力。具有较好的稳定性，对自然气候的抵抗力强，在 200℃以下不会分解，对酸、碱及某些化学药品的稀溶液有一定的抵抗能力，又能耐盐水及植物油脂，不溶于脂肪族烃类。可以和多种烯类化合物共聚，进行改性，可灌性好	材料的主要成分是甲基丙烯酸甲酯 MMA
引发剂	引发剂是容易产生游离基的过氧化物，使单体中的双链活化发生共聚反应，发出热量形成立体网状交联结构的大分子	过氧化甲苯酰又称过氧化二苯甲酰
促进剂	促进剂是降低引发剂正常分解温度、加快分解速度的化合物	二甲基苯胺
除氧剂	对甲苯亚硫磺酸难溶于水。能溶于甲基丙烯酸甲酯。在空气中能氧化变质，需密封避光储存	对甲苯亚硫酸
阻聚剂	为在高温环境下有较长的诱导期，可添加阻聚剂	焦性没食子酸
改性剂	增加浆液的亲水性的聚合后的柔性，提高灌注有水裂缝的粘结强度	甲基丙烯酸、丙烯酸、甲基丙烯酸丁酯、醋酸乙烯酯、不饱和聚酯树脂

甲基丙烯酸酯类化学灌浆材料制作过程相对复杂一点。首先量取主剂和改性剂，然后加入引发剂、除氧剂，必要时再加入阻聚剂，用搅棒拌匀（如有条件可通入氮或二氧化碳进行搅拌，以减少氧的影响）。待固体成分完全溶解后，再加入促进剂。常见配方见表3-13。

表3-13　甲基丙烯酸酯类浆液的组成配比

作用	材料名称	性　状	用　量
主剂	甲基丙烯酸甲酯	无色液体	100
引发剂	过氧化苯甲酰	白色液体	1~1.5
促进剂	二甲基苯胺	淡黄色液体	0.5~1.5
除氧剂	对甲苯亚硫磺酸	白色固体	0.5~1.0
阻聚剂	焦性没食子酸	白色固体	0~0.1
改性剂	（可选1~2种）		视品种而定
	丙烯酸	无色液体	0~10
	甲基丙烯酸丁酯	无色液体	0~25
	甲基丙烯酸	无色结晶或液体	0~20
	醋酸乙烯酯	无色液体	0~15

甲基丙烯酸酯类化学灌浆材料浆液性能见表3-14，可见浆液黏度比环氧类浆液低，表面张力比水还小，这也是其易渗入深层裂缝的原因，但收缩较环氧类浆液大，这是其不利的一面。最终聚合体的性能见表3-15。

表3-14　甲基丙烯酸酯类浆液的性能

项　目	性　能	项　目	性　能
外观	无色透明的液体	低温聚合	浆液在常温至-23℃都能聚合
相对密度	0.94~1.0	适用期	浆液中引发剂、促进剂用量增加或浆液温度升高，则适用期缩短。阻聚剂用量增加，则适用期延长
黏度（20℃时）/mPa·s	0.69~1.0		
表面张力	均为水的1/3	收缩	浆液在聚合过程中有20%左右的收缩，但浆液聚合成型后不再收缩

表 3-15 甲基丙烯酸酯类浆液聚合体性能

<table>
<tr><th colspan="3">项 目</th><th>性 能</th><th colspan="2">项 目</th><th>性 能</th></tr>
<tr><td colspan="3">抗压强度/MPa</td><td>60.0~85.0</td><td rowspan="2">粘结抗剪强度/MPa</td><td>混凝土试件（干缝）</td><td>2.4~3.6</td></tr>
<tr><td colspan="3">抗拉强度/MPa</td><td>13.5~17.5</td><td>花岗岩人工缝（干缝）</td><td>4.1~8.0</td></tr>
<tr><td colspan="3">弹性模量/MPa</td><td>$(2.75\sim3.30)\times10^4$</td><td colspan="2" rowspan="2">强度增长速度</td><td rowspan="2">7~14d 可达 28d 强度的 80%以上</td></tr>
<tr><td rowspan="4">灌注混凝土裂缝的粘结抗拉强度/MPa</td><td rowspan="2">室内试验</td><td>干缝</td><td>2.0~2.8</td></tr>
<tr><td>有水缝</td><td>1.76~2.55</td><td colspan="2" rowspan="3">耐久性</td><td rowspan="3">在室内将聚合体分别放在 70~80℃ 的蒸馏水及氢氧化钙溶液中浸泡几千小时后检验其物理力学性能无显著变化，耐久性较好</td></tr>
<tr><td rowspan="2">现场试验</td><td>干缝</td><td>0.64~1.68</td></tr>
<tr><td>有水缝</td><td>2.19</td></tr>
</table>

C 其他灌浆材料

（1）氨基甲酸酯（氰凝）。氨基甲酸酯浆材可与水发生化学反应，生成凝胶和 CO_2 气体，有很强的二次扩散渗透能力，因此用氨基甲酸酯浆材处理有水裂缝特别合适，广泛应用在水工建筑中的裂缝修补。不同的氰凝预聚体由于异氰酸基的含量不同，合成原料聚醚的分子结构和分子量大小不一样，因此性能方面有很大的差异，基本上这类材料适合各种裂缝的修补。由于水分是参与聚合反应的组分，因此施工时应先灌水润湿表面，促进浆液及时固化。

（2）水溶性聚氨酯（LW）。此种浆材具有吸水膨胀、弹性好的特点，是较好的活缝灌浆材料。用油溶性氰凝处理不理想的裂缝，改用水溶性聚氨酯处理往往效果较好。

（3）丙烯酰胺及丙烯酸盐。丙烯酰胺亦称丙凝，是以丙烯酰胺为主剂，加入交联剂、引发剂、促进剂和水配制而成的水溶液浆材，灌入裂缝之后生成水凝胶。它最先开发于美国，在 20 世纪 60 年代我国开始用于伸缩缝的堵漏处理，这种灌浆材料的特点是黏度低、可灌性好、凝结时间易控制。凝胶有一定弹性，但强度不高，只适于有水裂缝的灌浆堵漏。

以上几种灌浆材料的成分、性能与适用范围见表 3-16。

表 3-16 几种灌浆材料的成分、性能与适用范围

浆材名称	主要成分	初始黏度 /mPa·s	凝胶时间	抗压强度 /MPa	抗拉强度 /MPa	粘结强度 /MPa	适用范围
氨基甲酸酯	异氰酸酯聚醚预聚体、稀释剂、催化剂等	19~100	几秒至30min	4~10 固砂体 10~70		1~2	混凝土裂缝堵漏及补强
水溶性聚氨酯	异氰酸酯水溶性聚醚预聚体	450	几分钟至几十分钟	0.1~5	2.16	0.6~1.7	防渗堵漏
丙烯酰胺	主剂丙烯酰胺、交联剂、促进剂	1~2	几秒至几十分钟	0.2~0.6			裂缝止水堵漏

3.3.2.2 结构补强法裂缝修补材料

建筑物若出现结构裂缝则问题非常严重，修补此种裂缝必须满足修补后的构件承载力不低于构件破坏前的强度。目前对于结构性裂缝修补通常用胶黏剂。

胶黏剂可用于加固修复结构承载力不足产生的裂缝，在建筑工程中得到越来越广泛的应用。其主要材料为建筑胶黏剂或简称建筑胶，用于建筑加固工程中的时间虽不长，但近年来发展很快。

建筑胶黏剂按其不同的用途分类，可分为结构胶黏剂和非结构胶黏剂两大类。粘贴地板、墙面的胶黏剂属于非结构胶黏剂。结构胶黏剂的强度应大于被粘材料的强度，主要用于建筑中各种承重构件的补强加固。用于粘贴技术的粘贴剂在加固施工中，比一般焊接和铆接的连接处受力要均匀，无应力集中，整体性好，施工工艺简单，工期短。被粘贴后的构件在短时期内即可投入使用。此外，胶黏剂还有良好的耐水和耐介质性，其本身强度在固化后要超过混凝土强度，能将不同性质的材料胶结在一起。特别是用在混凝土构件的外部粘贴钢板的加固补强方法中，有着十分显著的效果。

（1）胶黏剂的组成与品种。目前大多数结构胶黏剂都是双组分室温固化。甲组分多为环氧树脂并添加了其他改性剂和填料，乙组分主要是由胺类固化剂和其他助剂组成，与聚合物砂浆类似。环氧树脂材料来源简单，成本较低，因其结构中含有羟基和活泼的环氧基，所以有很高的粘结性，对金属、混凝土、陶瓷等材料都有很好的黏结能力。此外胶黏剂还有耐介质、耐老化性能，固化收缩率小，储存性能稳定，可以在较宽的温度范围内使用。

但是由于其固化后所显示出的脆性特点，所以不单独使用，一般常采用聚酰胺树脂（如 650、651、200、400 聚酰胺）、橡胶类（如丁腈橡胶、聚硫橡胶、氯丁橡胶、聚氨酯橡胶等)、不饱和聚酯树脂(如302、304、305、3193聚酯等)等活性增韧剂来改善其脆性。乙组分一般为胺类固化剂,见表3-17。

表3-17 胶黏剂用胺类固化剂

类别	固化剂名称	用量/%	固化条件
胺类固化剂	乙二胺	6~8	25℃,24h或120℃,3h
	二亚乙基三胺	8~11	25℃,24h或100℃,3h
	三亚乙基四胺	9~11	25℃,24h或100℃,3h
	四亚乙基五胺	13~15	25℃,24h或100℃,3h
	多亚乙基多胺	14~15	25℃,24h或100℃,3h
	二乙氨基丙胺	5~8	70℃,4h或120℃,1h
	二甲氨基丙胺	5~10	60~70℃,4h或120℃,1h
	已二胺	13	25℃,24h或80℃,3h
	双氰胺	4~9	165~170℃,2~4h

常用的结构胶黏剂的品种有环氧类、环氧-酚醛类、环氧-聚硫橡胶类、酚醛-氰基橡胶类、聚氨酯类等。

(2)胶黏剂的配方。目前,结构胶黏剂粘贴钢板加固技术,已越来越广泛地被工程界所应用。常应用于建筑工程中的胶黏剂的配比见表3-18。

表3-18 胶黏剂的配方

材料成分			比例
组分	名称	用量	甲:乙
甲组分	环氧树脂	5	3:2
	增韧剂Ⅱ	1	
	PbO_2	0.2	
乙组分	改性胺	8	
	增韧剂Ⅰ	10	
	DMP-30	0.2	
甲组分	环氧树脂	5	2:1
	增韧剂Ⅱ	0.5	
	PbO_2	0.1	
乙组分	改性胺	3	
	增韧剂Ⅰ	10	
	DMP-30	0.5	
	105缩胺	3	

(3)胶黏剂性能。结构胶黏剂不仅具有良好的抗拉、抗剪强度等力学性能,而且还具有耐剥离、耐冲击、耐蠕变、耐老化和耐久性能。

4 案例分析——楼板裂缝

4.1 某国际广场楼板裂缝

4.1.1 工程概况

某国际广场共 32 层，总高 161.2m，为钢筋混凝土核心筒-钢管混凝土外斜网格结构体系。该建筑在建设过程中 21 ~ 26 层地面出现多条不同程度的裂缝。平面示意图及外观图见图 4-1 及图 4-2。

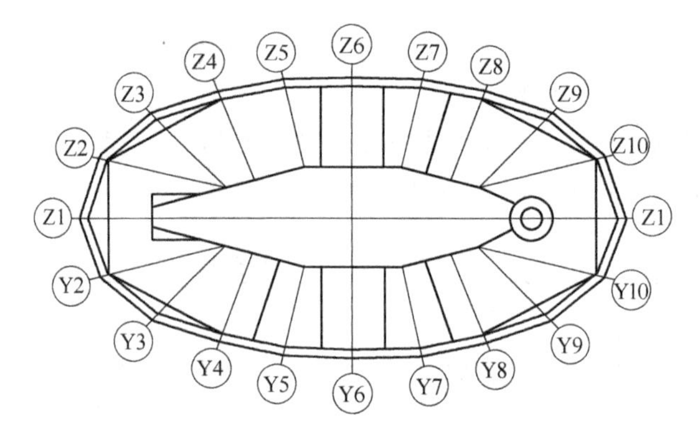

图 4-1 某国际广场平面示意图

图 4-2 某国际广场外观图

4.1.2　现场检查

（1）原始资料检查。原始资料检查包括原建筑图纸、施工图纸、地勘报告以及竣工资料是否完整。

（2）裂缝检查。

1）裂缝调查。现场检查结果如下：

① 依据施工记录，22～26层楼板地面裂缝大约在各层混凝土龄期为2～3d时出现，地面裂缝示意图见图4-3～图4-7。

② 裂缝走势主要是沿板缝方向，在中筒外侧呈环形分布。

③ 个别位置存在多条裂缝平行分布，裂缝平均间距与压型钢板宽度相同，为600mm。

④ 少量裂缝走势以中筒为中心呈放射状，此类裂缝位于24、25层。

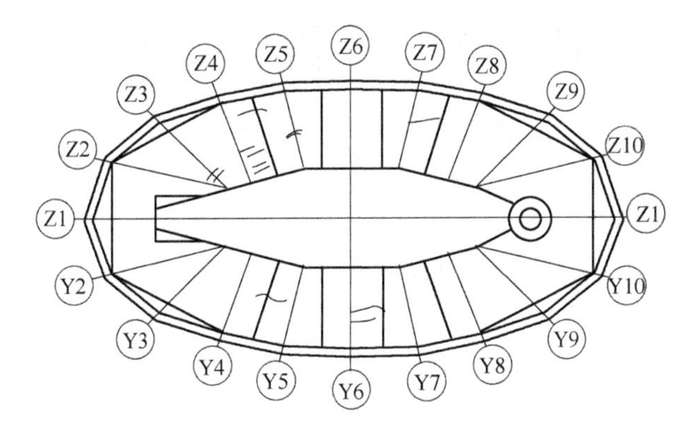

图4-3　22层地面裂缝分布示意图

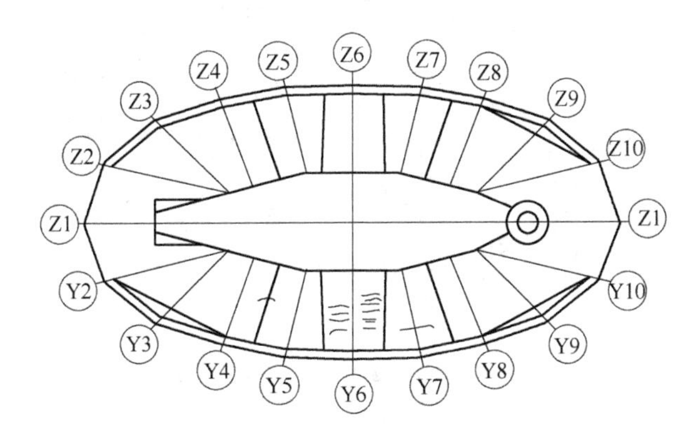

图4-4　23层地面裂缝分布示意图

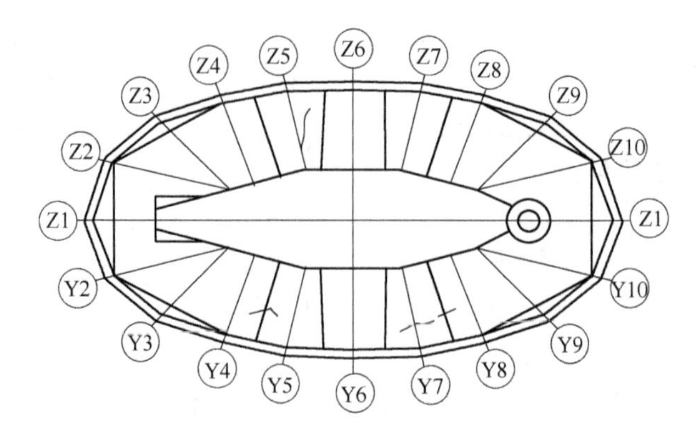

图 4-5 24 层地面裂缝分布示意图

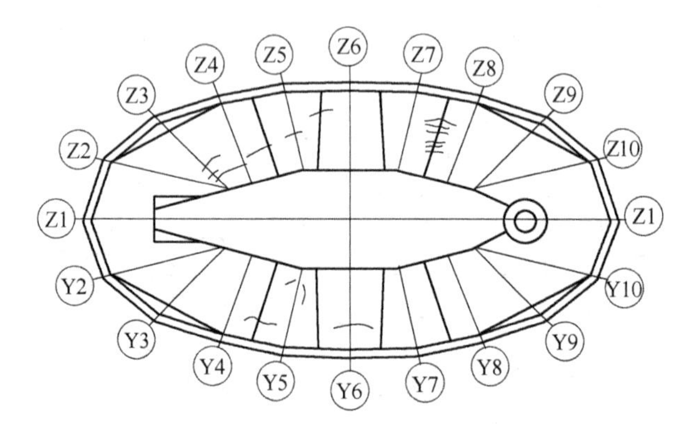

图 4-6 25 层地面裂缝分布示意图

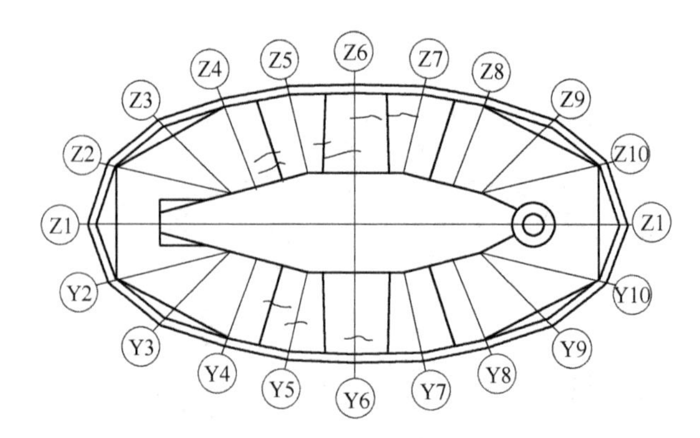

图 4-7 26 层地面裂缝分布示意图

2）裂缝检查结果。

① 裂缝长度检测。现场对裂缝分布进行了测绘，裂缝最大长度达到 9. 8m，

大部分裂缝长度在4~6m范围。

② 裂缝宽度检测。现场抽取较宽裂缝进行裂缝宽度测量，裂缝宽度普遍在1mm左右，最大缝宽达到1.87mm。

4.1.3 现场检测

（1）混凝土强度检测。本次检测范围21~26层地面混凝土设计强度为C30，裂缝分布区域为中筒外侧，板厚为120mm。各层楼板混凝土成型时间及试验强度见表4-1。

表4-1 外框筒各层楼板混凝土成型时间及试验强度统计表

楼层号	成型时间	试验强度/MPa	混凝土设计强度
21	2013/9/21	42.3	C30
	2013/9/24	36.7	C30
22	2013/9/25	41.8	C30
	2013/9/30	48.7	C30
23	2013/10/1	34.2	C30
	2013/10/5	39.3	C30
24	2013/10/6	47.9	C30
	2013/10/9	40.5	C30
25	2013/10/11	39.8	C30
	2013/10/13	54.9	C30
26	2013/10/17	60.9	C30
	2013/10/19	43.6	C30

（2）钢筋配置检测。对现场部分构件钢筋数量及分布进行检测，结果如表4-2所示，符合要求。

表4-2 部分构件钢筋配置情况表

构件名称	非加密区箍筋		加密区箍筋		加密区长度/mm
	平均间距/mm	最大间距/mm	平均间距/mm	最大间距/mm	
地下一层梁A/3-4	210	210	135	140	1100
一层梁B/5-6	220	220	125	135	1200
二层梁D/7-8	215	230	140	145	850
三层梁B/3-4	200	210	160	165	920
四层梁D/4-5	190	200	150	155	950

续表 4-2

构件名称	非加密区箍筋		加密区箍筋		加密区长度/mm
	平均间距/mm	最大间距/mm	平均间距/mm	最大间距/mm	
五层梁 E/1-2	195	210	145	150	850
六层梁 C/8-10	210	220	140	145	1000
一层梁 B/5-6	210	220	135	140	1150

（3）混凝土保护层检测。对现场部分构件混凝土保护层进行检测，结果如表 4-3 所示，符合要求。

表 4-3 部分构件混凝土保护层检测结果

构件编号	保护层厚度/mm
1	23
2	25
3	26
4	30
5	31
6	33
7	39
8	31

（4）混凝土碳化深度检测。对现场部分构件混凝土碳化深度进行检测，结果如表 4-4 所示，符合要求。

表 4-4 部分构件碳化深度检测结果

构件编号	碳化深度/mm
1	24
2	25
3	29
4	33
5	29
6	28
7	18
8	32

4.1.4 安全性分析

本结构楼板裂缝出现于21~26层地面，位于屋盖以下，各层裂缝主要集中在外框筒中部区域。裂缝方向基本一致，无贯通外框筒区域的通长裂缝，数量较多，裂缝宽度变化较大，表面、深层以及贯穿这几种裂缝类型均有，符合收缩裂缝的形态分布。因此，收缩变形是该区域裂缝产生的根本原因。

4.1.5 处理意见

该裂缝为收缩裂缝，为非受力裂缝。裂缝宽度较大，但考虑到开裂后易出现钢筋锈蚀情况，对结构耐久性造成影响，所以对该部分裂缝应进行灌缝、裂缝封闭等正常使用性处理，以保证结构的耐久性要求。可采用表面封闭法（缝宽<0.5mm）和压力灌浆法（缝宽≥0.5mm）进行修复处理。

4.2 某幸福广场楼板裂缝

4.2.1 工程概况

某幸福广场为7层框剪结构，6层在装修过程中发现部分顶板出现了开裂、渗漏现象。其首层平面图及整体外观图见图4-8及图4-9。

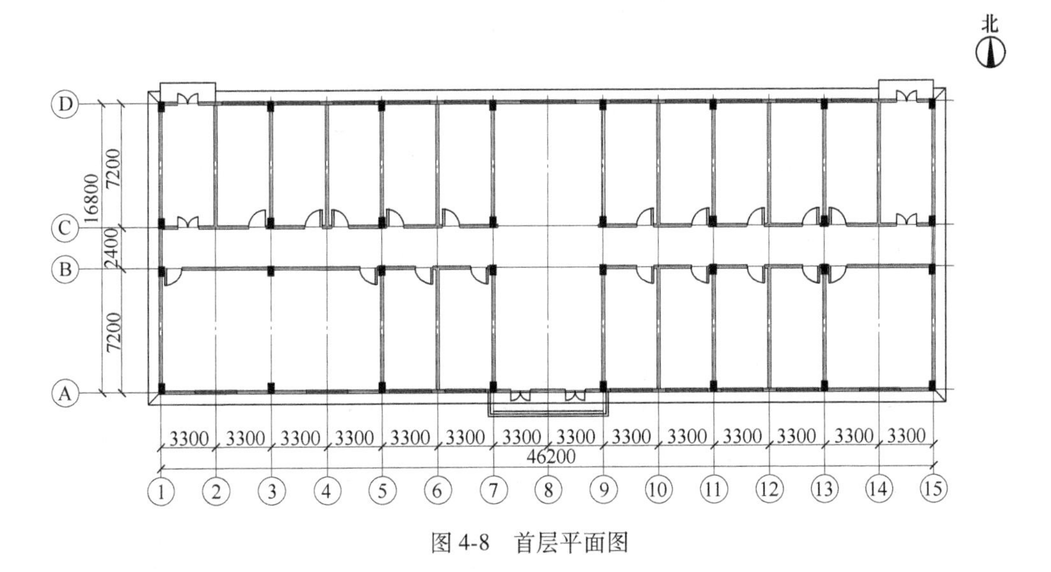

图4-8 首层平面图

4.2.2 现场检查

（1）原始资料检查。原始资料检查包括原建筑图纸、施工图纸、地勘报告以及竣工资料是否完整。

（2）裂缝检查。

1）楼板裂缝分布。经现场检查发现，有 3 个房间存在楼板裂缝，裂缝走向多沿钢筋方向分布。裂缝分布见图 4-10~图 4-12。

图 4-9　整体外观图

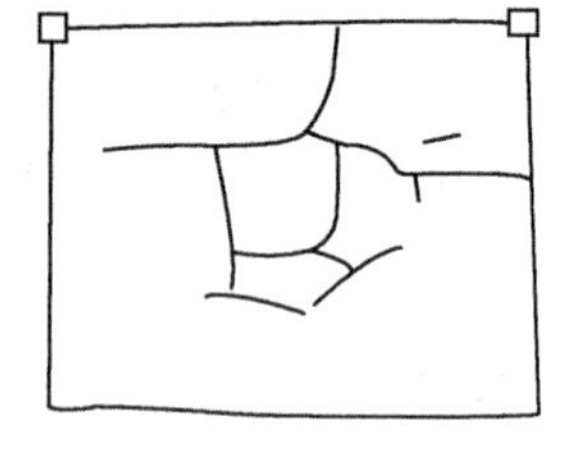

图 4-10　①号楼板裂缝分布

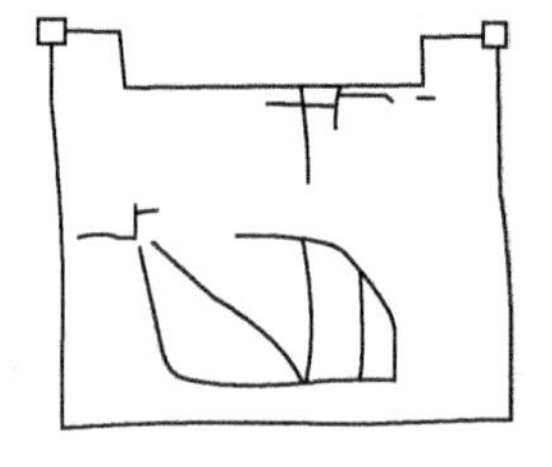

图 4-11　②号楼板裂缝分布

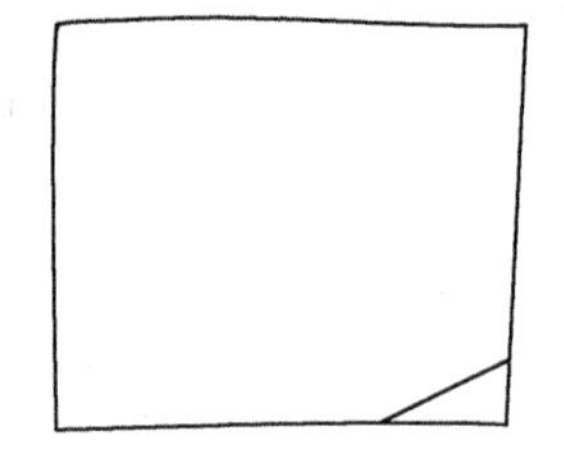

图 4-12　③号楼板裂缝分布

2）裂缝检测结果。现场采用裂缝测宽仪及裂缝测深仪对楼板裂缝进行测量，测量结果详见表 4-5。

表 4-5　楼板裂缝测量结果

楼板编号	裂缝深度	裂缝平均宽度/mm	裂缝最大宽度/mm
①号楼板	贯通裂缝	0. 2	0. 28
②号楼板	贯通裂缝	0. 2	0. 3
③号楼板	贯通裂缝	0. 2	0. 25

（3）楼板外观质量检查。现场对楼板进行检查，混凝土表观质量除裂缝外，未见蜂窝、麻面等其他缺陷。

4.2.3 现场检测

（1）混凝土强度检测。现场对混凝土强度进行检测，检测结果见表4-6。

表4-6 混凝土强度检测结果

构 件	位 置	推定强度推定值/MPa
楼板	①号楼板	51.2
楼板	②号楼板	48.9
楼板	③号楼板	47.6

原设计混凝土强度等级为C40，从检测结果可知，强度符合原设计要求。

（2）钢筋配置检测。现场用PS200型钢筋探测仪对混凝土楼板进行钢筋位置检测，检测结果见表4-7。

表4-7 混凝土板的钢筋配置情况检测结果

构件位置	检测项目		钢筋间距实测平均值/mm	钢筋间距设计值/mm	是否符合设计要求
①号楼板	主筋间距	东西向	145	150	是
		南北向	152	150	
②号楼板	主筋间距	东西向	152	150	是
		南北向	150	150	
③号楼板	主筋间距	东西向	147	150	是
		南北向	145	150	

检测结果表明，钢筋的配置均满足设计要求。

（3）混凝土保护层检测。现场用PS200型钢筋探测仪对楼板进行混凝土保护层厚度检测，检测结果见表4-8。

表4-8 混凝土板的保护层厚度检测结果

构件名称	位 置	保护层厚度实测平均值/mm	是否满足设计要求
楼板	①号楼板	35.6	是
楼板	②号楼板	34.8	是
楼板	③号楼板	33.7	是

检测结果表明，混凝土的保护层厚度均满足设计要求。

4.2.4 安全性分析

（1）裂缝原因分析。根据裂缝产生的方向及分布情况综合分析，裂缝产生的主因判定为温度影响导致。因该房屋建成以来空置多年，无人居住及维护，导致建筑室内温湿度变化极大，进而导致楼板温度变形较大。甚至房间与室外环境分隔不良，造成与原设计使用条件的不符合。

（2）安全性鉴定结论。该混凝土楼板裂缝属于贯通裂缝，最大裂缝宽度没有超过其允许的最大裂缝宽度限值，目前对构件安全性无影响，但对其使用功能已经造成了影响。

4.2.5 处理意见

（1）楼板裂缝宽度尚未对构件安全性产生影响，但已经对其正常使用功能造成影响，应对楼板裂缝进行表面封闭，保证构件的正常使用功能；

（2）根据房间后续装修及使用要求，建议对该楼板上表面进行防水处理，避免发生地面沿裂缝渗水导致钢筋锈蚀的情况；

（3）检测过程发现装修工人自行对楼板开裂处进行开凿，并凿穿楼板，对结构造成严重损伤，应立即进行修补。

4.3 某房地产交易大厦楼板裂缝

4.3.1 工程概况

某市房地产交易大厦始建于 2000 年，总建筑面积 18160m^2，结构类型为框架和框架-剪力墙结构，地下两层，为 6 级人防设计，主楼地上 13 层，裙房地上 2 层，楼板多处出现裂缝，平面图及整体外观见图 4-13 及图 4-14。

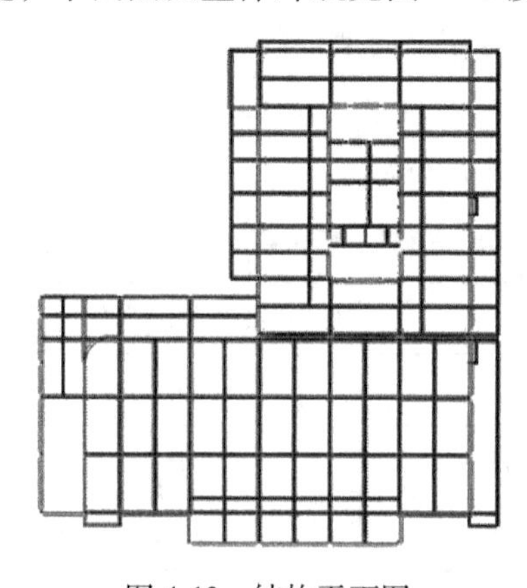

图 4-13 结构平面图

图 4-14　整体外观图

4.3.2　现场检查

（1）原始资料检查。原始资料检查包括原建筑图纸、施工图纸、地勘报告以及竣工资料是否完整。

（2）楼板裂缝调查。

1）经现场检查发现，在地下一层档案室区域的板底发现此类裂缝，裂缝长度 L=1.6m，宽度 W=0.15mm，该处裂缝出现在板跨中下部（应力最大位置附近），其裂缝示意图如图 4-15 所示。

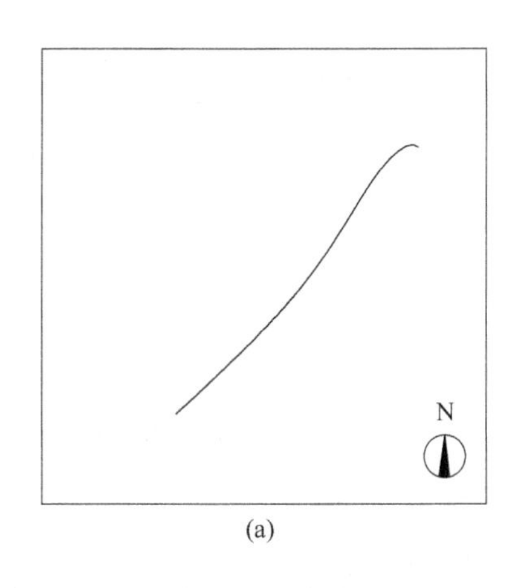

(a)

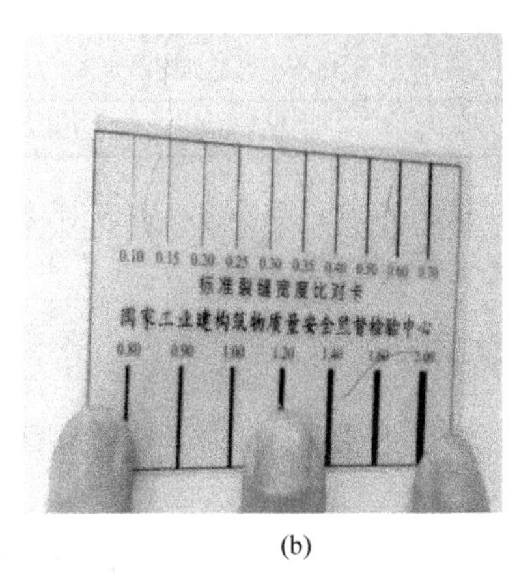

(b)

图 4-15　地下一层板底裂缝示意图

（a）地下一层板底裂缝走向；（b）L=1.6m，W=0.15mm

2）分别在地下一层、二层空调机房入口处地面均发现此类裂缝，地下一层

地面裂缝最长 $L=12\text{m}$，宽度 $W=2\text{mm}$ 左右。经过对板底对应区域观察，未发现板底裂缝。地下一层地面裂缝示意图如图 4-16 所示。

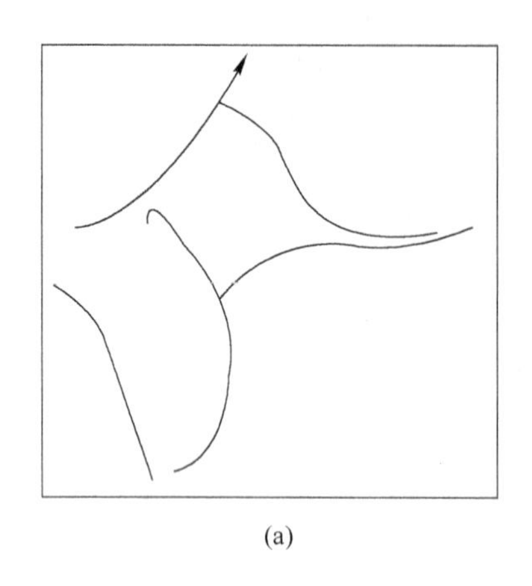

(a)

(b)

图 4-16　地下一层地面裂缝示意图

（a）地下一层地面裂缝走向；（b）$L=12\text{m}$，$W=2\text{mm}$

3）裂缝检测结果。本次采用裂缝测宽仪对楼板裂缝宽度进行测量，测量结果如表 4-9 所示。

表 4-9　裂缝宽度检测结果

序号	裂缝类型	备　注
1	地下一层板底裂缝 1 条，$L=1.6\text{m}$，$W=0.15\text{mm}$； 地下一层地面裂缝 5 条，$L=12\text{m}$，$W=2\text{mm}$ 左右	地下一层
2	201 室地面裂缝：$L=0.6\text{m}$，$W=1.5\text{mm}$	201 室

（3）楼板外观质量检查。现场对楼板进行检查，混凝土表观质量除裂缝外，未见蜂窝、麻面等其他缺陷。

4.3.3　现场检测

（1）混凝土强度检测。本次检测用混凝土回弹仪进行强度检测，检测结果见表 4-10。

表 4-10　混凝土强度检测结果

构　件	位　置	推定强度推定值/MPa
楼板	地下一层	51.6
楼板	201 室地面	48.2

原设计混凝土强度等级为C40，从检测结果可知，强度符合原设计要求。

（2）钢筋配置检测。现场用PS200型钢筋探测仪对混凝土楼板进行钢筋位置检测，检测结果见表4-11。

表4-11 楼板的钢筋配置情况检测结果

构件位置	检测项目		钢筋间距实测平均值/mm	钢筋间距设计值/mm	是否符合设计要求
地下一层	主筋间距	东西向	152	150	是
		南北向	155	200	
201室地面	主筋间距	东西向	148	150	是
		南北向	159	200	

检测结果表明，钢筋配置均满足设计要求。

（3）混凝土保护层检测。现场用PS200型钢筋探测仪对混凝土楼板进行保护层厚度检测，检测结果见表4-12。

表4-12 楼板的混凝土保护层厚度检测结果

构件名称	位　置	保护层厚度实测平均值/mm	是否满足设计要求
楼板	地下一层	35	是
楼板	201室	37.2	是
楼板	裙房地下一层	36.7	是

检测结果表明，混凝土保护层厚度均满足设计要求。

（4）楼板厚度检测。本次楼板厚度检测采用DJLC-A楼板厚度仪，检测结果见表4-13。

表4-13 楼板厚度检测结果

楼　层	实测厚度/mm				备注
	测点一	测点二	测点三	平均值	
主楼地下一层	287	281	286	288	楼板
主楼地下一层	289	280	287	285	楼板
裙房地下一层	185	177	179	180	楼板
裙房地下一层	176	178	186	180	楼板
二层	256	257	255	256	公共走道
三层	261	260	261	261	公共走道

续表 4-13

楼　层	实测厚度/mm				备注
	测点一	测点二	测点三	平均值	
四层	266	265	266	266	公共走道
五层	271	270	270	270	公共走道
六层	267	273	268	269	公共走道
七层	265	258	269	270	公共走道
八层	251	262	271	271	公共走道
九层	268	267	258	264	公共走道
十层	255	271	268	273	公共走道
十一层	257	269	252	274	公共走道

地下一层主楼楼板厚度为 250mm、裙房楼板厚度为 150mm，装修面层厚 30mm；公共走道结构层厚 120mm，装修面层厚 100mm。从检测结果可以看出，包含装修层在内的楼板厚度均为正公差，可认为楼板厚度能满足设计要求，但需适当考虑自重荷载的增加。

4.3.4　安全性分析

（1）裂缝原因分析。

1）建筑物板底斜向裂缝。初步确定裂缝的产生是由于承载力不足造成的，通过对裂缝的长度、宽度、深度的分析，结合承载能力验算结果确定该处裂缝的长度及宽度符合规范对应裂缝的限值，对结构承载力无重大影响。

2）建筑物地面斜向裂缝。由于结构层未开裂，产生裂缝的主要原因是垫层的收缩作用，此类裂缝不影响结构安全使用。该建筑物混凝土构件采用商品混凝土，现代商品混凝土为适应远距离运送和泵送需要，流动性加大，体积收缩呈增大趋势，造成混凝土结构收缩裂缝增多。

（2）安全性鉴定结论。地下一层的地面斜向裂缝属于表面裂缝，其宽度在裂缝宽度限度允许值内，对结构安全性无影响。

4.3.5　处理意见

（1）对于地下一层及机房地面的斜向裂缝，封闭裂缝即可。

（2）墙面竖向、斜向、横向裂缝需要处理，此裂缝为收缩裂缝，一旦裂缝开展内应力随即释放，收缩完成后裂缝趋于稳定，经修复或封闭堵塞处理后，对构件承载力和正常使用不产生影响。可沿裂缝拆除装修面层，采用化学压力灌浆修补裂缝，板底跨缝粘贴碳纤维，然后恢复表面装修层。

4.4 某市小区住宅楼楼板裂缝

4.4.1 工程概况

某剪力墙结构住宅楼建成于2003年，共有3个单元。地上实际楼层为13层，地下1层。现由于3单元7层在装修过程中地面开槽（图4-17），造成6层住户顶板开裂，整体外观图如图4-18所示。

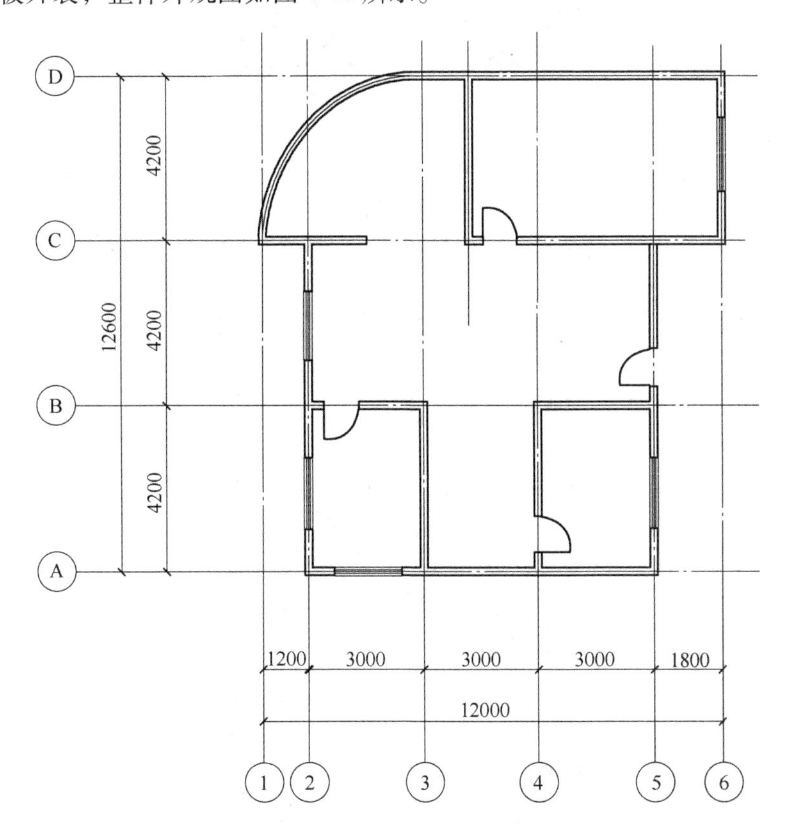

图4-17 7层开槽平面图

4.4.2 现场检查

（1）原始资料调查。原始资料检查包括原建筑图纸、施工图纸、地勘报告以及竣工资料是否完整。

（2）6层顶板裂缝检测。

图 4-18　整体外观图

1）现场裂缝检查照片如图 4-19 所示，7 层地面开槽深度约为 65mm，宽度约为 380mm。现场开槽照片见图 4-20 和图 4-21。

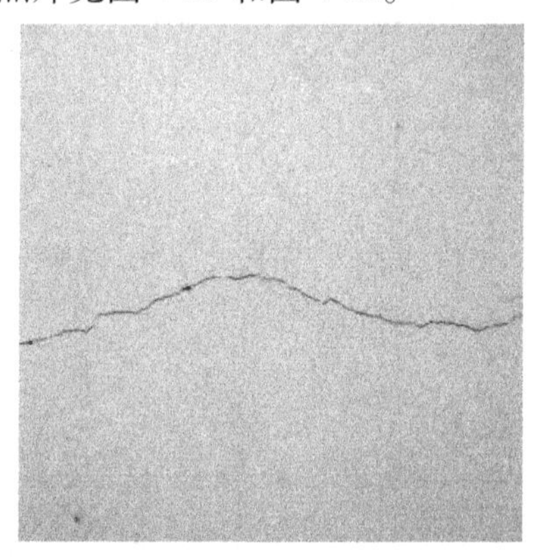

(a)

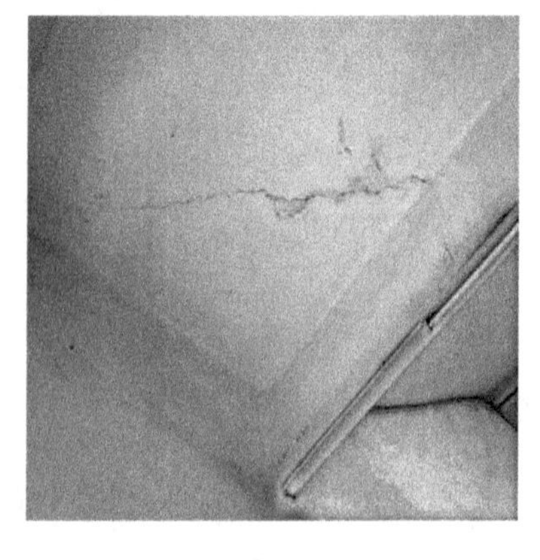

(b)

图 4-19　顶板裂缝示意图

图 4-20 地面开槽板底开裂处（槽深 65mm）

图 4-21 客厅处开槽（槽深 30mm）

2）裂缝检测结果。采用裂缝测量卡、钢卷尺对 6 层顶板裂缝进行检测，检测结果为：

① 裂缝长度约为 1.38m；

② 裂缝最大宽度为 0.25mm；

③ 顶板局部区域破损严重，混凝土骨料酥松掉落，该区域范围为 90mm（直径）。顶板局部破损照片见图 4-22 及图 4-23。

4.4.3 现场检测

（1）混凝土强度检测。现场对混凝土强度进行检测，检测结果见表 4-14。

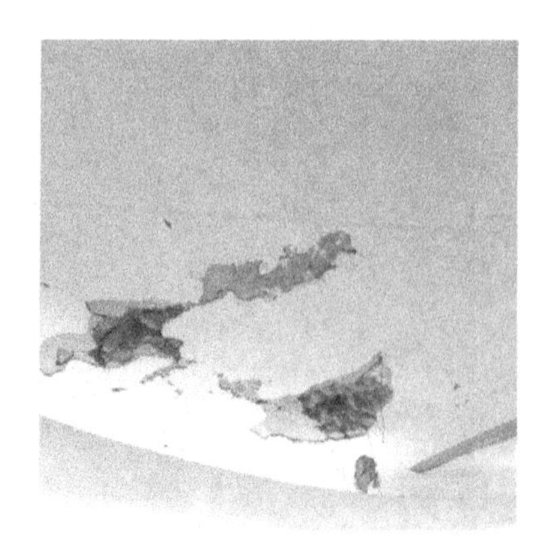

图 4-22　板底开裂现状

图 4-23　板底局部破损区域（直径 90mm）

表 4-14　混凝土强度检测结果

构件名称	强度平均值/MPa	标准差	混凝土强度推定值/MPa
6 层顶板	35. 4	1. 35	33. 2

原设计混凝土强度等级为 C30，从检测结果可知，强度符合原设计要求。

（2）钢筋检测。经现场检查，开槽区域未发现裸露、断裂钢筋；采用钢筋扫描仪进行检测后发现钢筋位置为槽内楼板表面下约 60mm 处。钢筋配置检测结果见表 4-15。

检测结果表明，钢筋配置均满足设计要求。

（3）混凝土保护层检测。现场用钢筋扫描仪对钢筋保护层厚度进行检测，检测结果见表 4-16。

表 4-15 楼板的钢筋配置情况检测结果

构件位置	检测项目		钢筋间距实测平均值/mm	钢筋间距设计值/mm	是否符合设计要求
6 层顶板	主筋间距	东西向	152	150	是
		南北向	178	200	

表 4-16 楼板的混凝土保护层厚度检测结果

构件名称	位置	保护层厚度实测平均值/mm	是否符合设计要求
顶板	6 层	11	是

检测结果表明，混凝土保护层厚度均满足设计要求。

（4）鉴定范围内楼板厚度。现场采用电钻在楼板开裂区域打孔，采用游标卡尺测得该处楼板厚度为 107. 3mm。

4. 4. 4 安全性分析

（1）裂缝原因分析。由于在 7 层地面上进行开槽，在施工过程中对楼板具有冲击性，破坏了楼板整体性，使其承载力下降，导致 6 层顶板出现裂缝。

（2）安全性鉴定结论。

1）开槽处楼板实测厚度为 107. 3mm，楼板设计厚度为 100mm，《混凝土结构工程施工质量验收规范》(GB 50204—2015）表 8. 3. 2 中规定，楼板厚度施工允许偏差为+10mm 和-5mm，可知楼板实测厚度满足规范要求。

2）楼板开槽处未发现裸露、断裂板筋。

3）板底开裂处裂缝最大宽度为 0. 25mm，《民用建筑可靠性鉴定标准》(GB 50292—1999）第 4. 2. 5 条规定，钢筋混凝土构件不适于继续承载的裂缝宽度为>0. 5mm，裂缝宽度实测值<0. 5mm，即板底裂缝尚未对楼板安全性造成影响。但板底局部破损区域为 90mm（直径），破损处混凝土明显酥松，楼板使用安全性差。

4. 4. 5 处理意见

（1）板顶开槽处采用结构胶骑缝反复刮实，同时封闭周围裂缝及分支裂缝后才能进行下一道工序。

（2）楼上施工期间应避免对楼板再次造成冲击影响。应尽快对板底进行局部修复处理，以满足正常使用要求。待导致楼板开裂的因素消除后（即楼板上部不再增加板面荷载和施工振动），采用化学灌浆方法进行全面加固处理，并将混凝土酥松区域剔除，采用高一标号（C30）混凝土进行修补，以保证楼板今后的正常安全使用。

4.5　某药厂改造项目屋面板裂缝

4.5.1　工程概况

某药厂开发及供应大楼为3层钢筋混凝土框架结构，设防烈度为7级，丙类建筑，设计使用年限50年；建筑面积5828.0m²，建筑屋面总高21.6m。其主要作药品开发大楼使用。大楼现已封顶，该建筑拆除部分模板后发现板面、板底有较多裂缝。平面图及整体外观图见图4-24及图4-25。

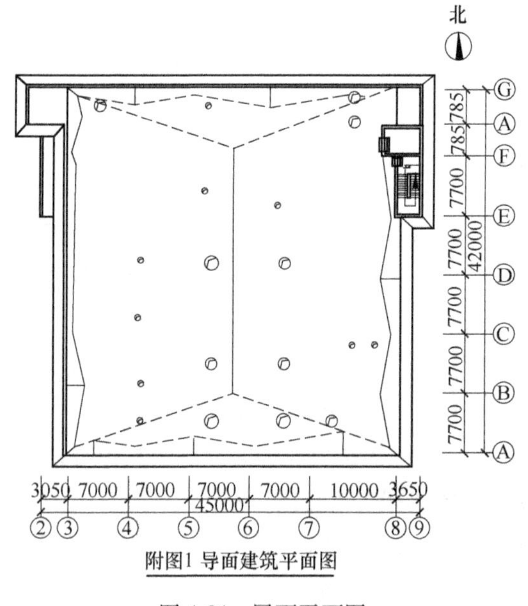

图4-24　屋面平面图

4.5.2　现场检查

（1）原始资料检查。原始资料检查包括原建筑图纸、施工图纸、地勘报告以及竣工资料是否完整。

（2）屋面板裂缝检查。根据委托方提供资料，在屋面混凝土浇筑17d后进行了局部模板拆除，发现板底存在明显渗迹，查勘板面也发现存在较多裂缝情况，如图4-26和图4-27所示。

图 4-25 整体外观图

图 4-26 拆模后板底水渍

图 4-27 板面裂缝

4.5.3　现场检测

（1）混凝土强度检测。现场对屋面板混凝土强度进行检测，检测用钻芯法（钻芯机型号：HZ-15，编号：9940702）进行混凝土强度测试。现场抽取的芯样经削平、养护后送上海市建筑科学研究院实验室测试芯样抗压强度。混凝土强度检测结果见表 4-17。

表 4-17　屋面板混凝土强度抽样检测结果（钻芯法）

楼层	构件位置	芯样破坏荷载/kN	芯样抗压强度/MPa	试压日期
屋面	7-8/F-G 板	159.4	38.1	5 月 26 日
屋面	6-7/F-G 板	164.2	39.2	5 月 26 日
屋面	5-6/F-G 板	165.2	39.5	5 月 26 日
屋面	5-6/E-F 板	152.0	36.3	5 月 26 日
屋面	6-7/E-F 板	157.0	37.5	5 月 26 日
屋面	6-7/D-E 板	159.1	38.0	5 月 26 日
屋面	7-8/B-C 板	164.9	39.4	5 月 26 日
屋面	7-8/A-B 板	185.7	44.4	5 月 26 日
屋面	5-6/A-B 板	166.3	39.7	5 月 26 日
屋面	3-4/B-C 板	156.1	37.3	5 月 26 日
屋面	4-5/C-D 板	159.1	38.0	5 月 26 日
屋面	3-4/D-E 板	178.9	42.7	5 月 26 日
屋面	4-5/E-F 板	159.1	38.0	5 月 26 日

注：芯样尺寸 ϕ73×73mm。

由表 4-17 可知，屋面板芯样实测混凝土强度分布于 36.3～44.4MPa，均大于设计强度 C30 的要求。

（2）钢筋配置检测。检测采用 BOSCH DMO10 钢筋探测仪探测钢筋数量，用钢卷尺（型号 0～5m，编号 7441004）检测钢筋间距，并凿开保护层用游标卡尺（型号 0～300mm，编号 7141204）测量钢筋直径，抽样检测结果见表 4-18。

表 4-18　屋面板钢筋配置检测结果

楼层	构件位置	东西向钢筋		南北向钢筋	
		设计	实测	设计	实测
屋面	7-8/F-G 板面	10@200	10@202	10@200	10@215
屋面	5-6/E-F 板面	10@200	10@200	10@200	10@208

续表 4-18

楼层	构件位置	东西向钢筋		南北向钢筋	
		设计	实测	设计	实测
屋面	4-5/E-F 板面	10@200	10@201	10@200	10@203
屋面	4-5/D-E 板面	10@200	10@201	10@200	10@201
屋面	5-6/A-B 板面	10@200	10@200	10@200	10@201
屋面	6-7/B-C 板面	10@200	10@210	10@200	10@211
屋面	3-4/B-C 板面	10@200	10@201	10@200	10@203
屋面	6-7/B-C 板底	10@200	10@201	10@200	10@203
屋面	3-4/B-C 板底	10@200	10@206	10@200	10@201
屋面	5-6/E-F 板底	10@200	10@201	10@200	10@200
屋面	5-6/D-E 板底	10@200	10@201	10@200	10@203
屋面	4-5/D-E 板底	10@200	10@196	10@200	10@200
屋面	7-8/A-B 板底	10@200	10@203	10@200	10@205

由表 4-18 可知，板面、板底主筋直径满足设计要求，主筋间距基本满足设计要求。

（3）混凝土保护层检测。本次检测采用凿开保护层用游标卡尺（型号 0~300mm，编号 7141204）保护层厚度，检测结果见表 4-19。

表 4-19 屋面板的混凝土保护层厚度检测结果

楼层	位 置	实测混凝土保护层厚度平均值/mm	是否满足设计要求
屋面	7-8/F-G 板面	31.3	是
屋面	5-6/E-F 板面	25.6	是
屋面	4-5/E-F 板面	30.2	是
屋面	4-5/D-E 板面	24.5	是
屋面	5-6/A-B 板面	33.2	是
屋面	6-7/B-C 板面	34.2	是
屋面	3-4/B-C 板面	15.7	是
屋面	6-7/B-C 板底	13.5	是
屋面	3-4/B-C 板底	15.2	是
屋面	5-6/E-F 板底	22.8	是

续表 4-19

楼层	位　置	实测混凝土保护层厚度平均值/mm	是否满足设计要求
屋面	5-6/D-E 板底	13.2	是
屋面	4-5/D-E 板底	20.1	是
屋面	7-8/A-B 板底	18.8	是

由表 4-19 表明，混凝土保护层厚度均满足设计要求，但多数板面混凝土保护层正偏差较大。

4.5.4　安全性分析

（1）裂缝原因分析。屋面板裂缝从分布、特征和形态上看，属于收缩温度裂缝，主要是由于早期混凝土收缩、温差作用下收缩变形受梁柱约束而引起的。硅酸盐水泥是混凝土强度的主要胶结材料，其水化时发生化学收缩易产生微裂缝。工程采用泵送混凝土，由于施工要求有一定流动性，较大坍落度增大了混凝土收缩作用；养护时措施控制不严导致板面失水加快也增大了混凝土收缩作用；流动性较大的混凝土未结硬前骨料因自重下沉受到板钢筋的阻挡，沿钢筋位置形成薄弱环节；混凝土收缩变形沿钢筋薄弱环节形成裂缝。同时，环境温差作用下屋面板内外收缩不一致，收缩受到周边梁柱约束时产生裂缝。在早期混凝土收缩和环境温差共同作用下，收缩应力大于混凝土抗拉强度时屋面板沿钢筋位置产生多处裂缝。由于早期沉缩作用的影响，沿板厚开裂的裂缝总体呈现表面宽底部细的特征。

（2）安全性鉴定结论。该混凝土屋面板裂缝属于表面裂缝，对构件的安全性无影响，无需结构性加固。

4.5.5　处理意见

现有屋面板裂缝不影响其安全性，无需结构性加固，在采取可靠措施进行板缝封闭处理后，能满足屋面板的正常使用和耐久性要求。

4.6　某市写字楼地下车库楼板裂缝

4.6.1　工程概况

某写字楼工程竣工验收于 2006 年，该楼地上 16 层（局部 18 层），地下 2 层，为钢筋混凝土框架结构，设计使用年限为 50 年。该楼的地下车库一层楼板出现了裂缝，平面图及整体外观如图 4-28 和图 4-29 所示。

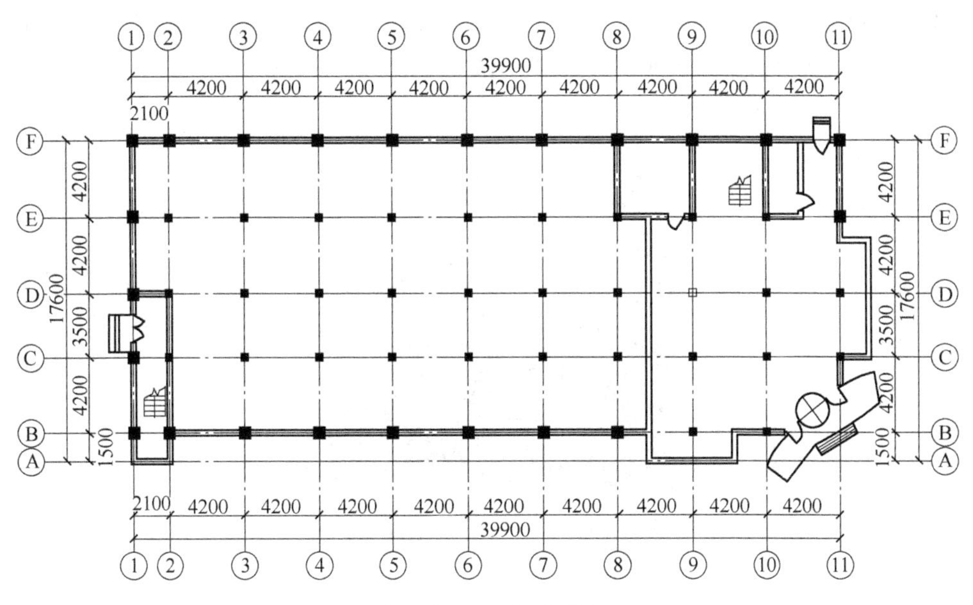

图 4-28 一层平面图

图 4-29 整体外观图

4.6.2 现场检查

（1）原始资料检查。原始资料检查包括原建筑图纸、施工图纸、地勘报告以及竣工资料是否完整。

（2）裂缝检查。

1）楼板裂缝分布范围。经现场检查发现，楼板裂缝主要分布于 2-1～2-2/2-C～2-D、2-1～2-2/2-B～2-C、2-1～2-2/2-A～2-B、2-4～2-5/2-C～2-D 四块楼板。

2）楼板裂缝检查。现场检测期间发现地下车库一层楼板 2-1～2-2/2-C～2-D、

2-1～2-2/2-B～2-C、2-1～2-2/2-A～2-B、2-4～2-5/2-C～2-D 板底与板顶均存在斜长裂缝，裂缝实景如图 4-30～图 4-33 所示。

图 4-30　2-1～2-2/2-C～2-D 楼板板底斜裂缝

图 4-31　2-1～2-2/2-B～2-C 楼板板底斜裂缝

图 4-32　2-1～2-2/2-A～2-B 楼板板顶斜裂缝

图 4-33 2-4～2-5/2-C～2-D 楼板板顶斜裂缝

3）楼板构件裂缝宽度检测。现场检测发现，写字楼地下车库一层楼板构件出现裂缝，裂缝示意图如图 4-34 及图 4-35 所示，裂缝宽度见表 4-20 和表 4-21。

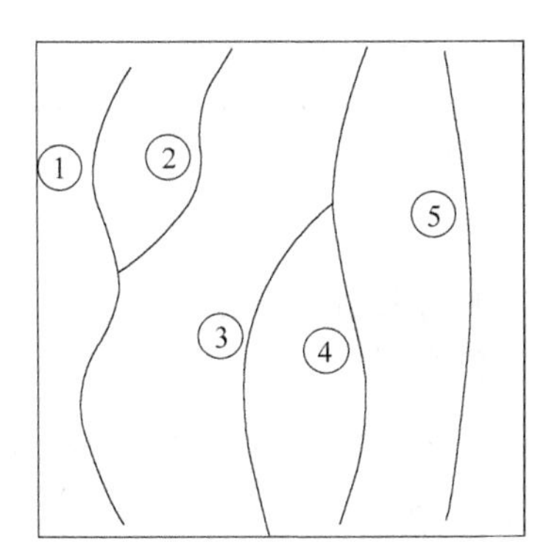

图 4-34 地下一层板 2-1～2-2/2-B～2-C 裂缝示意图

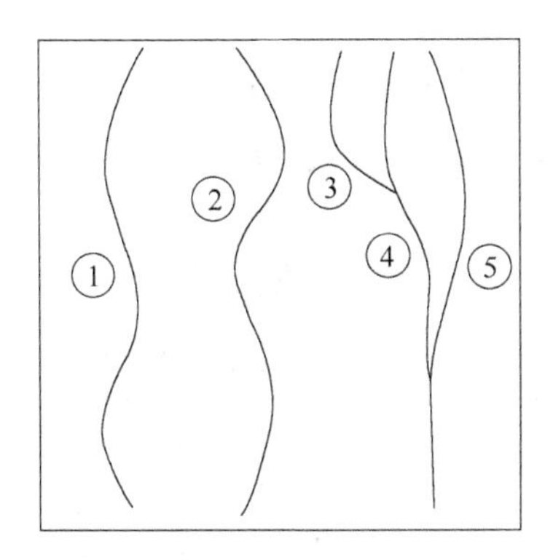

图 4-35 地下一层板 2-1～2-2/2-A～2-B 裂缝示意图

表 4-20　地下一层板 2-1～2-2/2-B～2-C 裂缝

编　号	裂缝长度/mm	裂缝宽度/mm	备　注
①	7900	0.20	结构层裂缝
②	3700	0.30	结构层裂缝
③	6500	0.20	结构层裂缝
④	7900	0.35	结构层裂缝
⑤	7900	0.20	结构层裂缝

表 4-21　地下一层板 2-1～2-2/2-A～2-B 裂缝

编　号	裂缝长度/mm	裂缝宽度/mm	备　注
①	7900	0.50	结构层裂缝
②	7900	0.32	结构层裂缝
③	3000	0.25	结构层裂缝
④	4100	0.40	结构层裂缝
⑤	7900	0.24	结构层裂缝

4.6.3　现场检测

（1）混凝土强度检测。现场采用回弹法对写字楼地下车库一层楼板构件的强度进行检测，构件强度回弹值结果见表 4-22。

表 4-22　抽检楼板混凝土强度检测结果

构件位置	强度平均值/MPa	标准差	混凝土强度推定值/MPa
2-1～2-2/2-C～2-D 楼板	43.0	1.68	40.2
2-1～2-2/2-B～2-C 楼板	44.3	1.97	41.0
2-1～2-2/2-A～2-B 楼板	44.4	2.65	40.1
2-4～2-5/2-C～2-D 楼板	48.8	4.37	41.6

检测结果表明，所检测混凝土楼板强度均达到 C30 混凝土强度等级的要求。

（2）钢筋配置检测。应用磁感仪对本工程相关构件的配筋数量情况进行抽样检测。本工程所测地下一层楼板的钢筋配置情况检测结果见表 4-23。

表 4-23　抽检钢筋混凝土楼板的钢筋配置检测结果　（mm）

构件位置	检测项目		钢筋间距实测平均值	钢筋间距设计值	是否符合设计要求
2-1～2-2/2-C～2-D 楼板	主筋间距	东西向	148	200	否
		南北向	149	150	

续表 4-23

构件位置	检测项目		钢筋间距实测平均值	钢筋间距设计值	是否符合设计要求
2-1～2-2/2-B～2-C 楼板	主筋间距	东西向	152	100	否
		南北向	150	150	
2-1～2-2/2-A～2-B 楼板	主筋间距	东西向	147	100	否
		南北向	145	150	
2-4～2-5/2-C～2-D 楼板	主筋间距	东西向	198	200	是
		南北向	195	200	

检测结果表明，某写字楼地下车库一层 2-1～2-2/2-C～2-D 楼板、2-1～2-2/2-B～2-C 楼板、2-1～2-2/2-A～2-B 楼板钢筋配置不能满足设计要求。

（3）混凝土保护层检测。应用磁感仪对本工程相关构件的混凝土保护层进行检测。本工程所测地下一层楼板的保护层检测结果见表 4-24。

表 4-24 抽检钢筋混凝土楼板的保护层厚度检测结果 （mm）

构件位置	保护层厚度实测平均值	是否满足设计要求
2-1～2-2/2-C～2-D 楼板	11	是
2-1～2-2/2-B～2-C 楼板	9	否
2-1～2-2/2-A～2-B 楼板	11	是
2-4～2-5/2-C～2-D 楼板	8	否

检测结果表明，写字楼地下车库一层 2-1～2-2/2-B～2-C 楼板、2-4～2-5/2-C～2-D 楼板钢筋保护层厚度不能满足设计要求。

4.6.4 安全性分析

（1）裂缝原因分析。现场检测结果表明，所检测部分楼板钢筋配置、保护层不符合设计要求，导致实际承载力低于原设计承载力，在一定程度上造成了楼板开裂，进而影响了混凝土楼板的耐久性能。

（2）安全性鉴定结论。写字楼地下车库一层 2-1～2-2/2-C～2-D 楼板、2-1～2-2/2-B～2-C 楼板、2-1～2-2/2-A～2-B 楼板钢筋配置不能满足设计要求，2-1～2-2/2-B～2-C 楼板、2-4～2-5/2-C～2-D 楼板钢筋保护层厚度不能满足设计要求；该四块楼板裂缝最大宽度均超过规范对裂缝宽度的允许值 0.3mm，应及时进行封闭修补处理。

4.6.5 处理意见

基于以上检测结论，对本工程楼板提出以下处理建议：

（1）对既有裂缝采取措施进行封闭处理；

（2）对开裂楼板进行加固或补强处理，由加固设计单位出具加固设计方案；

（3）由具备相应资质的加固设计单位对本工程进行加固设计，并对加固后的楼板重新进行构件承载力验算；

（4）由具备相应资质的施工单位，依据加固设计图进行加固施工。

4.7　某市砌体建筑楼板裂缝

4.7.1　工程概况

某建筑结构形式为二层砌体结构，其平面图及整体外观图见图 4-36 和图 4-37。

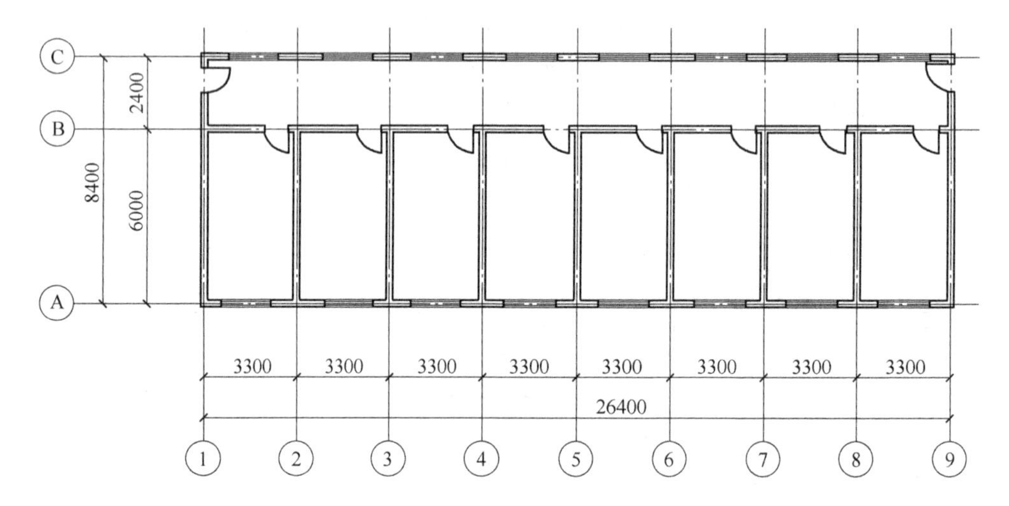

图 4-36　砌体房屋平面图

图 4-37　整体外观图

4.7.2　现场检查

（1）原始资料调查。该楼的一层顶板出现了裂缝，欲查清裂缝的现状及该楼板的安全状况，因此对相关区域的楼板结构进行裂缝检测。

（2）裂缝检查。经过对现场裂缝的检查，发现一层楼板各个房间均存在斜裂缝，裂缝实景如图 4-38～图 4-41 所示。

图 4-38　2-4/A-C 楼板斜裂缝

图 4-39　1-2/A-B 楼板斜裂缝

本次裂缝检测内容主要包括裂缝宽度、长度等内容，详见图 4-42。

根据《混凝土结构设计规范》(GB 50010—2010）规定：对于常年平均湿度不小于 60%的一类环境下的受弯构件，最大裂缝宽度的限值为 0.30mm。因此，楼板裂缝最大宽度不满足规范要求。

各项检测结果如表 4-25 所示。

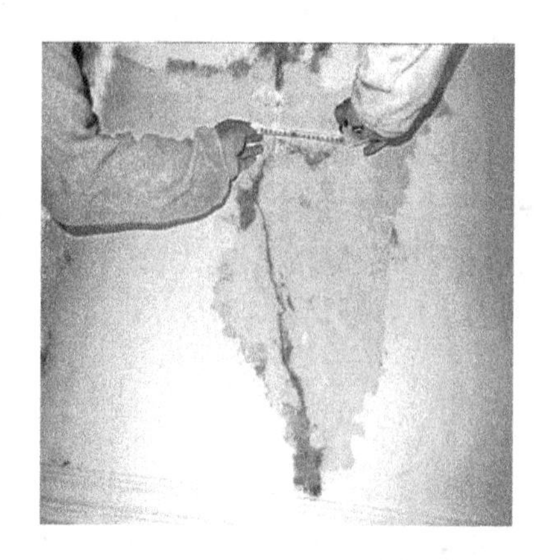

图 4-40　1-2/D-F 楼板斜裂缝

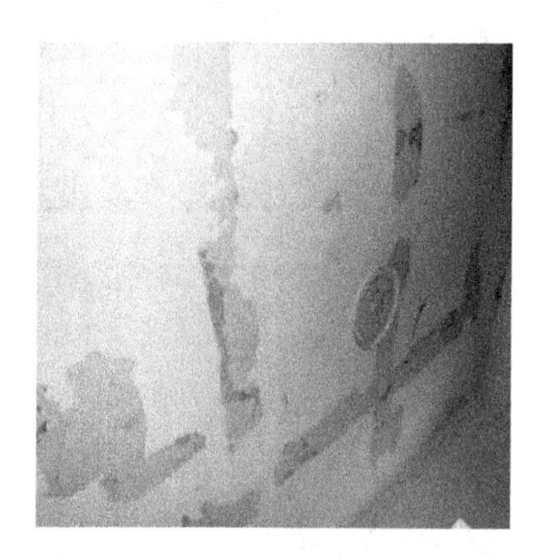

图 4-41　3-4/C-F 楼板斜裂缝

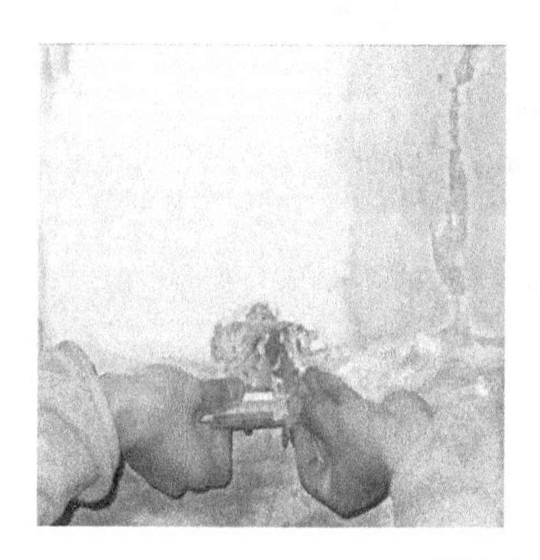

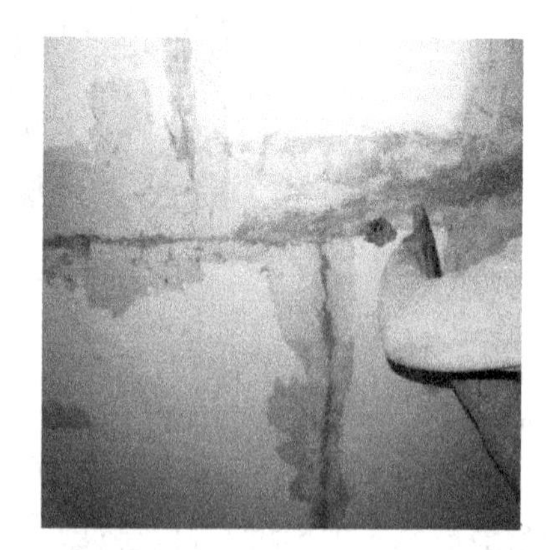

图 4-42　裂缝检查

表 4-25 楼板裂缝检测结果

裂缝位置	裂缝最大宽度/mm	裂缝最长长度/mm
2-4/A-C 楼板斜裂缝	1.8	1550
1-2/A-B 楼板斜裂缝	1.4	1230
1-2/D-F 楼板斜裂缝	0.9	512
3-4/C-F 楼板斜裂缝	0.4	704

4.7.3 现场检测

（1）混凝土强度检测。采用回弹法对本工程 4 块板和 1 根梁（委托方指定位置）的混凝土强度进行检测。

现场对混凝土强度进行了检测，检测结果见表 4-26。

表 4-26 混凝土强度检测结果汇总表

序号	位置	构件	强度推定值/MPa
1	一层楼板 2-4/A-B	板	37.7
2	一层楼板 3-4/C-D	板	34.2
3	二层楼板 1-2/C-D	板	41.5
4	二层楼板 3-4/B-C	板	37.9
5	一层梁 B/3-4	梁	35.6

依据检测结果，结构层一层、二层板混凝土强度基本满足 C30 强度等级要求，一层梁混凝土强度基本满足 C25 强度等级要求。

（2）钢筋配置检测。现场进行钢筋检测，测量结果见表 4-27。

表 4-27 现场裂缝钢筋检测结果汇总表

区域	构件类型	裂缝编号	检测项目		实测值/mm
南侧	墙	1 号裂缝	分布筋间距	垂直方向	154
				水平方向	153
	墙	4 号裂缝	分布筋间距	垂直方向	154
				水平方向	155
	墙	9 号裂缝	分布筋间距	垂直方向	148
				水平方向	153
北侧	墙	14 号裂缝	分布筋间距	垂直方向	150
				水平方向	151
	墙	18 号裂缝	分布筋间距	垂直方向	153
				水平方向	151

（3）混凝土保护层检测。现场进行混凝土保护层厚度检测，测量结果见表4-28。

表 4-28　混凝土保护层厚度检测结果统计表　（mm）

<table>
<tr><th>构件名称</th><th>构件位置</th><th colspan="7">保护层厚度实测值</th><th>平均值</th><th>标准差</th><th>推定区间</th></tr>
<tr><td rowspan="4">板梁</td><td>L1-8</td><td>15</td><td>25</td><td>23</td><td>25</td><td>22</td><td>22</td><td>20</td><td rowspan="4">21</td><td rowspan="4">3.07</td><td rowspan="4">[15，17]</td></tr>
<tr><td>L2-7</td><td>21</td><td>24</td><td>24</td><td>24</td><td>18</td><td>18</td><td>16</td></tr>
<tr><td>L3-9</td><td>18</td><td>20</td><td>22</td><td>19</td><td>21</td><td>22</td><td>18</td></tr>
<tr><td>L4-6</td><td>24</td><td>21</td><td>22</td><td>24</td><td>23</td><td>20</td><td>22</td></tr>
</table>

（4）混凝土碳化深度检测。经现场混凝土碳化测试，该混凝土构件的碳化深度范围为［9，19］mm，具体检测数据见表4-29。

表 4-29　混凝土碳化深度检测结果

构件位置	碳化深度平均值/mm
L1-3	9.0
L3-5	11.3
L2-4	12.5
QL1-3	14.6
QL2-3	16.7
GZ1-3	17.9
GZ2-4	18.8

4.7.4　安全性分析

（1）裂缝原因分析。某建筑楼板裂缝主要为施工过程中一些综合因素引起的裂缝，但裂缝最大宽度不能满足规范相关规定，应及时进行封闭修补处理。经过分析，该楼板裂缝产生的原因可能如下：

1）楼板结构混凝土在施工期间的养护可能不到位，造成拆模后楼板产生一些非受力裂缝。

2）在该建筑暖气试水期间，由于二楼水管漏水，对一楼顶板造成了较长时间的浸泡，导致水从楼板贯穿裂缝处持续渗漏，进而使楼板裂缝明确可见，此为主要因素。

（2）安全性鉴定结论。按国家现行建筑结构有关规范核算分析，验算结果表明某建筑一层四块楼板跨中裂缝区底部钢筋配置均满足承载力计算要求，加固后能够继续安全承载。

根据以上检查、监测结果，判断该结构梁裂缝属于表面裂缝，非受力裂缝，混凝土的收缩变形及箍筋锈蚀是裂缝产生的根本原因，该批混凝土存在年代较长，混凝土浇筑质量及养护质量不高，加剧了裂缝的产生。

4.7.5 处理意见

基于以上检测及鉴定结论，对本工程楼板提出以下处理建议：

（1）对既有裂缝采取措施进行封闭处理。

（2）对开裂楼板进行加固或补强处理，由具备相应资质的加固设计单位出具加固设计方案。

（3）加固设计单位对加固后的楼板重新进行构件承载力验算。

（4）由具备相应资质的施工单位，依据加固设计图进行加固施工。

4.8 某住宅小区项目楼板裂缝

4.8.1 工程概况

某休闲度假旅游区二期 GS-22、GS-23、GS-25、GS-26 地块住宅小区项目，根据委托方提供的资料，该项目于 2017 年 7 月进行楼板面层施工，其中部分楼板在地面施工养护过程中，发现板底有开裂及水渍，平面图及整体外观图见图 4-43 及图 4-44。

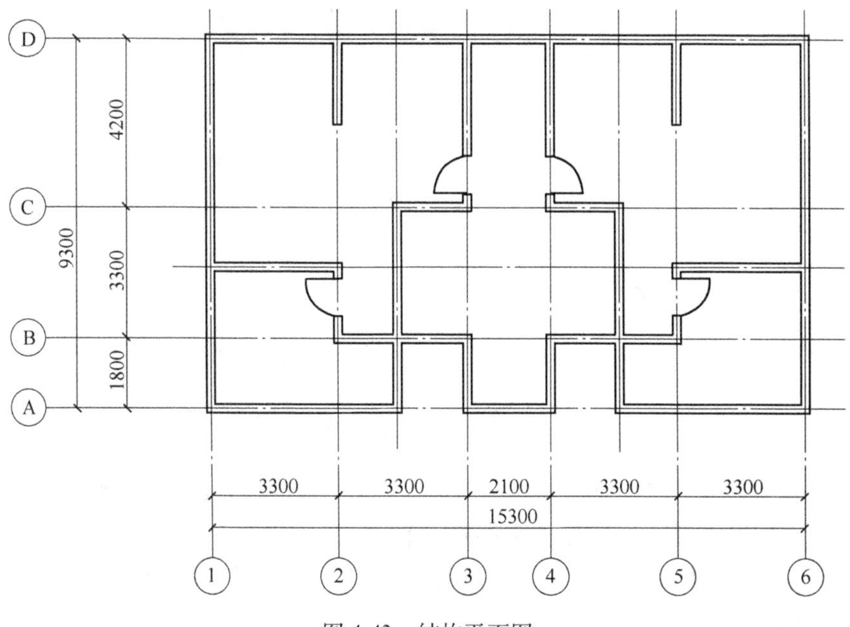

图 4-43 结构平面图

图 4-44　整体外观图

4.8.2　现场检查

（1）原始资料检查。调查结果表明，该房屋楼板混凝土设计强度等级为 C30，配置为 ϕ8 钢筋，HRB400 强度等级，横向间距 200mm（局部 150mm），纵向间距 200mm；主卧、次卧及客厅楼板配置 ϕ10 钢筋，HRB400 强度等级，横向和纵向钢筋间距均为 140mm。

（2）裂缝检查。现场所检测板底均发现有裂缝，裂缝类型可分为斜向裂缝、枝杈形裂缝、网状裂缝，分别见图 4-45～图 4-48。

图 4-45　斜向裂缝（未伴有水渍）

1）斜向裂缝。未伴有水渍，裂缝宽度一般小于 0. 10mm。

2）枝杈形裂缝。分布在楼板中部，宽度一般大于 0. 20mm。

3）跨中裂缝。裂缝长度一般大于 2m，沿板跨中分布，宽度一般大于 0. 40mm。

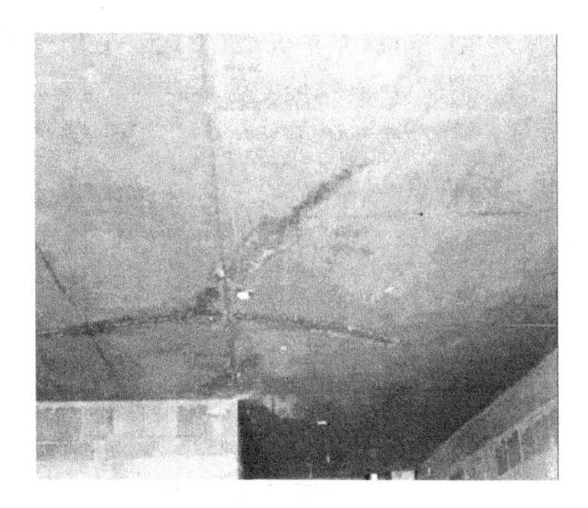

图 4-46 枝杈形裂缝（伴有水渍）

图 4-47 跨中裂缝（伴有水渍）

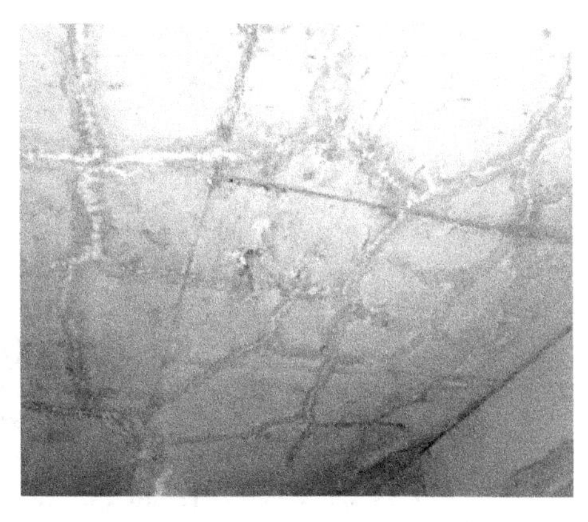

图 4-48 网状裂缝（伴有水渍）

4）网状裂缝。裂缝分布面积较大，裂缝形态呈网状，分布于板中部。

现场对抽检区域板构件进行了裂缝长度、走向和宽度等检测，依据现场检测结果来看，所检测的 26 号、29 号、30 号、31 号、32 号、39 号、41 号和 42 号楼共计 8 块楼板均存在不同程度的裂缝，裂缝最大长度达到 4.7m（29 号楼），最大宽度达到 0.50mm（30 号楼），裂缝基本均位于楼板中部区域，部分裂缝呈网状分布，裂缝处基本均伴有水渍，楼板裂缝分布示意图见表 4-30。

表 4-30　楼板裂缝分布示意图　（mm）

<table>
<tr><th>楼层</th><th>位　置</th><th>裂缝图及描述</th></tr>
<tr><td rowspan="3">26 号</td><td rowspan="3">二层 20-21/C-E</td><td>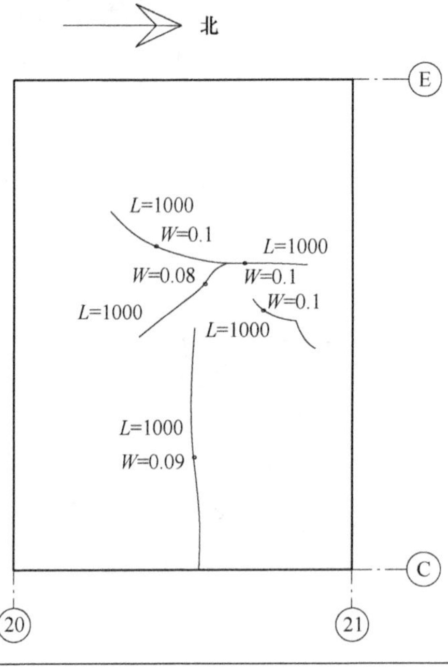
</td></tr>
<tr><td></td></tr>
<tr><td>基本位于板中心，枝杈形裂缝和一条东西向直裂缝，裂缝位置处伴有水渍，最大宽度约 0.20mm。裂缝处伴有水渍</td></tr>
</table>

续表 4-30

楼层	位 置	裂缝图及描述
29号	三层 15-17/A-B	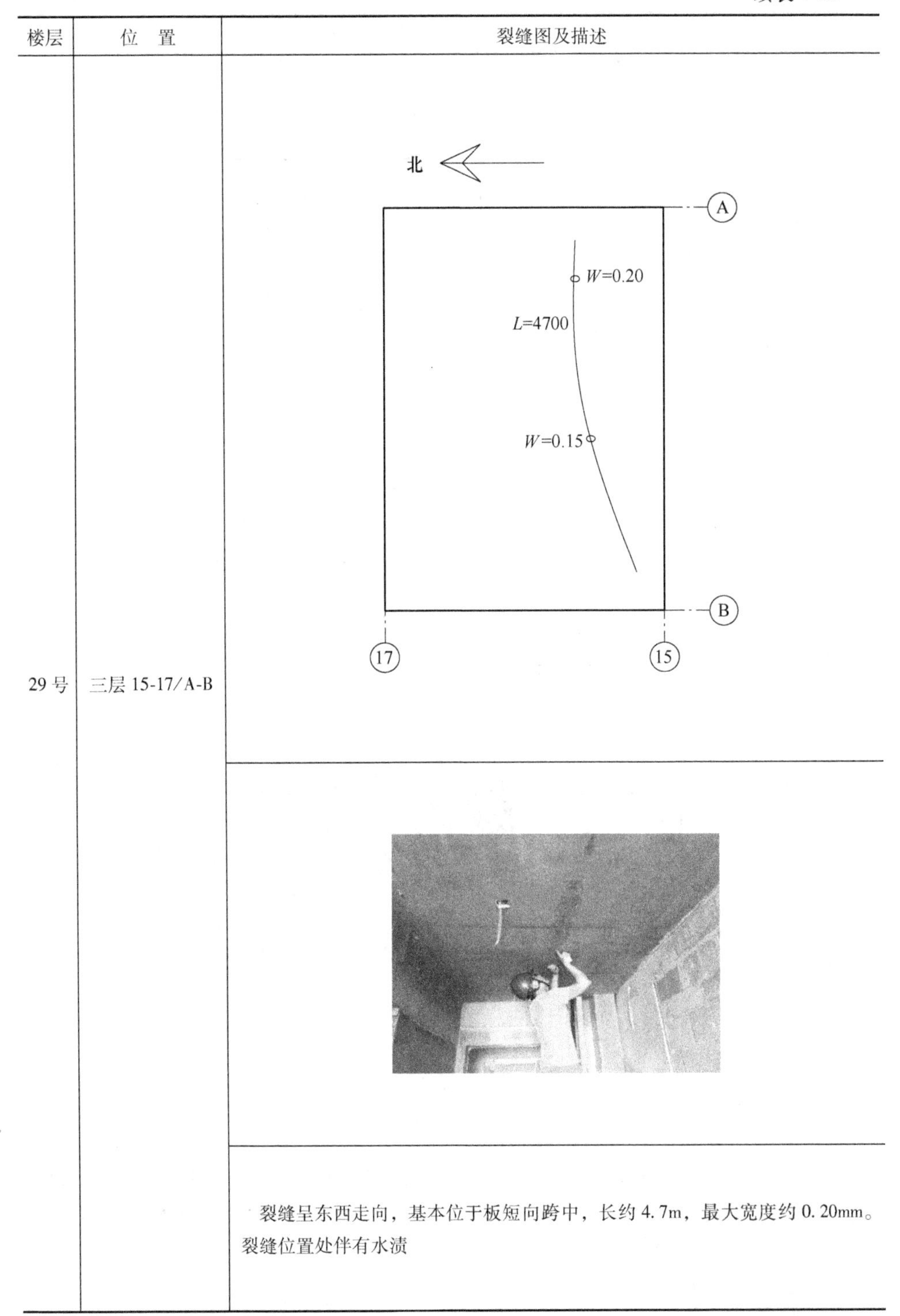
		裂缝呈东西走向，基本位于板短向跨中，长约 4.7m，最大宽度约 0.20mm。裂缝位置处伴有水渍

续表 4-30

<table>
<tr><th>楼层</th><th>位　置</th><th>裂缝图及描述</th></tr>
<tr><td rowspan="3">30 号</td><td rowspan="3">二层 4-5/A-B</td><td>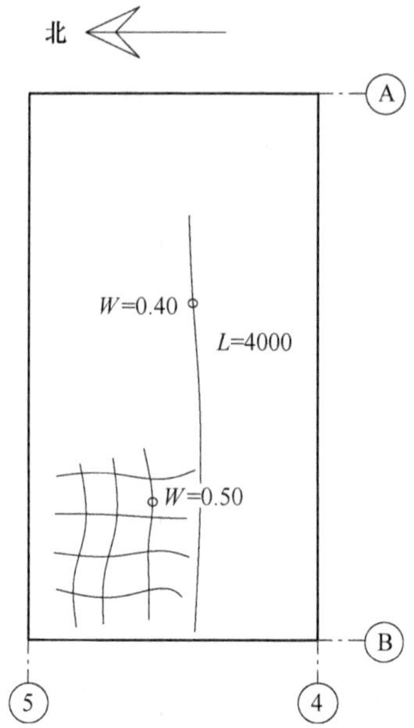
</td></tr>
<tr><td>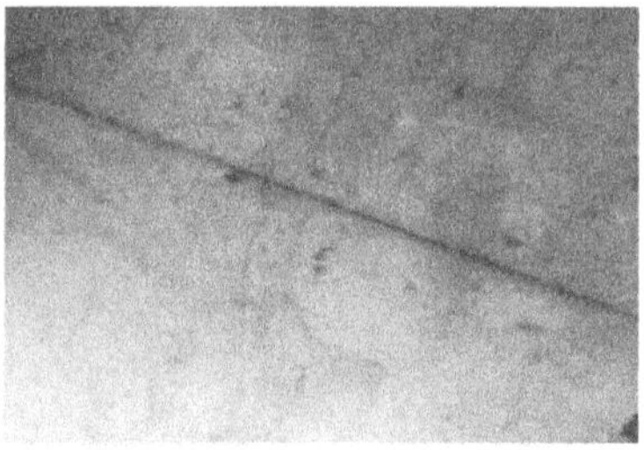</td></tr>
<tr><td>主要裂缝呈东西走向，基本位于板短向跨中，最长约 4. 0m，最大宽度约 0. 20mm。西北角有网状裂缝，面积约 $2m^2$，最大宽度约 0. 50mm。裂缝处伴有水渍</td></tr>
</table>

续表 4-30

<table>
<tr><th>楼层</th><th>位 置</th><th>裂缝图及描述</th></tr>
<tr><td rowspan="3">31 号</td><td rowspan="3">二层 6-7/C-E</td><td>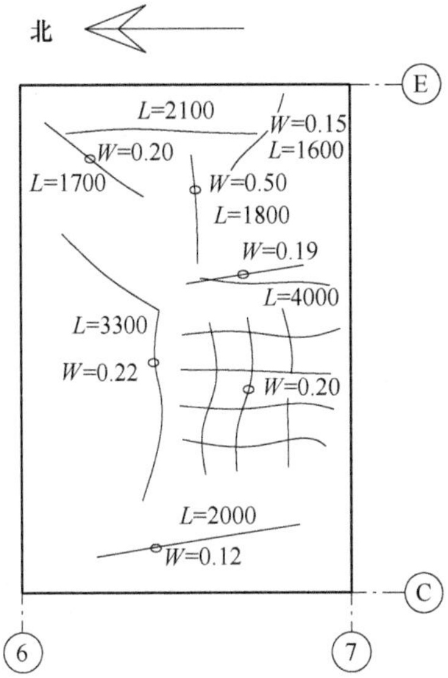
</td></tr>
<tr><td>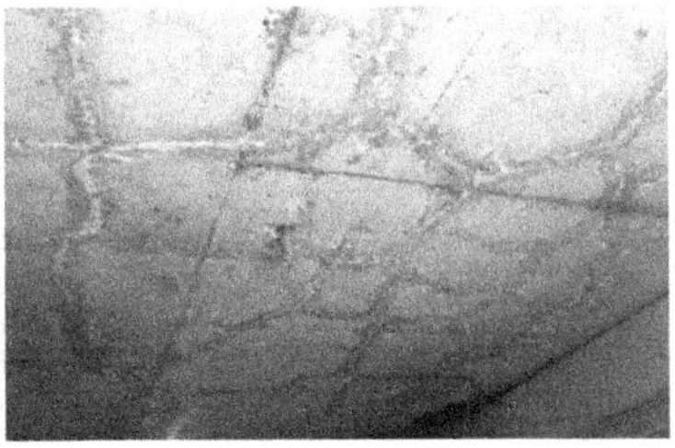</td></tr>
<tr><td>主要裂缝基本位于板中部，分布面积约占整块板的 70%，呈网状分布，最长约 3.3m，最大宽度约 0.22mm。裂缝处伴有水渍</td></tr>
</table>

续表 4-30

楼层	位 置	裂缝图及描述
32 号	二层 9-10/C-E	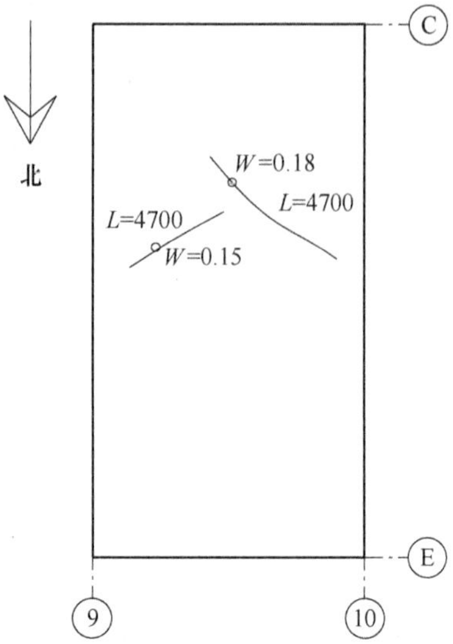 北 W=0.18 L=4700 L=4700 W=0.15 C E 9 10
		主要裂缝有两条，基本位于板中部，呈网状分布，最长约 4.7m，最大宽度约 0.18mm。裂缝处伴有水渍，板中部有一块圆形水渍

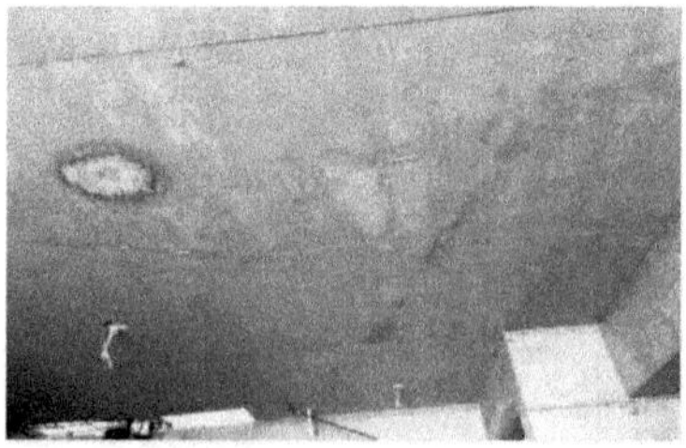

续表 4-30

楼层	位　置	裂缝图及描述
39 号	二层 8-9/B-E	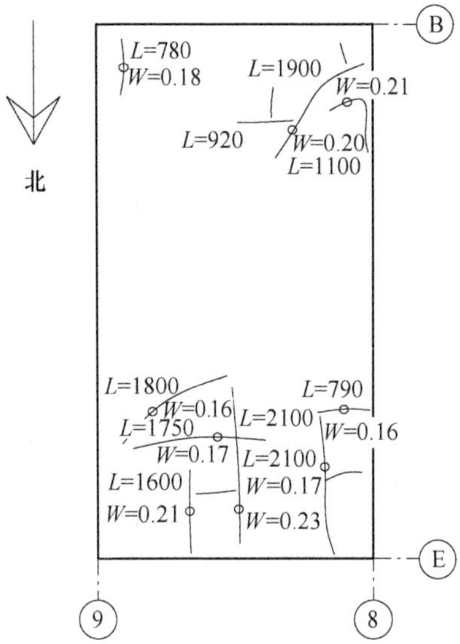 北 B E 9 8 L=780 W=0.18 L=1900 W=0.21 L=920 W=0.20 L=1100 L=1800 W=0.16 L=1750 W=0.17 L=2100 L=790 W=0.16 L=2100 W=0.17 L=1600 W=0.21 W=0.23
		 主要裂缝基本位于板南侧和北侧，分布面积约占整块板的 40%，最长约 2.1m，最大宽度约 0.23mm。裂缝处伴有水渍

续表 4-30

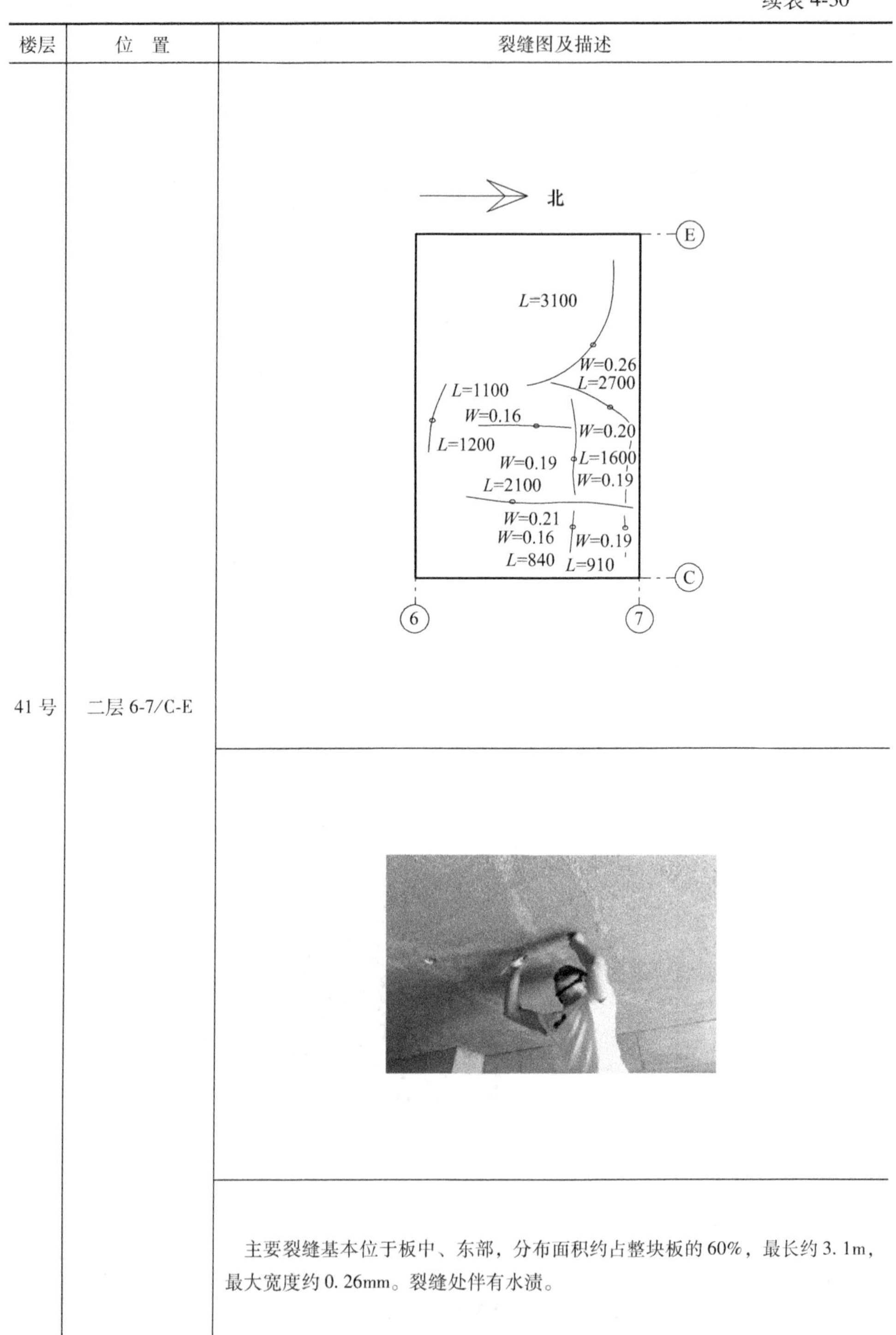

楼层	位　置	裂缝图及描述
41 号	二层 6-7/C-E	主要裂缝基本位于板中、东部，分布面积约占整块板的 60%，最长约 3.1m，最大宽度约 0.26mm。裂缝处伴有水渍。

续表 4-30

<table>
<tr><th>楼层</th><th>位 置</th><th>裂缝图及描述</th></tr>
<tr><td rowspan="3">42 号</td><td rowspan="3">首层 5-6/A-B</td><td>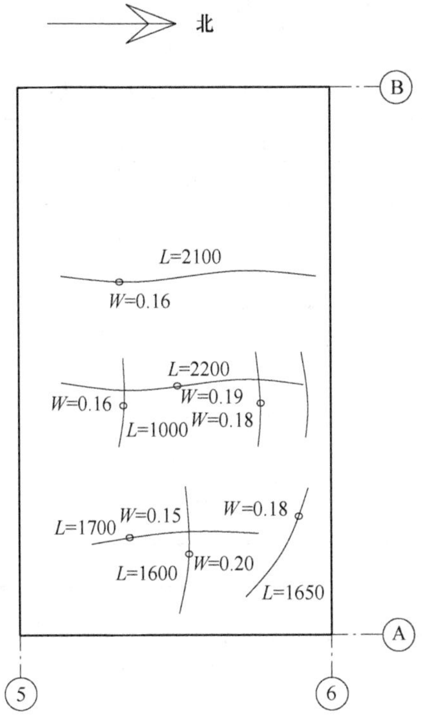
</td></tr>
<tr><td></td></tr>
<tr><td>主要裂缝基本位于板中、东部，分布面积约占整块板的 60%，部分位置呈网状分布，南北向裂缝最长约 2.1m，最大宽度约 0.20mm。裂缝处伴有水渍</td></tr>
</table>

4.8.3 现场检测

（1）混凝土强度检测。采用回弹法对本工程9块板和1根梁（委托方指定位置）的混凝土强度进行检测。

现场对混凝土强度进行了检测，检测结果见表4-31。

表4-31 混凝土强度检测结果汇总表

序号	位 置	构件	强度推定值/MPa
1	地下一层楼板7-9/A-B	板	36.6
2	地下一层楼板4-5/F-G	板	38.5
3	地下一层楼板5-7/C-D	板	40.1
4	一层楼板3-5/B-C	板	36.6
5	一层楼板6-8/F-G	板	32.2
6	一层楼板6-8/G-H	板	25.8
7	二层楼板4-6/F-G	板	30.5
8	二层楼板6-8/F-G	板	33.7
9	二层楼板6-7/E-F	板	31.4
10	三层梁B/5-7	梁	34.2

依据检测结果，结构层地下一层板混凝土强度基本满足C30强度等级要求，结构层一、二层板、三层梁混凝土强度基本满足C25强度等级要求。

（2）钢筋配置检测。现场进行钢筋检测，测量结果见表4-32。

表4-32 现场裂缝钢筋检测结果汇总表

<table>
<tr><th>区域</th><th>构件
类型</th><th>裂缝编号</th><th colspan="2">检测项目</th><th>实测值
/mm</th></tr>
<tr><td rowspan="6">南侧</td><td rowspan="2">墙</td><td rowspan="2">1号裂缝</td><td rowspan="2">分布筋间距</td><td>垂直方向</td><td>152</td></tr>
<tr><td>水平方向</td><td>149</td></tr>
<tr><td rowspan="2">墙</td><td rowspan="2">4号裂缝</td><td rowspan="2">分布筋间距</td><td>垂直方向</td><td>145</td></tr>
<tr><td>水平方向</td><td>151</td></tr>
<tr><td rowspan="2">墙</td><td rowspan="2">9号裂缝</td><td rowspan="2">分布筋间距</td><td>垂直方向</td><td>148</td></tr>
<tr><td>水平方向</td><td>153</td></tr>
<tr><td rowspan="4">北侧</td><td rowspan="2">墙</td><td rowspan="2">14号裂缝</td><td rowspan="2">分布筋间距</td><td>垂直方向</td><td>152</td></tr>
<tr><td>水平方向</td><td>150</td></tr>
<tr><td rowspan="2">墙</td><td rowspan="2">18号裂缝</td><td rowspan="2">分布筋间距</td><td>垂直方向</td><td>149</td></tr>
<tr><td>水平方向</td><td>151</td></tr>
</table>

（3）混凝土保护层检测。现场进行混凝土保护层厚度检测，测量结果见表4-33。

表4-33 混凝土保护层厚度检测结果统计表 （mm）

<table>
<tr><th>构件名称</th><th>构件位置</th><th colspan="7">保护层厚度实测值</th><th>平均值</th><th>标准差</th><th>推定区间</th></tr>
<tr><td rowspan="4">板梁</td><td>L2-8</td><td>15</td><td>25</td><td>24</td><td>25</td><td>28</td><td>22</td><td>26</td><td rowspan="4">32</td><td rowspan="4">3.0</td><td rowspan="4">[14，17]</td></tr>
<tr><td>L4-7</td><td>21</td><td>29</td><td>24</td><td>24</td><td>31</td><td>34</td><td>26</td></tr>
<tr><td>L5-9</td><td>18</td><td>20</td><td>22</td><td>29</td><td>21</td><td>21</td><td>18</td></tr>
<tr><td>L7-6</td><td>26</td><td>34</td><td>22</td><td>26</td><td>23</td><td>28</td><td>22</td></tr>
</table>

（4）混凝土碳化深度检测。经现场混凝土碳化测试，某休闲度假旅游区二期GS-22、GS-23、GS-25、GS-26地块住宅小区项目混凝土构件的碳化深度范围为［10，18］mm，具体检测数据见表4-34。

表4-34 混凝土碳化深度检测结果

构件位置	碳化深度平均值/mm
L1-3	10.7
L3-5	12.3
L2-4	12.5
GL1-3	14.5
GL2-3	16.4
DZ1-3	14.2
DZ2-4	17.5

4.8.4 安全性分析

（1）裂缝原因分析。上述裂缝均属非受力裂缝，产生的原因与楼板保护层厚度偏大、施工养护不当等因素有关，这些裂缝会对楼板耐久性造成一定影响。

（2）安全性鉴定结论。依据《混凝土结构现场检测技术标准》（GB/T 50784—2013）等规范，对某休闲度假旅游区二期GS-22、GS-23、GS-25、GS-26地块住宅小区项目26号楼二层20-21/C-E、29号楼三层15-17/A-B、30号楼二层4-5/A-B、31号楼二层6-7/C-E、32号楼二层9-10/C-E、39号楼二层8-9/B-E、41号楼二层6-7/C-E和42号楼首层5-6/A-B共计8块楼板进行现场检测、分析，结论如下：

1）楼板厚度、保护层厚度和钢筋配置满足设计要求；

2）所检测楼板底裂缝处均存在水渍痕迹；

3）所检测楼板底部均有一定裂缝，裂缝宽度典型值在 0.2mm，部分宽度达到 0.40mm。

4.8.5　处理意见

依据检测结果，建议对该房屋采取以下措施进行处理：

（1）在楼板开裂后，水渍、裂缝的存在使钢筋存在锈蚀的可能性，同时会影响结构的耐久性，应及时处理，以免对结构的承载力产生影响。

（2）对裂缝的处理可按以下原则进行：

1）宽度≤0.3mm 的非贯穿裂缝，对结构承载力及持久强度无有害影响，可不作处理；

2）宽度>0.3mm 的非贯穿裂缝会引起钢筋锈蚀，影响结构持久承载力，可采用表面防水聚酯砂浆封闭法处理；

3）不成片、分散的贯穿性裂缝会引起钢筋锈蚀，影响使用功能，采用改性环氧树脂灌浆法处理。

4.9　某市政工程应急指挥中心楼板裂缝

4.9.1　工程概况

某市政工程应急指挥中心为现浇混凝土框架结构房屋，总建筑面积为 5550.34 m^2。平面图及整体外观图见图 4-49～图 4-51。

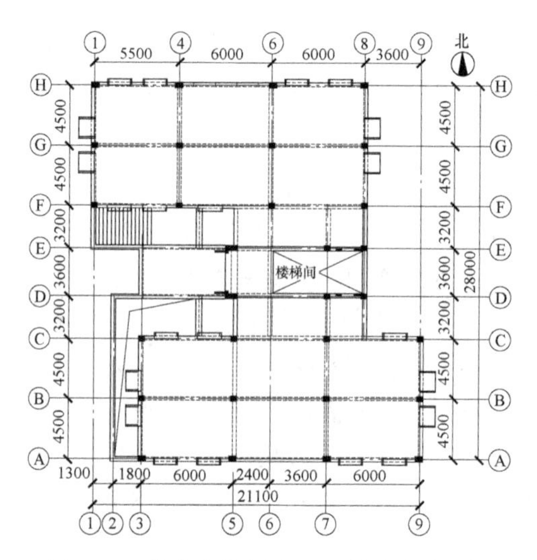

图 4-49　某应急指挥中心一层结构平面图

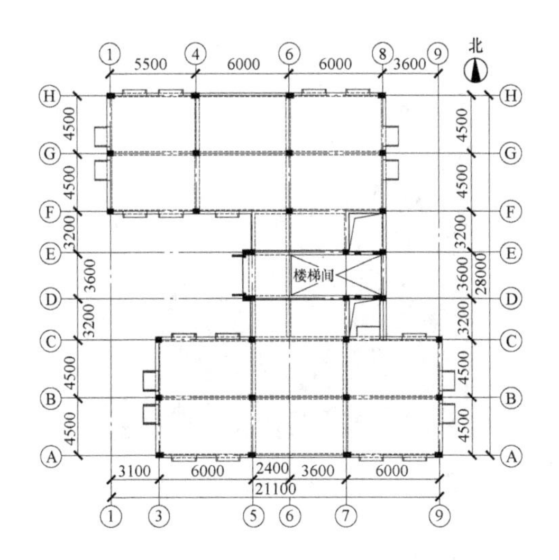

图 4-50　某应急指挥中心中间层结构平面图

图 4-51　某市政工程应急指挥中心整体外观图

4.9.2　现场检查

（1）原始资料检查。该建筑地下一层～三层部分楼板板底出现裂缝，为了解裂缝产生的原因及裂缝对楼板安全性和耐久性的影响情况，对其进行结构检测鉴定。

（2）裂缝检查。现场对结构现有裂缝情况进行了绘制，并检查其宽度和深度，见图 4-52 及图 4-53。

现场对本工程 11 块楼板（委托方指定的裂缝较严重的楼板）的裂缝情况和 2 根梁的结构损伤情况进行了检查。

1）地下一层板 5-7～B-C 主要裂缝有 4 条，均为非结构裂缝。裂缝①长度约

图 4-52　现场对裂缝宽度进行检测

图 4-53　现场对楼板裂缝深度进行检测

为 3.0m，宽度（最宽处）约为 0.34mm，缝深（最深处）约为 119mm；裂缝②长度约为 2.5m，宽度（最宽处）约为 0.33mm，缝深（最深处）约为 95mm；裂缝③长度约为 1.5m，宽度（最宽处）约为 0.25mm，缝深（最深处）约为 15mm；裂缝④长度约为 0.8m，宽度（最宽处）约为 0.21mm，缝深（最深处）约为 8mm。楼板裂缝的位置、走向和编号如图 4-54 所示。

2）地下一层板 7-9~A-B 主要裂缝有 4 条，均为非结构裂缝。裂缝①长度约为 5.0m，宽度（最宽处）约为 0.24mm，缝深（最深处）约为 39mm；裂缝②长度约为 2.0m，宽度（最宽处）约为 0.39mm，缝深（最深处）约为 56mm；裂缝③长度约为 1.5m，宽度（最宽处）约为 0.27mm，缝深（最深处）约为 45mm；裂缝④长度约为 2.8m，宽度（最宽处）约为 0.31mm，缝深（最深处）约为 64mm。楼板裂缝的位置、走向和编号如图 4-55 所示。

3）地下一层板 5-7~C-D 主要裂缝有 2 条，均为非结构裂缝。裂缝①长度约

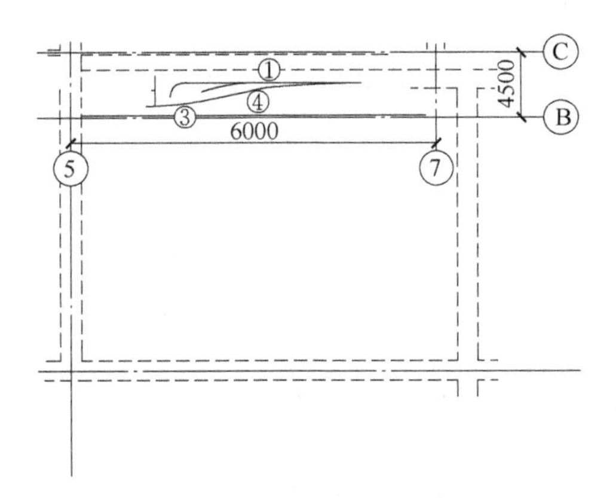

图 4-54 地下一层楼板 5-7~B-C 裂缝情况

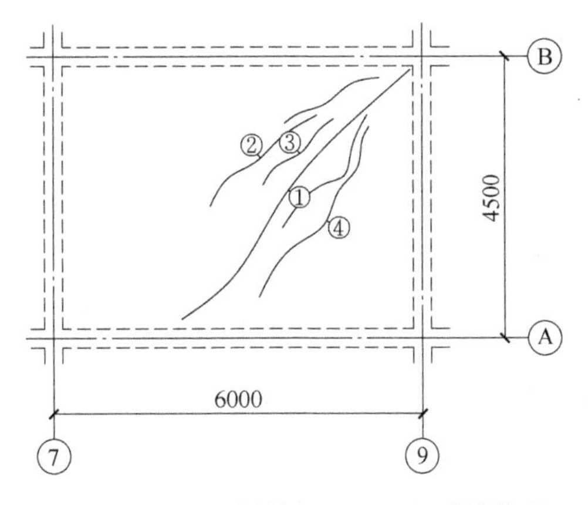

图 4-55 地下一层楼板 7-9~A-B 裂缝情况

为 7.0m，宽度（最宽处）约为 0.35mm，贯通裂缝；裂缝②长度约为 0.8m，宽度（最宽处）约为 0.32mm，贯通裂缝。楼板裂缝的位置、走向和编号如图 4-56 所示。

4）地下一层板 4-5~F-G 主要裂缝有 1 条，板底有龟裂裂缝，该楼板裂缝均为非结构裂缝。裂缝①长度约为 5.0m，宽度（最宽处）约为 0.83mm，缝深（最深处）约为 96mm。楼板裂缝的位置、走向和编号如图 4-57 所示。

5）一层板 3-5~A-B 板底已抹灰，在板底剔出主要裂缝进行检测，该范围内主要裂缝有 1 条，为非结构裂缝。裂缝长度约为 2.0m，宽度（最宽处）约为 0.69mm，贯通裂缝。楼板裂缝的位置、走向和编号如图 4-58 所示。

6）一层板 3-5~B-C 主要裂缝有 1 条，为非结构裂缝。裂缝长度约为 4.5m，宽度（最宽处）约为 0.92mm，贯通裂缝。楼板裂缝的位置、走向和编号如图 4-59所示。

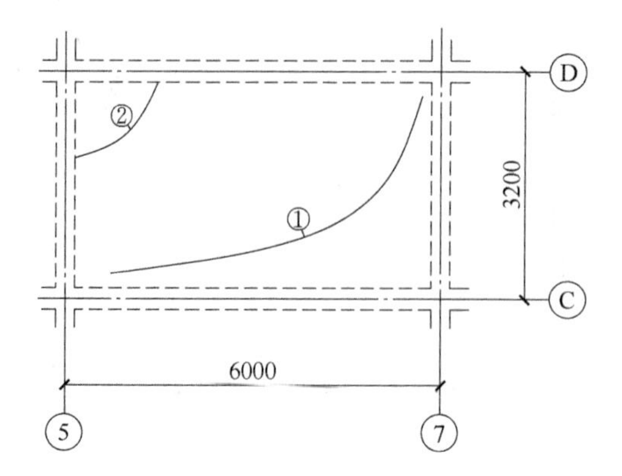

图 4-56　地下一层楼板 5-7～C-D 裂缝情况

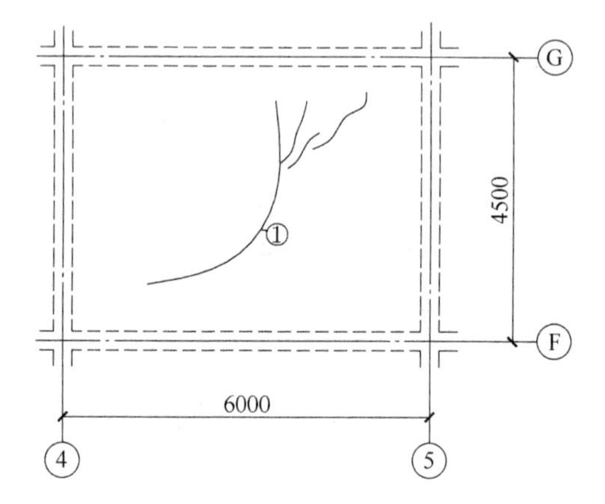

图 4-57　地下一层楼板 4-5～F-G 裂缝情况

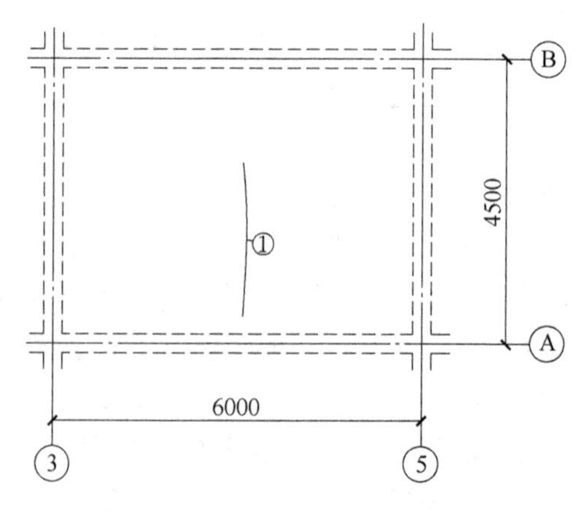

图 4-58　一层楼板 3-5～A-B 裂缝情况

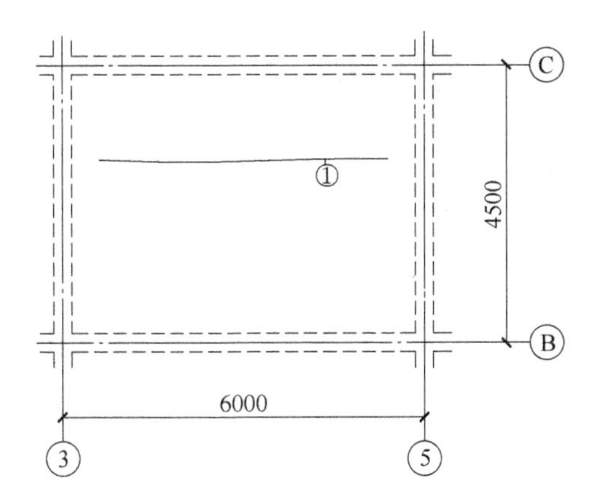

图 4-59 一层楼板 3-5～B-C 裂缝情况

7）一层板 6-8～F-G 主要裂缝有 3 条，其他裂缝为龟裂裂缝，该楼板裂缝均为非结构裂缝。裂缝①长度约为 1.5m，宽度（最宽处）约为 0.47mm；裂缝②长度约为 4.0m，宽度（最宽处）约为 0.28mm，缝深（最深处）约为 48mm；裂缝③长度约为 2.5m，宽度（最宽处）约为 0.25mm，缝深（最深处）约为 56mm。楼板裂缝的位置、走向和编号如图 4-60 所示。

8）一层板 6-8～G-H 主要裂缝有 4 条，均为非结构裂缝。裂缝①长度约为 2.5m，宽度（最宽处）约为 0.40mm，缝深（最深处）约为 100mm；裂缝②长度约为 3.0m，宽度（最宽处）约为 0.25mm，缝深（最深处）约为 35mm；裂缝③长度约为 3.0m，宽度（最宽处）约为 0.23mm，缝深（最深处）约为 89mm；裂缝④长度约为 2.7m，宽度（最宽处）约为 0.41mm，缝深（最深处）约为 37mm。楼板裂缝的位置、走向和编号如图 4-61 所示。

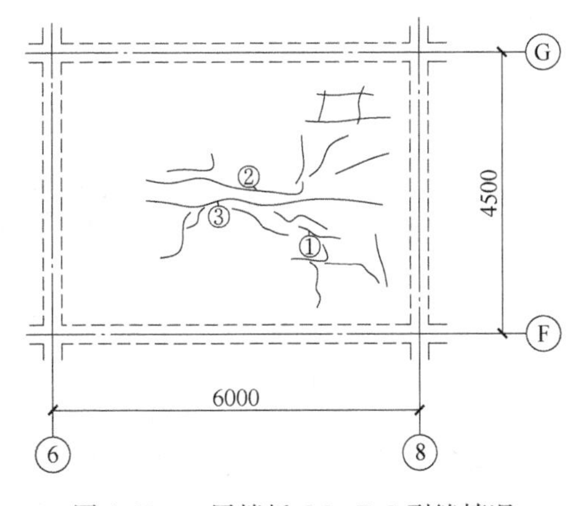

图 4-60 一层楼板 6-8～F-G 裂缝情况

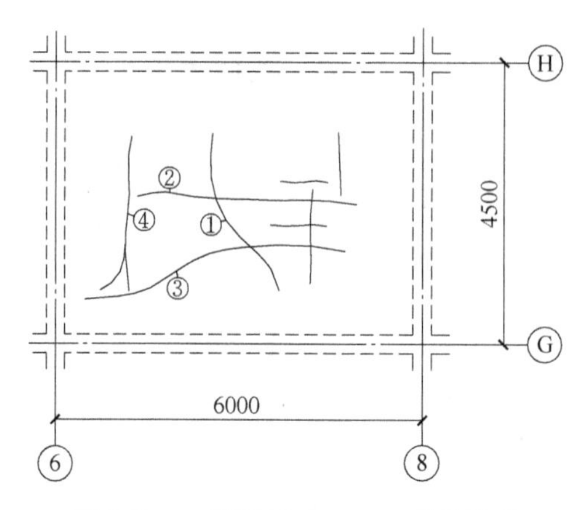

图 4-61 一层楼板 6-8～G-H 裂缝情况

9）二层板 6-8～F-G 板底已抹灰，在板底剔出 1m×1m 范围（位置 A）进行检测，位置 A 如图 4-62 所示；该范围内楼板板底存在龟裂裂缝（非结构裂缝）。抽取其中 4 条有代表性的裂缝进行检测。裂缝①长度约为 0. 8m，宽度（最宽处）约为 0. 61mm，贯通裂缝；裂缝②长度约为 1. 0m，宽度（最宽处）约为 0. 36mm，缝深（最深处）约为 112mm；裂缝③长度约为 1. 0m，宽度（最宽处）约为 0. 29mm，缝深（最深处）约为 40mm；裂缝④长度约为 1. 0m，宽度（最宽处）约为 0. 36mm，缝深（最深处）约为 85mm。楼板裂缝的位置、走向和编号如图 4-63 所示。

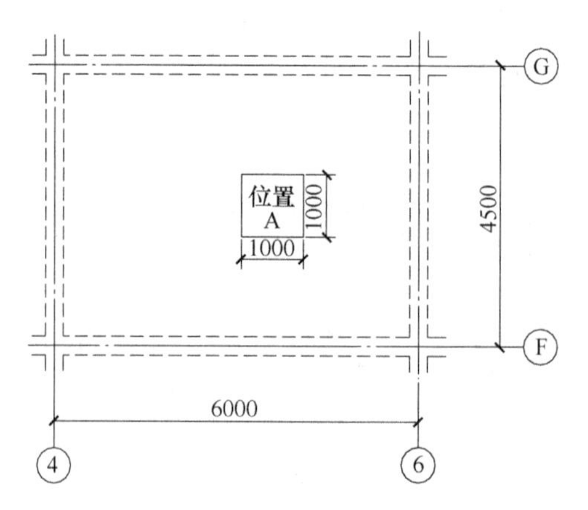

图 4-62 剔凿位置 A 示意图

10）二层板 6-7～E-F 裂缝均为混凝土收缩引起的非结构裂缝，选取 4 条具有代表性的裂缝进行测量。裂缝①长度约为 2. 5m，宽度（最宽处）约为 0. 40mm，缝深（最深处）约为 100mm；裂缝②长度约为 3. 0m，宽度（最宽处）约为

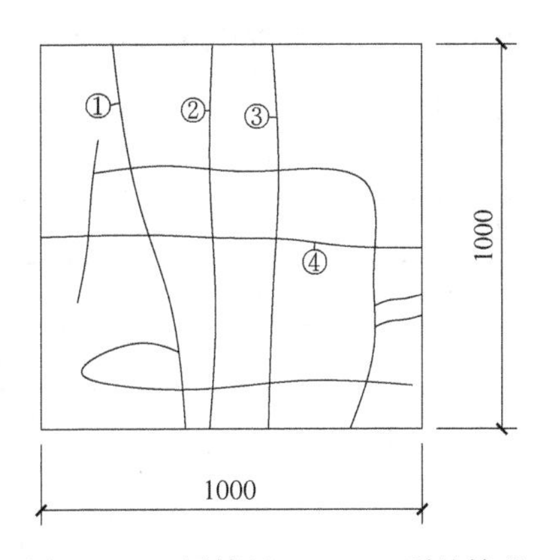

图 4-63 二层楼板 4-6~F-G 裂缝情况

0.25mm，缝深（最深处）约为 35mm；裂缝③长度约为 3.0m，宽度（最宽处）约为 0.23mm，缝深（最深处）约为 89mm；裂缝④长度约为 2.7m，宽度（最宽处）约为 0.41mm，缝深（最深处）约为 37mm。楼板裂缝的位置、走向和编号如图 4-64 所示。

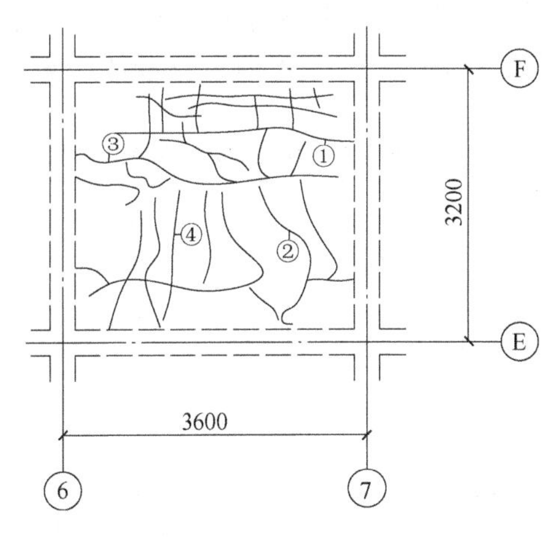

图 4-64 二层楼板 6-7~E-F 裂缝情况

注：1）~10）条中，裂缝宽度仅给出最大值，地下一层~二层楼板裂缝宽度除最大值外，裂缝宽度均约为 0.15~0.4mm。

4.9.3 现场检测

（1）混凝土强度检测。采用回弹法对本工程 9 块板和 1 根梁（委托方指定位置）的混凝土强度进行检测。

现场对混凝土强度进行了检测，检测结果见表 4-35。

表 4-35 混凝土强度检测结果汇总表

序号	位 置	构件	强度推定值/MPa
1	地下一层楼板 7-9/A-B	板	36.6
2	地下一层楼板 4-5/F-G	板	38.5
3	地下一层楼板 5-7/C-D	板	41.1
4	一层楼板 3-5/B-C	板	35.6
5	一层楼板 6-8/F-G	板	32.2
6	一层楼板 6-8/G-H	板	27.2
7	二层楼板 4-6/F-G	板	31.8
8	二层楼板 6-8/F-G	板	34.0
9	二层楼板 6-7/E-F	板	30.4
10	三层梁 B/5-7	梁	34.1

依据检测结果，结构层地下一层板混凝土强度基本满足 C30 强度等级要求，结构层一、二层板、三层梁混凝土强度基本满足 C25 强度等级要求。

（2）钢筋配置检测。现场进行钢筋检测，测量结果见表 4-36。

表 4-36 现场裂缝钢筋检测结果汇总表

区域	构件类型	裂缝编号	检测项目		实测值/mm
南侧	墙	1 号裂缝	分布筋间距	垂直方向	152
				水平方向	149
	墙	2 号裂缝	分布筋间距	垂直方向	145
				水平方向	151
	墙	3 号裂缝	分布筋间距	垂直方向	148
				水平方向	153
北侧	墙	11 号裂缝	分布筋间距	垂直方向	152
				水平方向	150
	墙	12 号裂缝	分布筋间距	垂直方向	149
				水平方向	151

（3）混凝土保护层检测。现场进行混凝土保护层厚度检测，测量结果见表 4-37。

表 4-37 混凝土保护层厚度检测结果统计表 (mm)

构件名称	构件位置	保护层厚度实测值							平均值	标准差	推定区间
板梁	L1-3	15	25	23	25	22	22	20	25	2.9	[14, 16]
	L2-6	21	24	24	24	18	18	16			
	L4-9	18	20	22	19	21	22	18			
	L6-7	24	21	22	24	23	20	22			

(4) 混凝土碳化深度检测。经现场混凝土碳化测试，某市政工程应急指挥中心混凝土构件的碳化深度范围为 [9, 19]mm，具体检测数据见表 4-38。

表 4-38 混凝土碳化深度检测结果

构件位置	碳化深度平均值/mm
L1-3	9.2
L3-5	12.6
L2-4	13.6
GL1-3	17.3
GL2-3	15.6
DZ1-3	16.8
DZ2-4	18.7

4.9.4 安全性分析

(1) 裂缝原因分析。通过检测与分析，本工程楼板裂缝宽度变化、分布和走向不规则，主要是混凝土的收缩裂缝和温度裂缝，为非受力裂缝。

(2) 安全性鉴定结论。从结构现状看，只有自重荷载，混凝土强度及配筋符合设计要求，此类裂缝不是因荷载作用而产生的受力裂缝，对结构承载力影响不大。但部分楼板裂缝宽度较大（最大宽度约 0.92mm）且位置在底层，如果不处理对结构适用性与耐久性会有影响。

4.9.5 处理意见

基于检测及验算结果，对本工程提出以下处理建议：

(1) 由于楼板较多裂缝宽度大于 0.2mm，裂缝长度较长，且存在少量的贯穿性裂缝，为了保证结构可靠性及耐久性，建议对楼板裂缝采取修复措施。按照《混凝土结构加固设计规范》（GB 50367—2006）的规定，对宽度小于 0.2mm 的裂缝，采用表面封闭法处理；对宽度大于等于 0.2mm 的裂缝，采用注射法或压力灌浆法进行修补，必要时，对于较宽的裂缝除灌缝修补外，还需骑缝粘贴碳纤维布予以加强。

（2）由于三层梁 B～3-5、B～5-7 两侧均胀模，且胀模部位已经过铲除，建议先用水对两根梁进行冲洗，用水泥素浆内掺 107 胶涂刷铲除面，再用 1∶1 水泥砂浆修补平整，待该部位修补面凝固不少于 3d 后在用同样方法修补另一侧面，且安排专人对修补面进行养护。

4.10 某商场地面裂缝

4.10.1 工程概况

某商场地下 3 层，采用钢筋混凝土框架结构，地上 5 层，采用矩形钢管混凝土柱-钢框架梁组成的框架结构。三层小商品销售区域的地面整体面层 5cm 凿除并新做自流平水泥地面，以及三层通往四层顾客餐厅的楼梯台阶梯面由现状水磨石更换为自流平水泥。水泥基自流平砂浆是以特种水泥、超塑化组分、天然高强骨料及有机改性组分复合而成的干拌砂浆。材料经拌和后可不经摊铺抹平，依靠自身重力作用流动形成的精找平地面，平面图及整体外观图见图 4-65 及图 4-66。

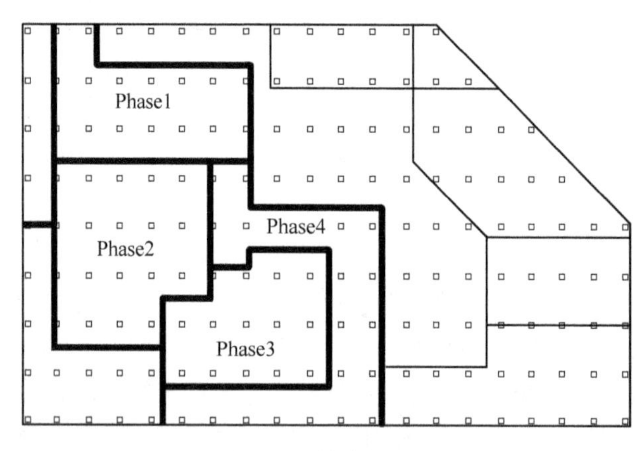

图 4-65 结构平面图

4.10.2 现场检查

（1）原始资料检查。地上三层进行地面水泥基自流平砂浆改造之后，楼板地面不久即出现大面积严重裂缝，裂缝开展迅速，裂缝较宽较长，存在一定安全隐患。

现场施工后约两个月，出现大面积开裂，以 Phase2 和 Phase3 的裂缝状况最为严重，Phase4 施工完成不到一个月，目前未出现裂缝。

图 4-66 商场整体外观图

（2）裂缝检查。Phase1 泵送区域 100 多平方米，未出现裂缝。Phase2 卫生间区域采用 10cm 厚 SF40 自流平砂浆，也未出现裂缝。平均裂缝宽度 1mm 以上，最宽处裂缝 2~3mm。裂缝深度 50~60mm，贯穿面层和垫层。现场典型裂缝见图 4-67。

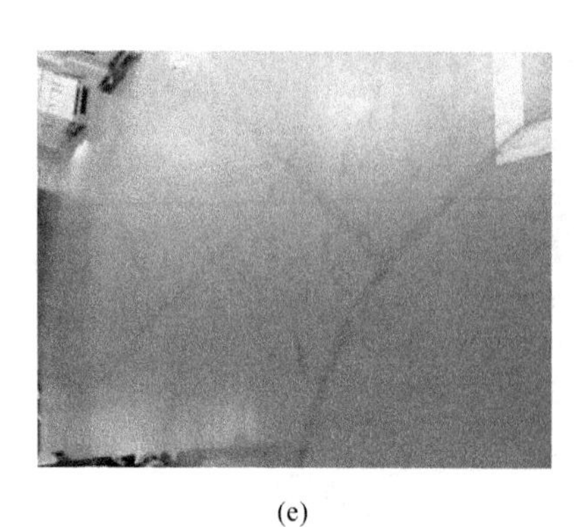

(e)

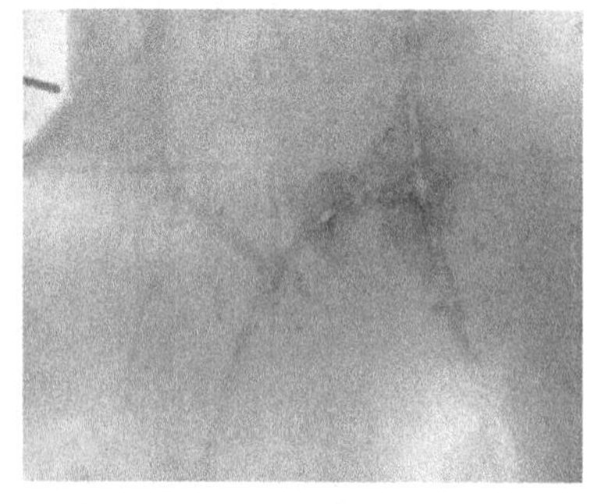

(f)

图 4-67　现场典型裂缝图
（a）7、8 号电梯区；（b）家具装饰品区；（c）墙面装饰品和镜子区；
（d）储物与收纳区；（e）床上用品区；（f）地毯区

现场加载试验按照试验方案进行了分级加载，典型加载段的照片如图 4-68 所示。

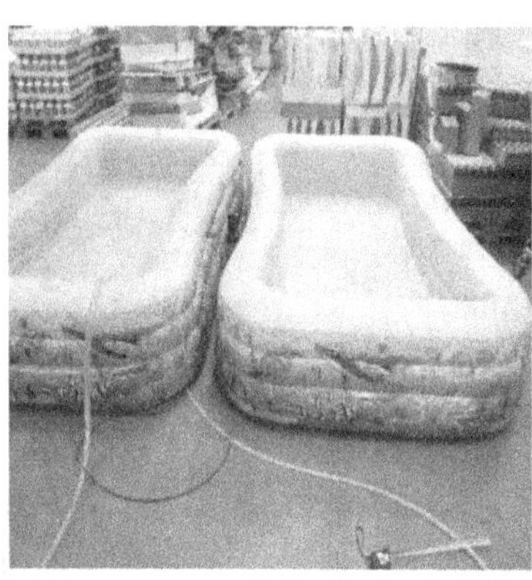

一级加载

二级加载

三级加载

四级加载

卸载至300kg/m²

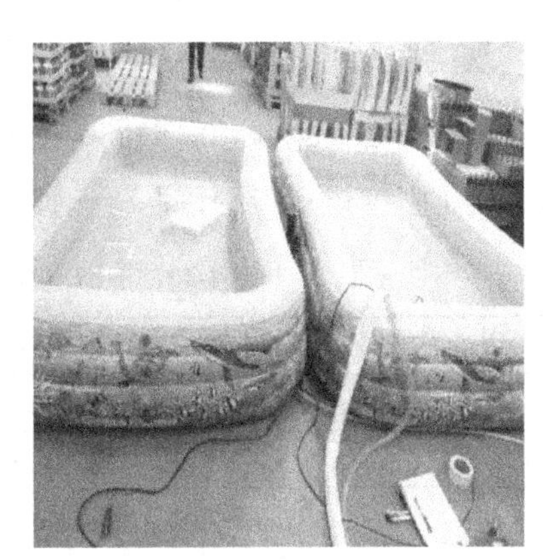

卸载至200kg/m²

卸载至100kg/m²

卸载至0kg/m²

图 4-68 现场典型加载段照片

现场对裂缝宽度、深度进行了检测，检测结果见表 4-39。

平均裂缝宽度 1mm 以上，最宽处裂缝 2～3mm。裂缝深度 50～60mm，贯穿面层和垫层。

表 4-39 裂缝宽度、深度检测结果

项目 部位	裂缝宽度/mm	裂缝深度/mm	裂缝描述
家具装饰品区	2.57	56	裂缝最宽处一般在 2～3mm。裂缝深度 50～60mm，贯穿面层和垫层
储物与收纳区	2.25	53	
灯具区	1.98	55	
地毯区	2.54	53	
餐具用品区	3.02	51	

4.10.3　现场检测

（1）混凝土强度检测。采用回弹法对本工程5块板和1根梁（委托方指定位置）的混凝土强度进行检测，混凝土强度检测结果见表4-40。

表4-40　混凝土强度检测结果汇总表

序号	位　置	构　件	强度推定值/MPa
1	一层楼板1-2/A-B	板	33.4
2	二层楼板2-3/B-C	板	36.2
3	三层楼板2-3/B-C	板	38.4
4	四层楼板3-4C-D	板	33.9
5	五层楼板1-2/A-B	板	32.7
6	三层梁B/2-3	梁	32.4

依据检测结果，结构层一、二、三层板混凝土强度基本满足C30强度等级要求，结构层四、五层板、三层梁混凝土强度基本满足C25强度等级要求。现场加载试验按照试验方案进行了分级加载，对地面水泥基自流平砂浆改造后裂缝现场进行检查、检测，经过计算分析，得到如下结论：

挠度与荷载关系曲线图如图4-69所示，由图可知板块跨中最大挠度为

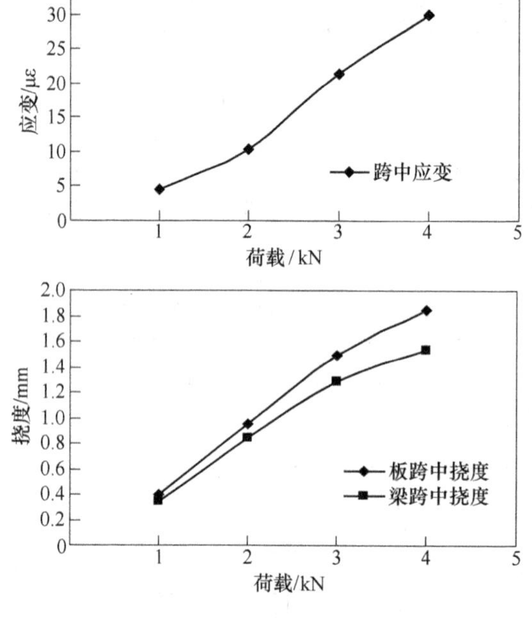

图4-69　挠度与荷载关系曲线图

1.85mm。试验结果表明试验区域内的板块及混凝土梁的承载力能够承担均布 $400kg/m^2$ 的荷载作用（不含楼盖自重），加载后未出现显著裂缝和变形。现有梁结构的挠度与荷载作用基本仍保持线性关系，混凝土处于弹性阶段，挠度满足设计要求。

（2）钢筋配置检测。现场进行钢筋检测，测量结果见表 4-41。

表 4-41 现场裂缝钢筋检测结果汇总表

区域	构件类型	裂缝编号	检测项目		实测值/mm
南侧	墙	1 号裂缝	分布筋间距	垂直方向	145
				水平方向	151
	墙	5 号裂缝	分布筋间距	垂直方向	152
				水平方向	150
北侧	墙	11 号裂缝	分布筋间距	垂直方向	149
				水平方向	151

（3）混凝土保护层检测。现场进行混凝土保护层厚度检测，测量结果见表 4-42。

表 4-42 混凝土保护层厚度检测结果统计表 （mm）

构件名称	构件位置	保护层厚度实测值							平均值	标准差	推定区间
板梁	L1-3	34	25	32	25	22	22	27	33	3.4	[15，18]
	L2-6	21	24	24	27	18	18	16			
	L4-9	27	20	22	35	32	22	32			
	L6-7	24	28	22	24	23	28	22			

（4）混凝土碳化深度检测。经现场混凝土碳化测试，该商场混凝土构件的碳化深度范围为［10,20］mm，具体检测数据见表 4-43。

表 4-43 混凝土碳化深度检测结果

构件位置	碳化深度平均值/mm
L1-3	10.8
L3-5	12.3
L2-4	14.4
GL1-3	17.9

续表 4-43

构件位置	碳化深度平均值/mm
GL2-3	17.2
DZ1-3	18.3
DZ2-4	19.5

4.10.4　安全性分析

（1）裂缝原因分析。前期进行了楼板裂缝相应的检测、检查工作，对裂缝的分布及现状有了深入的了解，并对其裂缝的成因进行了综合分析及判断，认为裂缝产生的原因是多种因素造成的：

1）自流平砂浆垫层厚度为 50~80mm，面层厚度 8mm。自流平砂浆改造施工后发生新老结构相互作用，新结构浇注完成后会发生收缩，而老结构会限制新结构的收缩，之间产生剪应力，进而地面内产生拉应力超过自流平砂浆极限抗拉强度出现裂缝，而垫层施工中未采取放置钢筋（丝）网片等防裂措施；

2）施工时间过于仓促，养护时间短，叉车荷载偏大，造成局部地面内产生拉应力超过自流平层极限抗拉强度出现裂缝；

3）个别部位 SF20 砂浆和骨料拌和不均匀，不密实，形成强度不足或受力不均匀，易产生局部裂缝；

4）由于剔凿厚度不均匀，所以各部位的自流平砂浆厚度不均匀，在收缩荷载作用下，受力不均匀，易在局部薄弱区开裂；

5）现场分隔缝偏少，自流平收缩应力未得到释放导致裂缝产生。

（2）安全性鉴定结论。根据裂缝形态、分布、深度、宽度及出现时间分析，判断自流平砂浆的自身收缩是造成目前裂缝最大可能原因。目前，查阅国内外文献未有双层自流平砂浆的自身收缩应力研究分析成果，本次改造采用 SF40 砂浆和 SF20 砂浆拌和骨料双层施工，导致收缩率不一致，两者变形不协调，所以对此裂缝的深入判断，需要相应试验研究数据支持。

4.10.5　处理意见

裂缝对结构长期使用的耐久性不利，耐久性下降必然引起混凝土承载能力的下降，对现有裂缝可采用如下处理方式：

（1）沿梁中心线切缝，使之自流平楼板内应力得到释放；

（2）建议采用树脂灌缝胶封闭处理；

（3）表面重新刷涂面层，恢复美观外表。

通过裂缝的以上处理可以使得裂缝区域混凝土耐久性得到恢复，保障楼板的长期使用。

4.11 某设备房楼板裂缝

4.11.1 工程概况

某设备房为18层钢筋混凝土框架-核心筒结构，楼板6层以下为现浇预应力混凝土实心楼板，板厚180mm；6层及以上为现浇预应力混凝土空心楼板，设计板厚为300mm，其上下翼缘板设计厚度为50mm。在装修过程中发现部分楼面板底有裂缝开展，局部裂缝较宽较长，存在一定安全隐患。平面图及整体外观图见图4-70和图4-71。

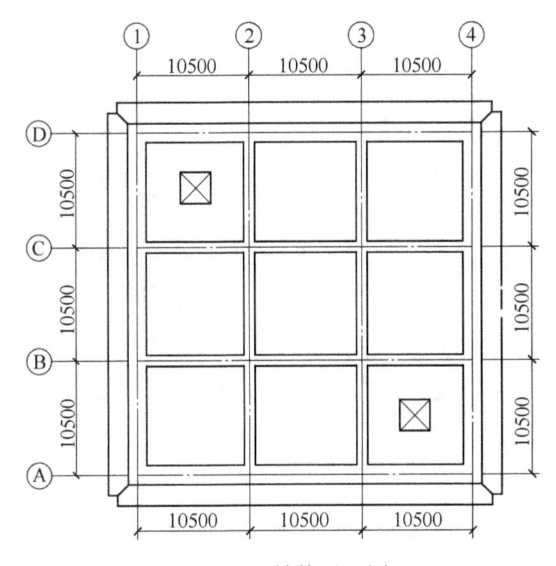

图4-70　结构平面图

图4-71　整体外观图

4.11.2　现场检查

（1）原始资料检查。由于业主对楼板涂刷石灰涂料后，发现若干现楼板出现程度不同的裂缝现象，特别是在对 CS2 六层设备房发现不少预应力空心楼板及框架梁的裂缝分布较密、长度较长的现象。

（2）裂缝检查。现场检查，框架梁上裂缝分布比较密集，裂缝主要有以下特征：

板外边缘梁上裂缝主要为由梁底绕过分布于梁的两侧并向上延伸至板底贯通（称为 U 形裂缝），主要出现区域为 1/4 跨到跨中部位；

板内的扁梁裂缝主要为主受力裂缝，集中出现在跨中部位，见图 4-72；

图 4-72　CS2 六层 12/G～F 轴梁裂缝分布

仪器检测处梁上绝大部分 U 形裂缝位置和梁上箍筋位置基本重合；

14～15/G、13～14/G 轴处梁根部位置出现一道沿纵筋走向水平裂缝，经测试得出此裂缝位置和梁内主筋位置重合，与此裂缝相交的其他垂直裂缝和相应箍筋位置重合，见图 4-73。

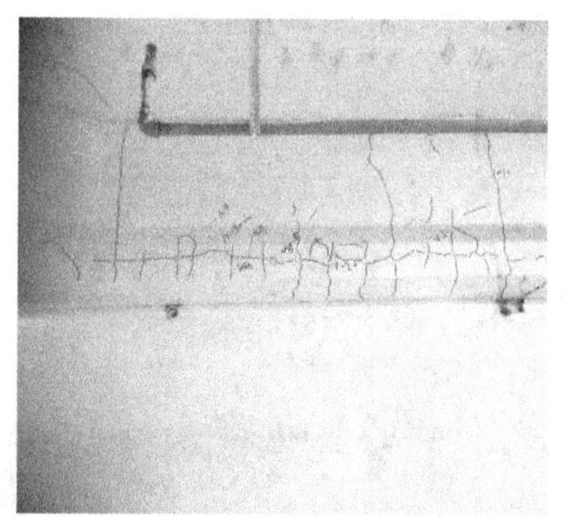

图 4-73　CS2 六层 12～13/G 轴梁裂缝分布

现场检查，发现楼板存在明显开裂现象，从裂缝特征及分布看，主要为：

靠近角柱的楼板角部会出现一些斜裂缝；

楼板上裂缝方向主要为沿主受力筋方向分布，仪器探测绝大多数裂缝所在位置基本和板中主受力筋位置重合或距离非常接近。

4.11.3 现场检测

（1）混凝土强度检测。采用回弹法对本工程6块板和1根梁（委托方指定位置）的混凝土强度进行检测。

现场对混凝土强度进行了检测，检测结果见表4-44。

表4-44 混凝土强度检测结果汇总表

序 号	位 置	构件	强度推定值/MPa
1	一层楼板1-2/A-B	板	37.2
2	一层楼板2-3/B-C	板	36.2
3	二层楼板2-3/B-C	板	34.6
4	二层楼板3-4C-D	板	34.5
5	三层楼板1-2/A-B	板	32.5
6	三层楼板2-3/B-C	板	36.1
7	三层梁B/2-3	梁	32.4

依据检测结果，结构层一层板混凝土强度基本满足C30强度等级要求，结构层一、二、三层板、三层梁混凝土强度基本满足C25强度等级要求。

（2）钢筋配置检测。现场进行钢筋检测，测量结果见表4-45。

表4-45 现场裂缝钢筋检测结果汇总表

<table>
<tr><th>区域</th><th>构件类型</th><th>裂缝编号</th><th colspan="2">检测项目</th><th>实测值/mm</th></tr>
<tr><td rowspan="4">南侧</td><td rowspan="2">墙</td><td rowspan="2">1号裂缝</td><td rowspan="2">分布筋间距</td><td>垂直方向</td><td>146</td></tr>
<tr><td>水平方向</td><td>157</td></tr>
<tr><td rowspan="2">墙</td><td rowspan="2">6号裂缝</td><td rowspan="2">分布筋间距</td><td>垂直方向</td><td>149</td></tr>
<tr><td>水平方向</td><td>150</td></tr>
<tr><td rowspan="2">北侧</td><td rowspan="2">墙</td><td rowspan="2">16号裂缝</td><td rowspan="2">分布筋间距</td><td>垂直方向</td><td>148</td></tr>
<tr><td>水平方向</td><td>153</td></tr>
</table>

（3）混凝土保护层检测。现场进行混凝土保护层厚度检测，测量结果见表4-46。

表 4-46 混凝土保护层厚度检测结果统计表 (mm)

<table>
<tr><th>构件名称</th><th>构件位置</th><th colspan="7">保护层厚度实测值</th><th>平均值</th><th>标准差</th><th>推定区间</th></tr>
<tr><td rowspan="4">板梁</td><td>L1-2</td><td>19</td><td>24</td><td>23</td><td>25</td><td>17</td><td>22</td><td>20</td><td rowspan="4">27</td><td rowspan="4">3. 2</td><td rowspan="4">[14, 17]</td></tr>
<tr><td>L2-3</td><td>21</td><td>24</td><td>26</td><td>27</td><td>28</td><td>18</td><td>19</td></tr>
<tr><td>L4-4</td><td>26</td><td>22</td><td>22</td><td>19</td><td>26</td><td>22</td><td>18</td></tr>
<tr><td>L5-6</td><td>27</td><td>21</td><td>22</td><td>24</td><td>23</td><td>29</td><td>22</td></tr>
</table>

（4）混凝土碳化深度检测。经现场混凝土碳化测试，混凝土构件的碳化深度范围为［8，24］mm，具体检测数据见表 4-47。

表 4-47 混凝土碳化深度检测结果

构件位置	碳化深度平均值/mm
L1-3	9. 5
L3-5	13. 2
L2-4	17. 1
GL1-3	16. 5
GL2-3	13. 5
DZ1-3	18. 6
DZ2-4	16. 9

4. 11. 4 安全性分析

（1）裂缝原因分析。依据《民用建筑可靠性鉴定标准》(50292—1999)，经对某设备房 CS2 六层 12 ~ 16/G ~ F 轴楼板的现场检查、检测，计算及分析，可知：

梁板上裂缝密度、数量较大；板裂缝主要为顺受力筋方向裂缝，梁上裂缝主要为横向 U 形裂缝；裂缝宽度 0. 1 ~ 0. 3mm，裂缝深度在保护层内。裂缝产生原因初步判断为非结构性受力裂缝，是混凝土收缩应力超过混凝土抗拉强度引起。另外混凝土塌落度偏大，预应力张拉时混凝土内填充物局部上浮导致保护层厚度偏差较大也是重要原因。这些裂缝对承载力影响较轻，系混凝土表面裂缝。

（2）安全性鉴定结论。梁内钢筋保护层厚度平均值基本满足规范要求。楼板的钢筋保护层厚度不满足验收规范的要求，经检查板底主受力筋保护层厚度大于设计要求。

根据钢筋保护层厚度的实测结果，在规范规定的 2. 0kN/m^2的使用荷载下，理论计算显示结构是安全的，但由于大量裂缝的存在及保护层厚度过大必然造成结构安全裕度降低。

另外，裂缝对结构日后的耐久性不利，长期来讲，混凝土的耐久性下降必然引起混凝土承载能力的下降。

4.11.5 处理意见

（1）根据本次检测和初步调查，该楼裂缝存在相当普遍，因此建议对楼层其他部位的裂缝进行重点检测、调查，以便全面了解裂缝分布特点，对裂缝性质进行定性，也为裂缝进行分类处理提供依据。

（2）对于小于 0.15mm 宽的裂缝密集区域，可在混凝土表面涂刷闭合材料。

（3）对现有大于 0.15mm 宽的裂缝可采用：

1）化学压力灌改性环氧涂料封闭处理，然后恢复表面装饰层；

2）表面粘接纤维材料以控制裂缝和弥补安全裕度的降低。

通过裂缝的以上处理可以使得裂缝区域混凝土耐久性得到恢复，保障混凝土的长期使用。

（4）本次检测区域内，在梁和板上各选择一两条裂缝宽度大于 0.2mm 的裂缝进行跟踪监测，以便对裂缝性质进行进一步判断。

5 案例分析——墙梁裂缝

5.1 某地铁站区间墙体裂缝

5.1.1 工程概况

某地铁站区间为现浇钢筋混凝土U形槽墙体结构，作业区间段为K4+320～K4+456，全长136m。现浇钢筋混凝土墙体构件已施工完毕，拆模后不久发现存在不同程度裂缝。平面图及整体外观图见图5-1及图5-2。

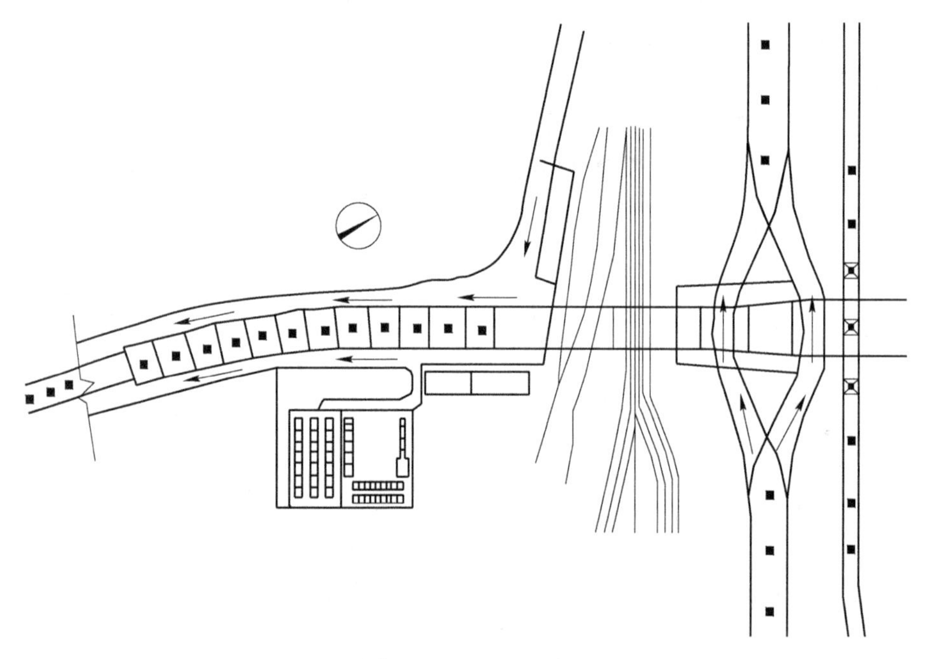

图5-1 工程平面图

5.1.2 现场检查

（1）原始资料调查。原始资料调查包括：原设计图纸、地勘报告以及竣工资料等。调查结果：该建筑无原设计图纸留存。

（2）裂缝检查。

图 5-2 整体外观图

1）墙体裂缝分布。经现场检查发现，南北侧仓体多处存在裂缝，裂缝走向多为竖向或斜竖向。裂缝分布如图 5-3~图 5-6 所示。

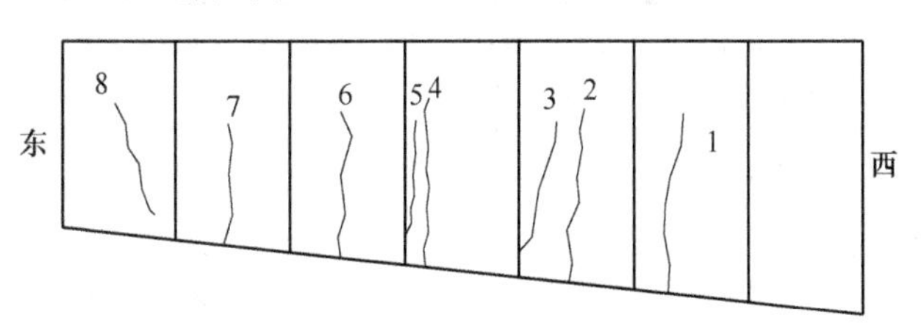

图 5-3 南侧第一仓整体裂缝分布示意图

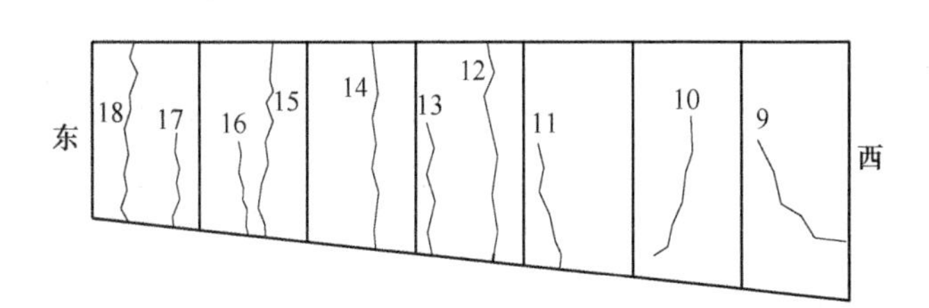

图 5-4 南侧第二仓整体裂缝分布示意图

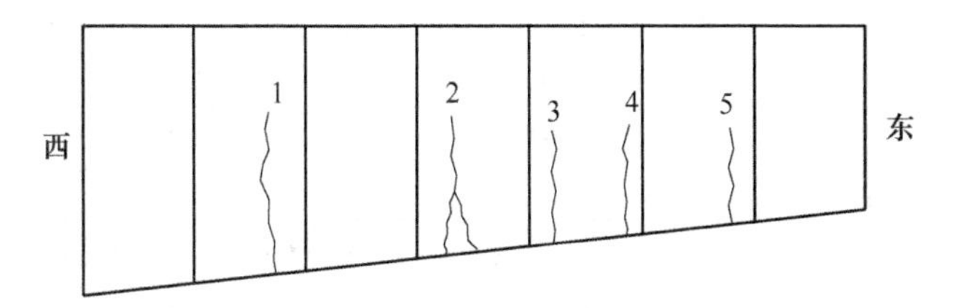

图 5-5 北侧第一仓整体裂缝分布示意图

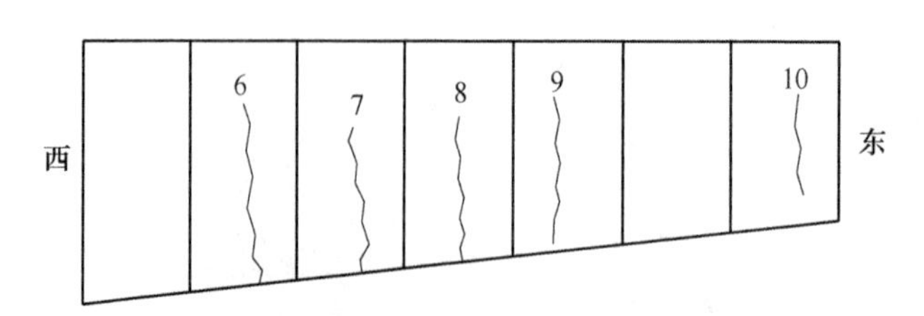

图 5-6 北侧第二仓整体裂缝分布示意图

2）裂缝检测结果。使用钢卷尺、裂缝宽度测试仪及裂缝深度测试仪对本工程西郊线工程混凝土 U 形槽墙体结构裂缝状况进行检查。检查结果见表 5-1。

表 5-1 U 形槽墙体结构裂缝状况

区域	裂缝编号	检查结果
南侧	1 号裂缝	大致呈斜竖向 8°分布，裂缝长约 3.77m；最大裂缝宽度约为 0.75mm；裂缝深度约为 81~90mm
	6 号裂缝	沿墙高呈竖向分布，裂缝长约 3.679m；最大裂缝宽度约为 0.47mm；裂缝深度约为 109mm
	7 号裂缝	裂缝竖向分布，裂缝长度约为 3.668m，最大裂缝宽度约 0.44mm；裂缝深度约为 115~158mm
	8 号裂缝	沿墙体约呈斜竖向 15°分布，裂缝长度约为 3.278m；最大裂缝宽度约为 0.41mm；裂缝深度约为 80~81mm
	12 号裂缝	沿墙体竖向通长分布，裂缝长度约 6.0m；最大裂缝宽度约为 0.49mm；裂缝深度约为 112~169mm
	18 号裂缝	沿墙高竖向通长分布，裂缝长约为 6.0m；最大裂缝宽度约为 0.42mm；裂缝深度约为 102~152mm
	23 号裂缝	基本呈竖向分布，裂缝长度约为 4.11m；最大裂缝宽度约为 0.33mm；裂缝深度约为 64~75mm
	24 号裂缝	沿墙体呈竖向分布，裂缝长度约为 3.81m；最大裂缝宽度约为 0.41mm；裂缝深度约为 63~75mm
北侧	1 号裂缝	沿墙体约呈斜竖向 10°分布，裂缝长度约为 3.543m；最大裂缝宽度约为 0.39mm；裂缝深度约为 118~121mm
	5 号裂缝	沿墙体呈竖向分布，裂缝长度约为 3.04m；最大裂缝宽度约为 0.25mm；裂缝深度约为 150mm
	6 号裂缝	沿墙体呈竖向分布，裂缝长度约为 4.812m；最大裂缝宽度约为 0.42mm；裂缝深度约为 119~167mm
	8 号裂缝	沿墙体呈竖向分布，裂缝长度约为 4.8m；最大裂缝宽度约为 0.44mm；裂缝深度约为 123mm

续表 5-1

区域	裂缝编号	检 查 结 果
北侧	9 号裂缝	沿墙体呈竖向分布，裂缝长度约为 3.61m；最大裂缝宽度约为 0.35mm；裂缝深度约为 82~93mm
	16 号裂缝	沿墙体呈竖向分布，裂缝长度约为 2.01m；最大裂缝宽度约为 0.24mm；裂缝深度约为 150mm
	17 号裂缝	沿墙体呈竖向分布，裂缝长度约为 3.04m；最大裂缝宽度约为 0.25mm；裂缝深度约为 105~183mm
	19 号裂缝	沿墙高呈通长分布，裂缝长度约为 3.308m；最大裂缝宽度约为 0.19mm；裂缝深度约为 102~108mm

3）墙体外观质量检查。现场对墙体进行检查，混凝土表观质量除裂缝外，未见蜂窝、麻面等其他缺陷。

5.1.3 现场检测

（1）混凝土强度检测。现场采用回弹法对本工程裂缝区域结构构件混凝土强度进行抽样检测，检测结果见表 5-2。

表 5-2 西郊线工程玉泉郊野公园站—颐和园西门站区间混凝土强度检测结果

构件类型	裂缝编号	混凝土抗压强度换算值/MPa			强度推定值/MPa
		平均值	标准差	最小值	
墙	1 号裂缝	45.8	2.0	44.2	42.5
墙	4 号裂缝	45.4	2.5	44.2	41.3
墙	9 号裂缝	44.1	1.8	41.3	41.1
墙	14 号裂缝	46.7	2.7	44.2	42.3
墙	18 号裂缝	46.1	1.4	44.7	43.8
墙	21 号裂缝	45.0	2.8	41.7	40.4
墙	24 号裂缝	43.7	1.9	41.3	40.6
墙	28 号裂缝	44.3	2.4	40.9	40.4
墙	37 号裂缝	44.4	2.5	40.9	40.3

U 形槽墙体结构构件混凝土强度回弹值结果表明：本工程西郊线工程区域现浇混凝土强度推定值范围为 40.3~43.8MPa；北侧所测区域现浇混凝土强度推定值范围为 40.3~44.1MPa。

（2）钢筋配置检测。现场采用磁感仪对本工程进行抽样检测。检测工作依据《混凝土中钢筋检测技术规程》（JGJ/T 152—2008）有关规定进行。检测结果见表 5-3。

表 5-3　钢筋配置检测结果

区域	构件类型	裂缝编号	检测项目		实测值/mm
南侧	墙	1 号裂缝	分布筋间距	垂直方向	154
				水平方向	153
	墙	4 号裂缝	分布筋间距	垂直方向	154
				水平方向	155
	墙	9 号裂缝	分布筋间距	垂直方向	148
				水平方向	153
	墙	14 号裂缝	分布筋间距	垂直方向	150
				水平方向	151
	墙	18 号裂缝	分布筋间距	垂直方向	153
				水平方向	151
北侧	墙	1 号裂缝	分布筋间距	垂直方向	153
				水平方向	152
	墙	2 号裂缝	分布筋间距	垂直方向	158
				水平方向	152
	墙	5 号裂缝	分布筋间距	垂直方向	154
				水平方向	152
	墙	6 号裂缝	分布筋间距	垂直方向	152
				水平方向	152

本工程 U 形槽墙体结构构件南侧所测区域钢筋配置垂直方向间距范围约为 148~154mm，水平方向间距范围约为 149~155mm；北侧所测区域钢筋配置垂直方向间距范围约为 147~158mm，水平方向间距范围约为 151~154mm。

（3）墙拉筋保护层厚度检测。现场对出现裂缝梁的箍筋保护层厚度进行了检测，检测结果见表 5-4，裂缝位置箍筋保护层基本在 20~30mm 范围，属于保护层厚度偏小。

表 5-4　钢筋配置检测结果

楼层	构件位置	保护层厚度实测值/mm						平均值/mm
南侧	A-B/2	6	8	9	4	8	5	7
北侧	A-B/2	6	8	9	4	8	5	7

（4）混凝土碳化深度检测。现场对该区间混凝土墙的碳化深度进行了检测，

检测结果表明，其混凝土碳化深度为 8mm，结合构件钢筋保护层厚度的检测结果，目前构件混凝土保护层仍可对内部钢筋锈蚀的产生起到有效的抑制作用。

5.1.4 安全性分析

本工程 U 形槽混凝土墙体结构南侧共 40 条可见裂缝（其中有 8 条裂缝沿墙高通长分布），最大裂缝宽度约为 0.17～0.75mm（绝大多数裂缝宽度 <0.50mm），裂缝深度范围约为 63～169mm；北侧共 22 条可见裂缝（无裂缝沿墙高通长分布），最大裂缝宽度约为 0.14～0.44mm（绝大多数裂缝宽度 <0.40mm），裂缝深度范围约为 82～167mm。

5.1.5 处理意见

该裂缝为收缩裂缝，为非受力裂缝。裂缝宽度较大，但考虑到开裂后易出现钢筋锈蚀情况，对结构耐久性造成影响，所以对该部分裂缝应进行灌缝、裂缝封闭等正常使用性处理，以保证结构的耐久性要求。可采用表面封闭法（缝宽 <0.5mm）和压力灌浆法（缝宽≥0.5mm）进行修复处理。

5.2 某商业综合服务楼楼层梁裂缝

5.2.1 工程概况

某商业综合服务楼为框架结构，地上 6 层、地下 1 层。该建筑二、三层 12-15 轴线区段混凝土梁出现大量裂缝。平面图及整体外观图见图 5-7 及图 5-8。

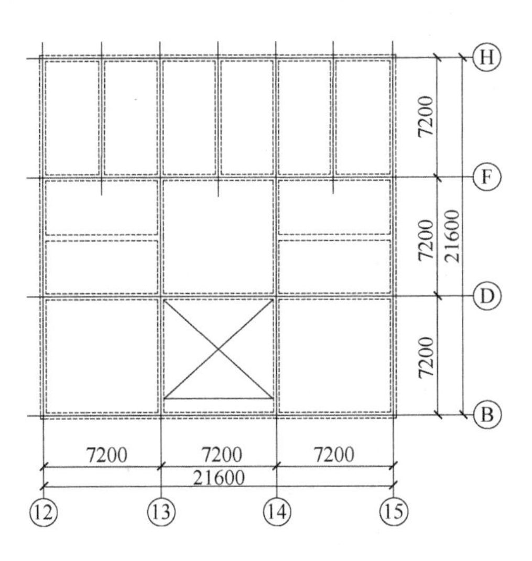

图 5-7 服务楼平面图

图 5-8　服务楼整体外观图

5.2.2　现场检查

（1）原始资料调查。原始资料调查包括：原设计图纸、地勘报告以及竣工资料等。调查结果：该建筑有原设计图纸留存。

（2）裂缝检查。

1）梁裂缝分布。现场对二、三层结构现有裂缝情况进行了检查，经过现场检查发现，结构裂缝主要为梁底及两侧裂缝，个别板存在细微裂缝。各层梁裂缝统计见表 5-5。

表 5-5　各层梁裂缝汇总表

序号	结构层	位置	裂缝分布简图	裂缝描述
1	二层	12/F-H		裂缝按 20cm 间距排列
2		12-13/F-H		裂缝按 20cm 间距排列
3		13/F-H		裂缝按 20cm 间距排列
4		13-14/F-H		裂缝按 20cm 间距排列

续表 5-5

序号	结构层	位置	裂缝分布简图	裂缝描述
5	二层	14-15/F-H	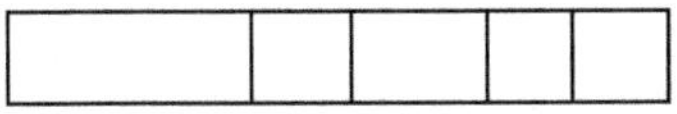	裂缝按 20cm 间距排列
6		F/12-13	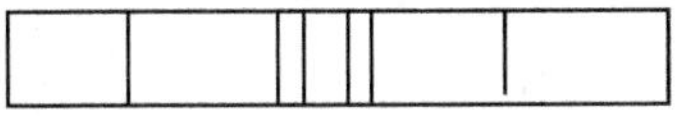	裂缝按 20cm 间距排列
7		F/13-14	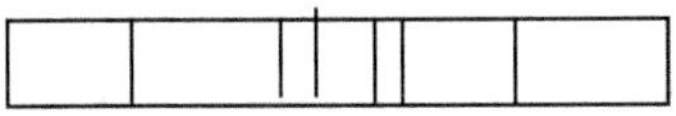	裂缝按 20cm 间距排列
8		F/14-15		裂缝按 20cm 间距排列
9		D-F/12-13	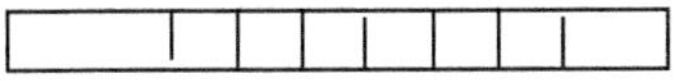	裂缝按 20cm 间距排列
10		D-F/14-15	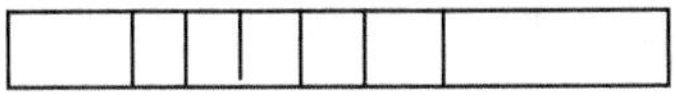	裂缝按 20cm 间距排列
11		D/12-13	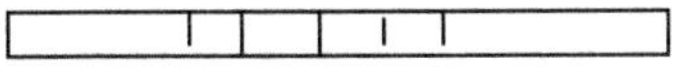	裂缝按 20cm 间距排列
12	三层	D/14-15	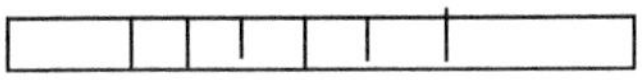	裂缝按 20cm 间距排列
13		14/F-H	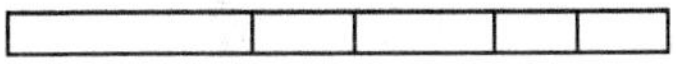	局部混凝土脱落裂缝按 20cm 间距排列
14		13/D-F	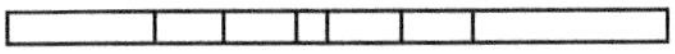	局部混凝土脱落裂缝按 20cm 间距排列
15		13-14/D-F		裂缝按 20cm 间距排列
16		14-15/D-F	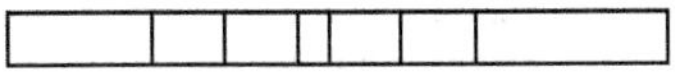	裂缝按 20cm 间距排列
17		F/13-14	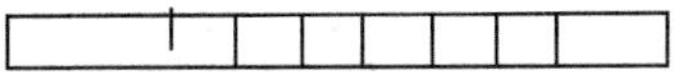	裂缝按 20cm 间距排列
18		F/14-15		裂缝按 20cm 间距排列

现场裂缝分布情况与箍筋分布情况基本一致，部分梁底裂缝所处位置存在露筋情况，如图 5-9 所示。

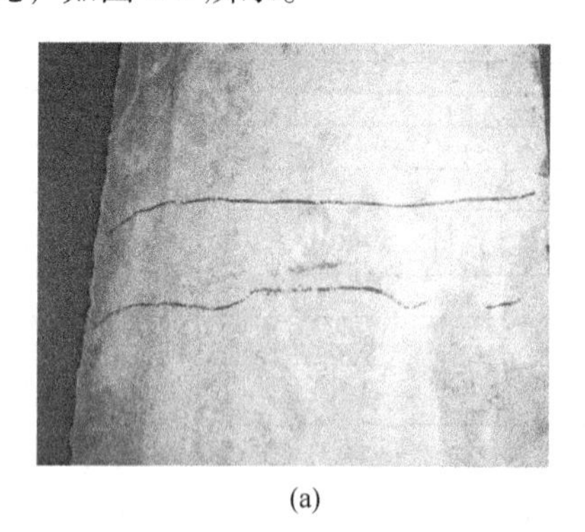

(a)

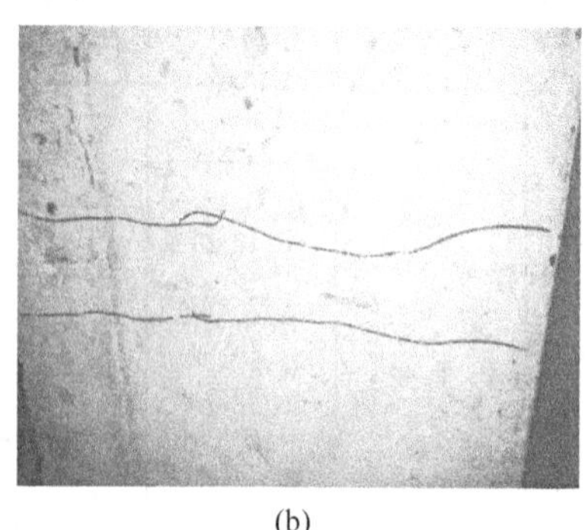

(b)

图 5-9 现场梁底裂缝露筋
（a）二层梁保护层偏薄钢筋外露锈蚀；
（b）三层梁保护层偏薄钢筋外露锈蚀

2）裂缝检查结果。

① 裂缝分布规律。梁裂缝分布基本与箍筋分布保持一致；部分梁底裂缝存在箍筋外露情况。

② 裂缝宽度。现场对混凝土裂缝宽度进行了检测，裂缝宽度主要分布在 0. 1~0. 3mm 范围，个别裂缝宽度达到 0. 4mm。大部分裂缝满足《混凝土结构设计规范》（GB 50010—2010）对裂缝最大宽度的限制（0. 3mm）。

5. 2. 3 现场检测

（1）混凝土强度检测。现场对混凝土强度进行了检测，检测结果见表 5-6。

表 5-6 混凝土强度检测结果汇总表

序　号	位　置	构件	强度推定值/MPa
1	二层 14/H-F	梁	27. 19
2	二层 14-15/D	梁	24. 78
3	二层 14-15/F-H	梁	25. 21
4	三层 D-F/12-13	梁	25. 70
5	三层 13-14/D-F	梁	25. 49
6	三层 12/D-F	梁	28. 35

结构原设计为自搅拌 C30 混凝土，结构层梁、板为同时浇筑。依据检测结果，结构层二、三层梁板混凝土强度基本满足 C25 强度等级要求。

（2）钢筋配置检测。采用磁感仪对本工程梁结构钢筋配置情况进行抽样检测。检测结果如表5-7所示。

表5-7 梁结构钢筋配置情况抽样检测结果汇总表

区域	构件类型	裂缝编号	检测项目		实测值/mm
二层	梁	1号裂缝	钢筋间距	上部钢筋	181
				下部钢筋	183
	梁	2号裂缝	钢筋间距	上部钢筋	184
				下部钢筋	183
	梁	3号裂缝	钢筋间距	上部钢筋	185
				下部钢筋	186
三层	梁	4号裂缝	钢筋间距	上部钢筋	183
				下部钢筋	182
	梁	5号裂缝	钢筋间距	上部钢筋	178
				下部钢筋	182
	梁	6号裂缝	钢筋间距	上部钢筋	184
				下部钢筋	182
	梁	7号裂缝	钢筋间距	上部钢筋	182
				下部钢筋	182

（3）梁箍筋保护层厚度。现场对出现裂缝梁的箍筋保护层厚度进行了检测，检测结果见表5-8，裂缝位置箍筋保护层基本在0~11mm范围，属于保护层厚度过小。

表5-8 梁箍筋保护层厚度汇总表

楼层	构件位置	保护层厚度实测值/mm						平均值/mm
二层	14/H-F	6	8	5	4	8	9	7
二层	14-15/D	6	8	5	4	8	9	7
二层	14-15/F-H	6	8	5	4	8	9	7
三层	D-F/12-13	6	8	5	4	8	9	7
三层	13-14/D-F	6	8	5	4	8	9	7
三层	12/D-F	6	8	5	4	8	9	7

（4）混凝土碳化深度检测。现场对该区间混凝土墙的碳化深度进行了检测，检测结果表明，其混凝土碳化深度为 10mm，结合构件钢筋保护层厚度的检测结果，目前构件混凝土保护层仍可对内部钢筋锈蚀的产生起到有效的抑制作用。

5.2.4 安全性分析

（1）裂缝成因分析。根据以上检查、检测结果，判断该结构梁裂缝属于表面裂缝，是非受力裂缝，混凝土的收缩变形及箍筋锈蚀是裂缝产生的根本原因，该批混凝土存在年代较长，混凝土浇筑浇注质量及养护质量不高，加剧了裂缝的产生。

（2）鉴定结论。该结构混凝土实测强度低于原设计强度；该结构混凝土梁裂缝属于表面裂缝，混凝土的收缩变形及箍筋锈蚀是裂缝产生的根本原因，大部分裂缝满足《混凝土结构设计规范》（GB 50010—2010）对裂缝最大宽度的限制（0.3mm）。

5.2.5 处理意见

该结构混凝土强度低于原设计强度，应依据建筑今后使用要求，对结构进行相应的加固处理措施；

依据该建筑裂缝成因及现状，应对裂缝进行修复处理。对于宽度≤0.3mm 的裂缝采取表面封闭的方法进行处理；对于宽度>0.3mm 的裂缝采用压力注浆的方式对裂缝进行处理；个别梁箍筋锈蚀明显位置，应对箍筋先除锈再处理裂缝。

5.3 某商城建筑项目楼层梁裂缝

5.3.1 工程概况

某商城建筑项目为在用商场，平面内布置为 L 形。该建筑物主体结构始建于 2001 年，原为地下一层、地上四层，局部六层框架剪力墙结构，2008 年使用单位在原结构上加建两层，目前建筑物总建筑面积约为 10600m^2。平面图及整体外观图见图 5-10 及图 5-11。

5.3.2 现场检查

（1）原始资料调查。原始资料调查包括：原设计图纸、地勘报告以及竣工资料等。调查结果：该建筑无原设计图纸留存。

（2）建筑物各层大部分混凝土框架梁侧面均存在竖向开裂（图 5-12），部分裂缝延伸至底面形成 U 形裂缝，尤其根据现场查勘及相关调研，7.21 暴雨后，

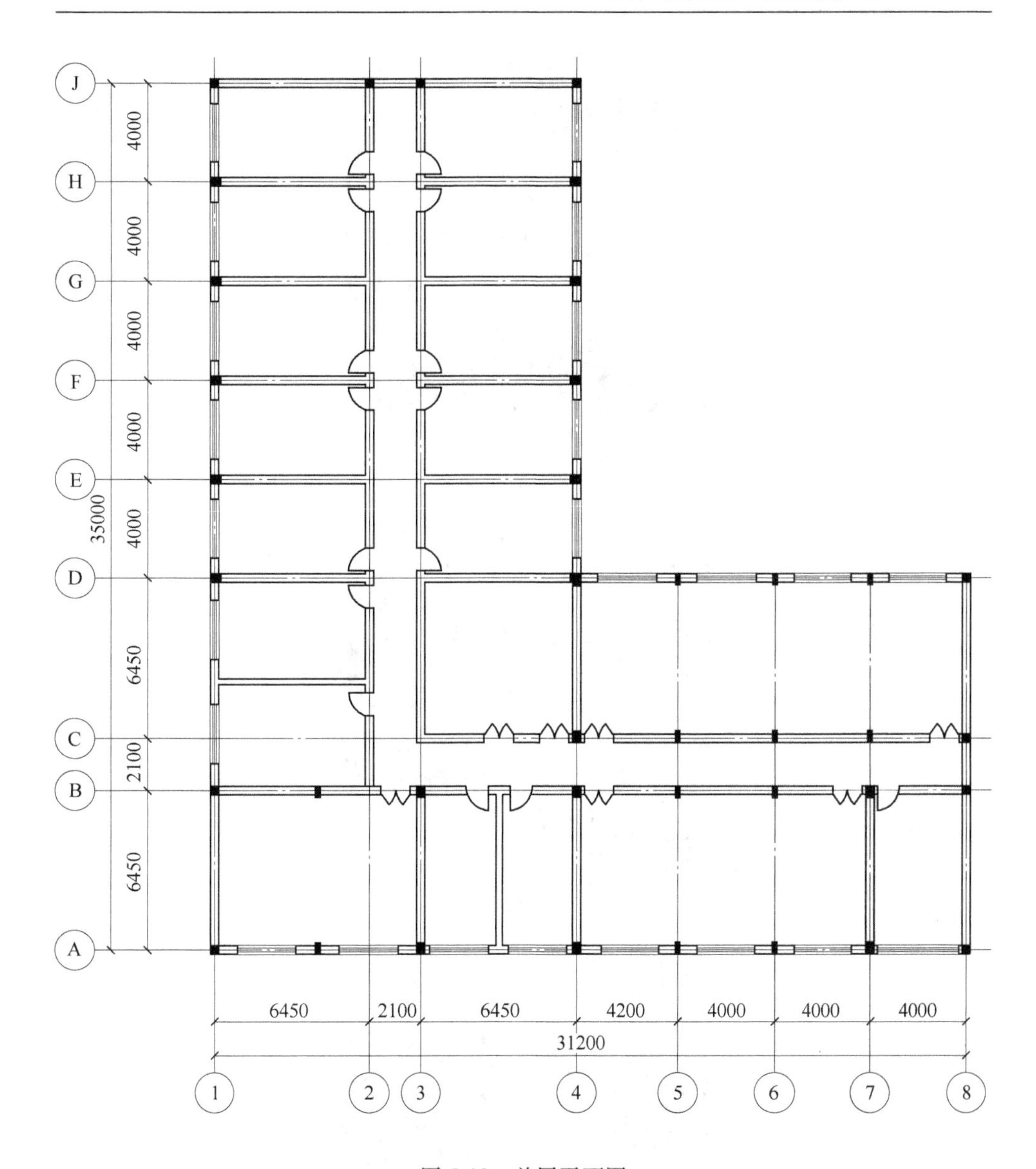

图 5-10 首层平面图

建筑物地下一层严重积水，至目前为止（虽已进行加固），局部仍有不明水迹，即地下室长期处于潮湿环境下，会加重结构已有的损伤情况。

1）建筑物部分梁、柱等混凝土构件存在保护层偏薄、钢筋外露锈蚀情况，见图 5-13。

2）建筑物楼梯间部分填充墙存在竖向、水平及斜向开裂现象，见图 5-14。

3）部分填充墙与柱连接区域存在开裂现象，见图 5-15。

图 5-11　外观立面图

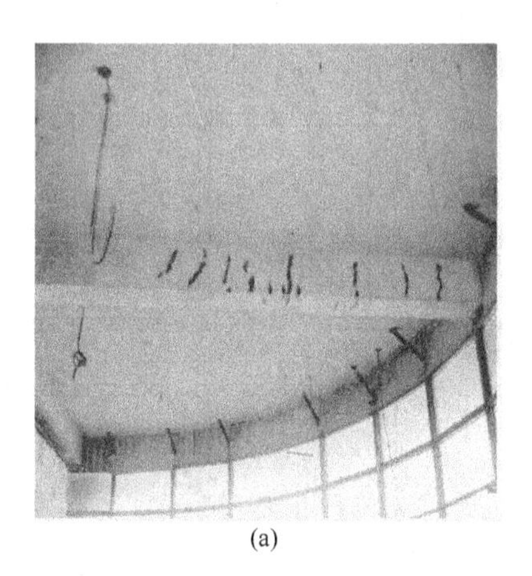

(a)

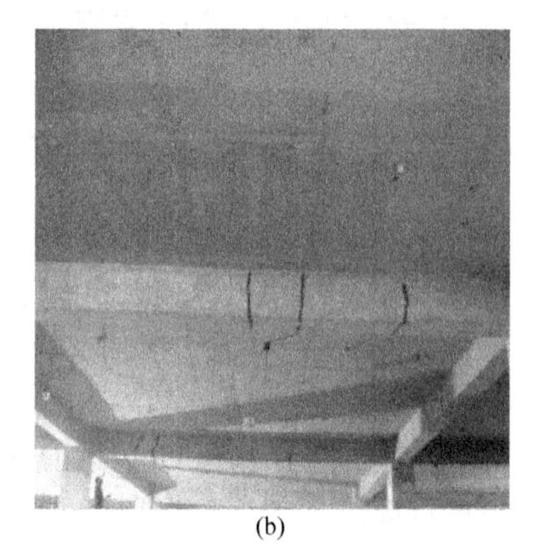

(b)

图 5-12　地下室梁裂缝情况

（a）地下二层 A～B/6 梁侧面竖向裂缝；

（b）地下二层 5～6/C 梁侧面竖向裂缝

(a)

(b)

图 5-13　柱钢筋外露
（a）二层柱保护层偏薄钢筋外露锈蚀；
（b）四层柱保护层偏薄钢筋外露锈蚀

5.3.3　现场检测

（1）混凝土强度检测。现场采用 ZC3-A 型回弹仪对该工程承重构件框架柱、框架梁及楼板的混凝土强度进行了抽样检测。依照《回弹法检测混凝土抗压强度技术规程》（JGJ/T 23—2011）及《建筑结构检测技术标准》（GB 50344—2004）的有关规定并结合本工程的现场实际条件，在混凝土检测单元上布置了回弹测区，进行了混凝土的回弹检测。检测时，构件强度按批量进行推定，当同批构件混凝土强度标准差超过规范限值时，则该批构件的强度应全部按单个构件进行推定。检测结果见表 5-9。

(a)

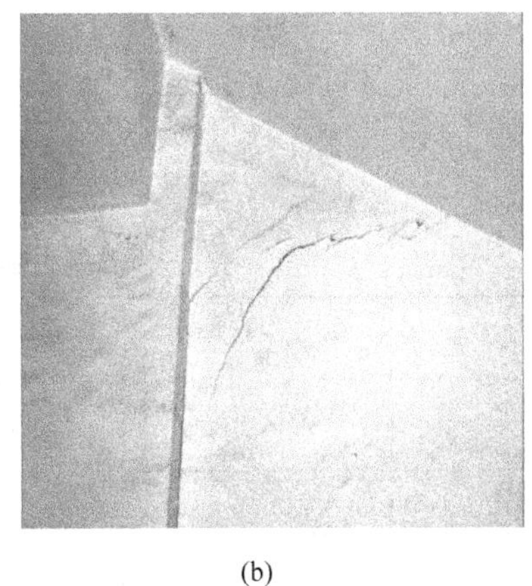
(b)

(c)

(d)

图 5-14　楼梯间填充墙裂缝

（a）三层楼梯间填充墙水平裂缝；（b）三层楼梯间填充墙斜向裂缝

（c）四层楼梯间填充墙斜向裂缝；（d）五层楼梯间填充墙竖向裂缝

(a)

(b)

图 5-15　填充墙与柱连接区域开裂

（a）三层局部填充墙与柱连接区域开裂；（b）二层局部填充墙与柱连接区域开裂

表 5-9　混凝土强度检测结果汇总表

位　置	强度换算值的平均值 $m_{f_{cu}^c}$/MPa	强度换算值的标准差 $S_{f_{cu}^c}$/MPa	构件混凝土的强度推定值 $f_{cu,e}$/MPa	图纸设计强度
地下一层梁 A-B/2	33.6	0.86	32.2	C30
地下一层梁 C-D/4	40.2	0.52	39.3	C30
地下一层梁 B/2-3	36.5	1.90	33.4	C30

续表 5-9

位　置	强度换算值的平均值 $m_{f_{cu}^c}$/MPa	强度换算值的标准差 $S_{f_{cu}^c}$/MPa	构件混凝土的强度推定值 $f_{cu,e}$/MPa	图纸设计强度
地下一层梁 A-B/3	38.8	2.27	35.1	C30
地下一层梁 B-C/4	34.5	1.36	32.3	C30
地下一层梁 A-B/2	33.6	0.86	32.2	C30
一层梁 A-B/2	35.0	0.90	33.5	C30
一层梁 A/2-3	30.1	1.40	27.8	C30
二层梁 D-E/6	40.9	2.33	37.1	C30
二层梁 C/6-7	35.8	1.02	34.1	C30
二层梁 D/6-7	46.0	1.87	42.9	C30
二层梁 D/5-6	37.8	1.32	35.6	C30
三层梁 B-C/2	39.6	1.20	37.6	C30
四层梁 B-C/2	30.8	2.49	26.7	C30
四层梁 E/4-5	34.0	1.92	30.8	C30
五层梁 B-C/7	29.7	0.87	28.3	C30
五层梁 B/4-5	37.0	1.44	34.6	C30
六层梁 B-C/7	33.6	0.99	32.0	C30

混凝土强度检测结果表明，主体结构框架柱、框架梁、楼板等构件的混凝土强度推定值大致在 30.0~40.0MPa 之间，基本满足设计图纸要求，有个别构件的混凝土强度推定值略偏低。

（2）钢筋配置检测。主体梁钢筋检测结果见表 5-10。

表 5-10　钢筋配置检测结果

构件名称	截面尺寸	非加密区箍筋		加密区箍筋		加密区长度/mm	主筋根数	保护层厚度/mm
		平均间距/mm	最大间距/mm	平均间距/mm	最大间距/mm			
地下一层梁 B/5-6	350×600	195（200）	200	130（100）	140	1400（1100）	底面 4（4）	25（25）
地下一层梁 B/6-7	350×600	210（200）	220	135（100）	140	1150（1100）	底面 4（4）	18（25）
一层梁 C-D/2	350×550	195（200）	200	110（100）	140	1000（1100）	底面 4（4）	28（25）

续表 5-10

构件名称	截面尺寸	非加密区箍筋		加密区箍筋		加密区长度/mm	主筋根数	保护层厚度/mm
		平均间距/mm	最大间距/mm	平均间距/mm	最大间距/mm			
二层梁B/5-6	350×600	220(200)	230	125(100)	140	900(1100)	底面4(4)	21(25)
二层梁C/5-6	350×600	205(200)	210	125(100)	130	1000(1100)	底面4(4)	30(25)
三层梁B/6-7	350×600	210(200)	220	145(100)	160	930(1100)	底面4(4)	18(25)
三层梁B-C/7	350×600	205(200)	230	120(100)	130	1080(1100)	底面4(4)	40(25)
四层梁B/6-7	350×600	215(200)	230	115(100)	130	820(1100)	底面4(4)	18(25)
五层梁B-C/7	350×600	215(200)	230	135(100)	140	1060(1100)	底面4(4)	25(25)
五层梁B/6-7	350×600	190(200)	200	140(100)	150	1000(1100)	底面4(4)	20(25)

钢筋配置检测结果表明：

1）抽检框架柱的主筋数量基本满足设计图纸要求，但柱端加密区箍筋间距均较设计值偏大，其加密区长度也不满足要求；

2）抽检框架梁构件的主筋数量基本满足设计图纸要求，但梁端加密区箍筋间距均较设计值偏大，其加密区长度也不满足要求；

3）抽检楼板构件的钢筋布置情况基本满足设计图纸要求，有个别楼板的钢筋间距较设计值偏大。

（3）混凝土箍筋保护层检测。现场对梁构件的保护层厚度进行检测，检测结果（表 5-11）基本满足设计图纸要求，有部分构件的保护层厚度较设计值偏小。

表 5-11 箍筋保护层检测结果

楼层	构件位置	保护层厚度实测值/mm						平均值/mm
负一层	A-B/2	6	8	9	4	8	5	7
一层	A-B/2	6	8	9	4	8	5	7
二层	A-B/2	6	8	9	4	8	5	7
三层	A-B/2	6	8	9	4	8	5	7

续表 5-11

楼层	构件位置	保护层厚度实测值/mm						平均值/mm
四层	A-B/2	6	8	9	4	8	5	7
五层	A-B/2	6	8	9	4	8	5	7
六层	A-B/2	6	8	9	4	8	5	7

（4）混凝土碳化检测。混凝土碳化是钢筋锈蚀的一个重要前提，是影响钢筋混凝土结构耐久性的主要因素之一。对建筑物构件的混凝土碳化深度进行测试，可判断结构目前的耐久性状态。混凝土碳化检测采用1%酚酞酒精试剂滴定，再用碳化深度测定仪进行多次测量取碳化深度平均值。

现场对混凝土梁的碳化深度进行了检测，检测结果表明，该商场主体结构承重构件框架柱的混凝土碳化深度为7mm，框架梁的混凝土碳化深度为8.5mm，结合构件钢筋保护层厚度的检测结果，目前构件混凝土保护层仍可对内部钢筋锈蚀的产生起到有效的抑制作用。

5.3.4 安全性分析

建筑物1～2/C～D区域楼梯间原为四层，加层改造时，将原四层顶板拆除，四层及以上楼梯间设置钢楼梯，四层顶钢楼梯端部直接搭接在原屋面框架梁侧面，且该框架梁未进行相应加固补强处理。目前，该框架梁侧面存在多条竖向及斜向裂缝，裂缝最大宽度约为0.30mm。上述裂缝是由于新增较大集中荷载导致框架梁抗剪不足引起的。

5.3.5 处理意见

鉴于混凝土构件抗剪不足，可能引起的非延性破损，须对建筑物中类似情况的改造部位采取措施进行加固处理。

5.4 某商业住宅综合建筑楼梁裂缝

5.4.1 工程概况

某商业住宅综合建筑在装修改造施工过程中发现一层、二层共6道混凝土梁表面有多条裂缝，构件位置为一层混凝土梁BF/B3-B6、BE-BF/B6、BE-BF/B3、B3-B6/BG、BF-BG/B6，二层混凝土梁B1-B2/BG6，平面图及整体外观图见图5-16及图5-17。

5.4.2 现场检查

（1）原始资料调查。原始资料调查包括原设计图纸、竣工图、设计变更、

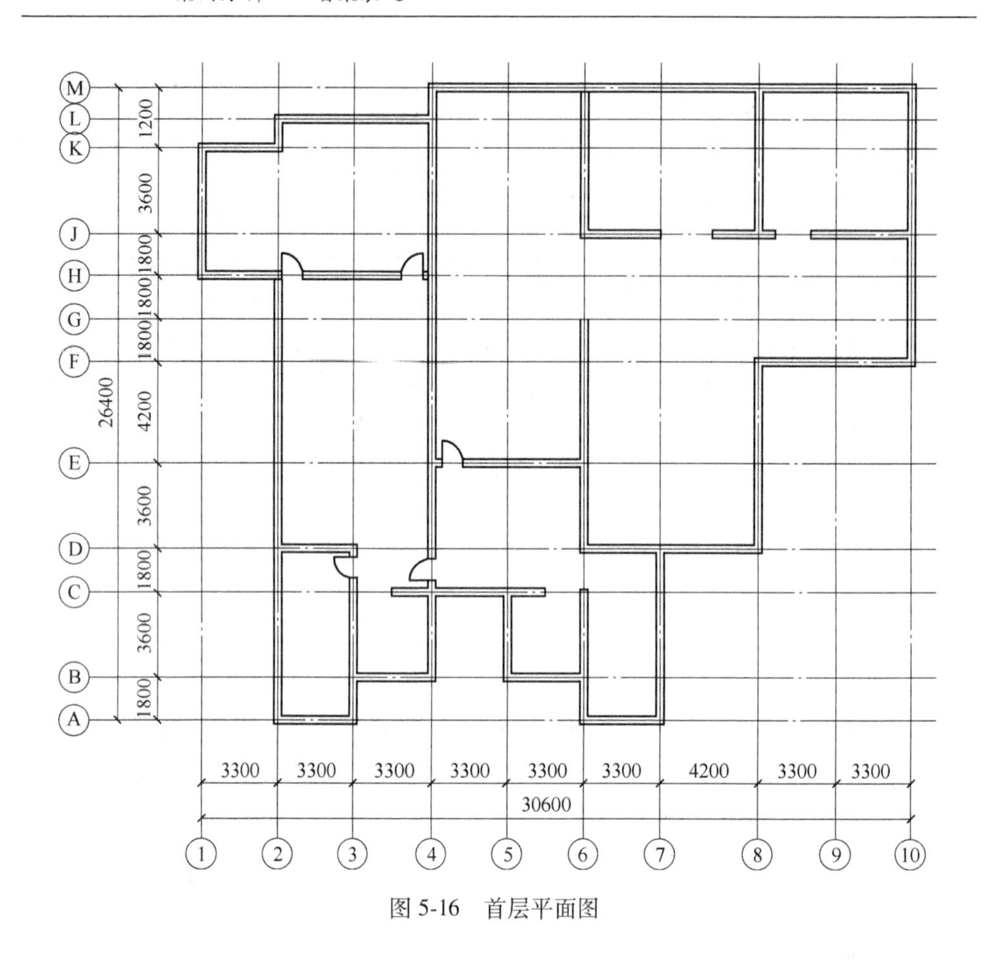

图 5-16　首层平面图

图 5-17　外观立面图

历次加固改造图纸等。

检测时将图纸与现场进行复核对比，不一致时以现场实际情况为准。

（2）现场检查结果。

1）一层混凝土梁 B3-B6/BG 侧面，除多条竖向裂缝外，存在一条斜向裂缝，见图 5-18。

2）一层混凝土梁 BF-BG/B6 底部保护层厚度不足，箍筋局部锈蚀。近跨中位置有一条通长竖向裂缝，见图 5-19。

图 5-18 一层梁 B3-B6/BG 裂缝

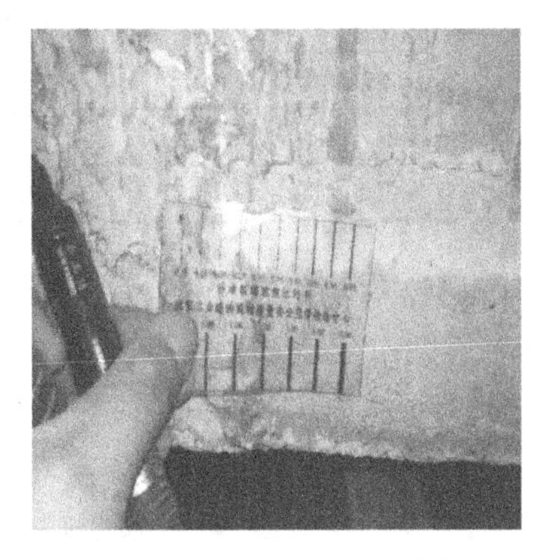

图 5-19 一层梁 BF/B3-B6 裂缝宽度

（3）裂缝宽度及裂缝间距检测。经过一层、二层混凝土梁现场检查，找到了 6 道梁结构缺陷处并进行了裂缝宽度和深度检测，检测结果如下：

1）一层混凝土梁 BF/B3-B6 侧面 1/4 高度内产生约 22 条竖向裂缝，底面产生约 10 条裂缝，裂缝宽度为 0. 2～0. 5mm。

2）一层混凝土梁 BE-BF/B6 侧面 1/4 高度内产生约 33 条竖向裂缝。

3）一层混凝土梁 BE-BF/B3 北端侧面有 3 条竖向通长裂缝，南端沿梁长度方向 21cm 内有多条竖向裂缝，裂缝间距约 150mm。

4）一层混凝土梁 B3-B6/BG 侧面斜向裂缝长 400mm，宽 0. 3mm。

5）一层混凝土梁 BF-BG/B6 近跨中位置除一条通常竖向裂缝外，其余裂缝长约 150mm。

6）二层混凝土梁 B1-B2/BG 底部保护层厚度不足，箍筋局部锈蚀，位置肉眼可见。

5. 4. 3 现场检测

（1）混凝土构件强度检测。根据《回弹法检测混凝土抗压强度技术规程》（JGJ/T 23—2011）的规定，采用回弹法对该项目室内 6 道混凝土梁的强度进行检测，检测结果见表 5-12。

表 5-12　混凝土强度检测结果

楼层	构件位置	混凝土抗压强度换算值/MPa				设计强度	是否满足
		平均值	标准差	最小值	推定值		
一层	B3-B6/BF	49.2	1.80	46.0	46.2	C45	是
	BE-BF/B6	51.1	2.09	47.8	47.7		是
	BE-BF/B3	49.9	196	45.6	46.7		是
	B3-B6/BG	49.7	1.32	48.2	47.5		是
	BF-BG/B6	49.8	1.69	46.7	47.0		是
二层	B1-B2/BG	50.8	1.15	48.8	48.9		是

检测结果表明，该工程室内 6 道混凝土梁强度均满足委托方提供的设计强度 C45 的要求。

（2）钢筋配置检测。现场对室内 6 道混凝土梁钢筋数量、箍筋间距进行了检测。检测结果见表 5-13。

表 5-13　钢筋混凝土梁的钢筋配置情况检测结果

楼层	构件位置	检测项目		实测值	设计值	是否符合
一层	B3-B6/BF	底排钢筋根数		5 根	5 根	是
		箍筋间距	加密区	95mm	100mm	是
			非加密区	196mm	200mm	是
	BE-BF/B6	底排钢筋根数		5 根	5 根	是
		箍筋间距	加密区	102mm	100mm	是
			非加密区	205mm	200mm	是
	BE-BF/B3	底排钢筋根数		5 根	5 根	是
		箍筋间距	加密区	101mm	100mm	是
			非加密区	212mm	200mm	是
	B3-B6/BG	底排钢筋根数		7 根	7 根	是
		箍筋间距	加密区	103mm	100mm	是
			非加密区	207mm	200mm	是
	BF-BG/B6	底排钢筋根数		4 根	4 根	是
		箍筋间距	加密区	119mm	100mm	是
			非加密区	213mm	200mm	是
二层	B1-B2/BG	底排钢筋根数		5 根	5 根	是
		箍筋间距	加密区	124mm	100mm	否
			非加密区	211mm	200mm	是

本次鉴定的6道梁构件钢筋配置数量符合设计要求，依据《混凝土结构工程施工质量验收规范》（GB 50204—2015）中表5-13规定：箍筋横向钢筋间距允许偏差±20mm，除二层梁B1-B2/BG外，其余5道梁钢筋安装偏差均满足规范要求。

（3）钢筋保护层厚度检测。对本工程混凝土梁最外层钢筋保护层厚度进行了检测，检测数据见表5-14。

表5-14　混凝土梁保护层厚度测定结果汇总表

楼层	构件位置	保护层厚度实测值/mm						平均值/mm
一层	B3-B6/BF	10	9	8	11	10	9	10
	BE-BF/B6	15	12	13	9	12	10	12
	BE-BF/B3	13	9	6	8	5	9	8
	B3-B6/BG	19	29	39	30	36	28	30
	BF-BG/B6	28	20	31	30	22	31	27
二层	B1-B2/BG	5	8	6	4	8	9	7

《混凝土结构设计规范》（GB 50010—2010）中表8.2.1规定，混凝土梁最外层钢筋的保护层厚度为20mm；《混凝土结构工程施工质量验收规范》（GB 50204—2015）中第E.0.4规定，混凝土梁构件钢筋保护层厚度允许偏差为：+10，−7mm。经现场实测，该工程室内6道梁钢筋保护层厚度为7~30mm，离散性较大。除一层梁B3-B6/BG、BF-BG/B6外，其余4道梁钢筋保护层厚度均不满足规范要求。

（4）混凝土碳化深度检测。现场对该区间混凝土墙的碳化深度进行了检测，检测结果表明，其混凝土碳化深度为8mm，结合构件钢筋保护层厚度的检测结果，目前构件混凝土保护层仍可对内部钢筋锈蚀的产生起到有效的抑制作用。

5.4.4　安全性分析

梁侧面存在竖向垂直裂缝，分布较为均匀，形态较为相似，梁底部存在通长裂缝，裂缝宽度范围为0.1~0.5mm。根据现场调查情况可知，该建筑投入使用后未曾改变使用功能，且梁裂缝未集中于梁跨下部或支座附近，裂缝未沿45°方向延伸发展，由此可判断该工程梁裂缝并非由承载力不足引起的受力裂缝。

地基不均匀沉降引起的裂缝特点主要为：一般在建筑物下部出现较多，竖向构件较水平构件开裂严重，墙体构件和填充墙较框架梁柱开裂严重，本工程只有梁上存在裂缝，柱、板、填充墙均未出现开裂，可判断该工程梁裂缝并非由于地基不均匀沉降引起。

由于日照温差引起混凝土构件的裂缝，一般发生在屋盖下及其附近位置，长条形建筑的两端较为严重，该工程裂缝位于底部一、二层平面中部位置，可判断该工程裂缝并非由于温差引起。

由混凝土收缩引起的裂缝在建筑结构中部附近较多，两端较少见，裂缝方向往往与结构或构件轴线垂直，其形状多数是两端细中间宽。通过以上分析可知本工程梁裂缝是混凝土收缩裂缝。

5.4.5 处理意见

此工程混凝土梁强度、钢筋配置均满足设计和规范要求，裂缝不会对结构安全造成影响，但钢筋保护层厚度略有不足容易造成钢筋锈蚀和开裂，且考虑结构的耐久性和人体感官的不舒适性，建议对裂缝进行封闭修补处理后采用聚合物修补砂浆对混凝土保护层进行加厚。

5.5 某立交桥 T 梁裂缝

5.5.1 工程概况

某市立交桥为桥面连续、结构简支的 33.97+35m 两跨 T 梁结构。养护单位在管养期间发现某跨上行、下行侧的多片 T 梁马蹄部位存在较为严重的开裂现象，尤其集中在双幅 4 片边梁处，裂缝最宽处超过 6mm，且呈局部分层状。平面图及整体外观图见图 5-20 及图 5-21。

图 5-20 立交桥上行侧 MP040 墩顶

图 5-21 立交桥整体外观图

5.5.2 现场检查

（1）裂缝性状描述。现场对裂缝进行检查，裂缝规律见图 5-22 及图 5-23，典型裂缝实景图见图 5-24~图 5-27，现场裂缝检查情况：

1）裂缝开展最为明显的区段位于两幅共计 4 片边梁上的马蹄区域，分布范围遍及整个梁跨，在近梁端的马蹄变高截面附近相对更为明显；

2）裂缝开展方向主要沿纵桥向，伴随局部纵缝连同形成网状裂缝，跨中未见横向裂缝；

3）马蹄侧面裂缝呈现沿梁高方向分层分布，遍及整个梁跨，最大宽度达 6mm

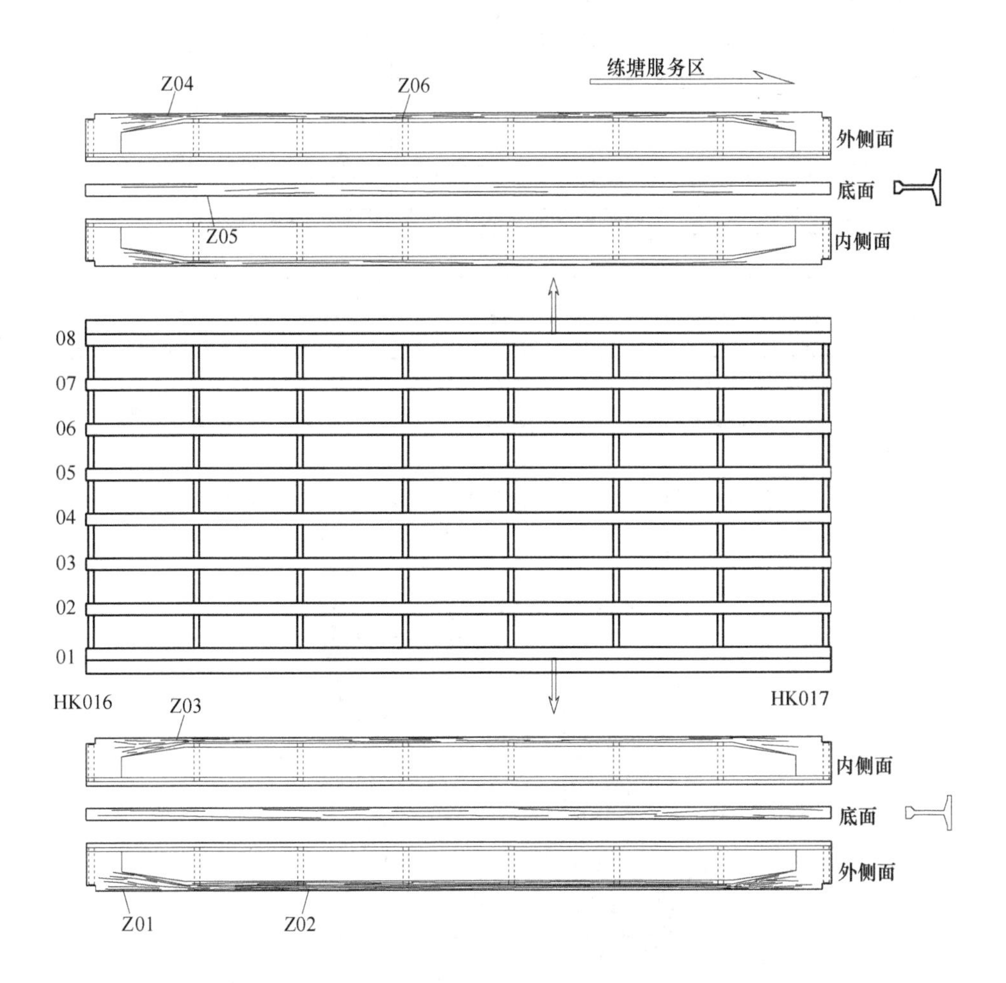

图 5-22 某跨 1 号子桥两片边梁裂缝病害展开示意图
（图中字母 Z 代表照片，后续数字为照片编号）

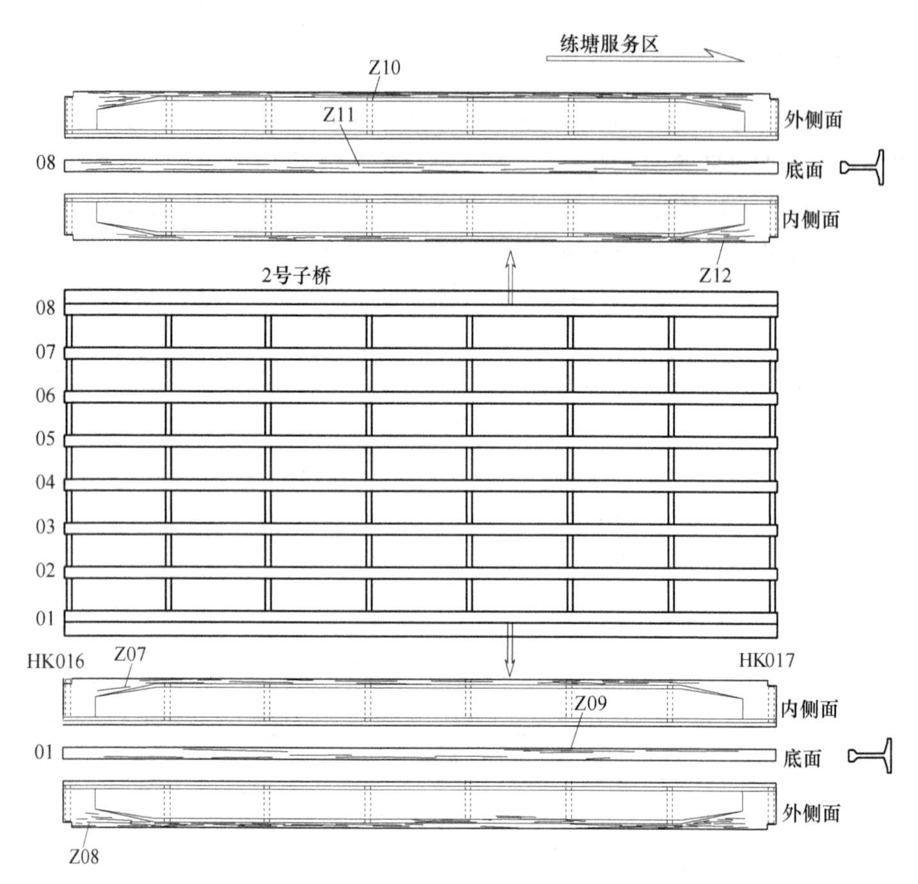

图 5-23 某跨 2 号子桥两边侧 T 梁裂缝病害展开示意图
(图中字母 Z 代表照片，后续数字为照片编号)

图 5-24 1 号子桥 01 号 T 梁梁端外侧面

图5-25　1号子桥01号T梁梁端内侧面

图5-26　1号子桥08号T梁跨中底面

图5-27　1号子桥08号T梁跨中外侧面

（位于外侧面近梁端的马蹄变高截面附近），通过开凿确认的最大缝深超过70mm；

4）马蹄底面也存在沿纵桥向裂缝，宽度在3mm左右；

5）在对称区域内，T梁外侧面裂缝的数量多于内侧面，宽度也大于内侧面。

（2）局部开凿确认。

1）在位于1号子桥01号梁（上行侧北侧边梁）的外侧面近梁端的马蹄变高截面附近，对裂缝较集中的区域进行开凿，发现在手持式小锤的锤击作用下，局部混凝土松脆易碎；

2）将表面混凝土层凿除，内部大量骨料呈现灰黑色，其表面存在极薄的粉化层，且发现梁体表层裂缝的破裂面延伸至粉化的灰黑色骨料位置；

3）在该梁两端马蹄侧面进行开凿后，均发现此种灰黑色骨料，经检验为页岩，其特点为易风化，在水丰富环境下会加速发育。

（3）裂缝检测结果。

1）裂缝性状。

① 主要沿纵桥向，伴随局部网裂，未见受拉区横向裂缝；

② 宽度最宽达6mm，最大深度超过70mm。

2）裂缝分布特点。对单幅桥，外侧边梁比内侧边梁严重；对于单片T梁，外侧面比内侧面严重；在马蹄区域，侧面比底面严重。推断与运营环境中的给水条件有关，水容易侵蚀到的地方，裂缝相对严重。

3）选择裂缝开展严重处进行凿除后，发现异常灰黑色骨料。经检验为页岩，其特点为易风化，在水丰富环境下可能会加速发育。

5.5.3 现场检测

（1）混凝土强度检测。为确保检测结果的准确性，检测单位于2014年1月22日在L01701主梁腹板的跨中10m区域内钻芯取样，1组3个试件，芯样直径为100mm，加工成100mm高度的圆柱体后在干燥状态下进行加载试验，试验数据如表5-15所示。

表5-15 钻芯取样强度换算结果

测试位置	芯样编号	破坏荷载/kN	强度换算值/MPa
上行侧边梁 L01701	1	217.3	27.7
	2	212.4	27.1
	3	201.4	25.7

根据《结构混凝土抗压强度检测技术规程》第5.2.8条，“按单个构件推定

混凝土强度时，有效芯样试件的数据不得少于3个”，第5.2.9条“单个构件混凝土的推定强度应按有效芯样试件混凝土换算强度值中的最小值确定，不应进行数据的舍弃”。则结论为：L01701边梁的钻芯法实测强度为25.7MPa。

（2）钢筋布置。箍筋间距探测结果表明，L01701和L01702箍筋间距为150mm，与设计图纸相符。T梁表面纵筋布置情况探测结果见表5-16，探测结果与设计图纸基本一致。

表5-16　T梁近跨中部位纵筋探测结果

T梁编号	马蹄底面纵筋数量及间距	马蹄侧面纵筋数量及间距	腹板侧面纵筋间距
L01701	4@140mm	3@160mm	150mm
L01702	4@140mm	3@160mm	150mm

（3）保护层厚度检测。根据图纸要求，马蹄箍筋净保护层厚度为32mm，腹板箍筋净保护层厚度为30mm。本次检测中采用钢筋探测仪对T梁箍筋保护层厚度进行检测，选取L01701和L01702两片梁，将马蹄和腹板分别作为一个构件，检测结果表明：

1）L01701马蹄部位箍筋保护层厚度平均值为40.8mm，特征值为28.2mm，腹板箍筋保护层厚度平均值为21.1mm，特征值为18.1mm；

2）L01702马蹄部位箍筋保护层厚度平均值为47.6mm，特征值为30.8mm，腹板箍筋保护层厚度平均值为23.4mm，特征值为17.2mm。

根据《公路桥梁承载能力检测评定规程》（JTG/T J21—2011），L01701和L01702马蹄部位箍筋保护层厚度的评定标度分别为2和1，对结构钢筋耐久性有轻度影响或影响不显著；L01701和L01702腹板箍筋保护层厚度的评定标度均为4，对结构钢筋耐久性有较大影响，尤其边梁腹板受雨水侵蚀影响较明显，更易导致钢筋锈蚀。

5.5.4　安全性分析

（1）桥梁总体技术状况评定。对立交桥进行桥梁技术状况评定，将其33.97+35m两跨T梁结构这一联作为一个评估单元。

依据《公路桥梁技术状况评定标准》（JTG/T H21—2011）公路桥梁技术状况评定包括桥梁构件、部件、桥面系、上部结构、下部结构和全桥评定。公路桥梁技术状况评定应采用分层综合评定与5类桥梁单向控制指标相结合的方法，先对桥梁各构件进行评定，然后对桥梁各部件进行评定，再对桥面系、上部结构和下部结构分别进行评定，最后进行桥梁总体技术状况的评定。评定指标如图5-28所示。

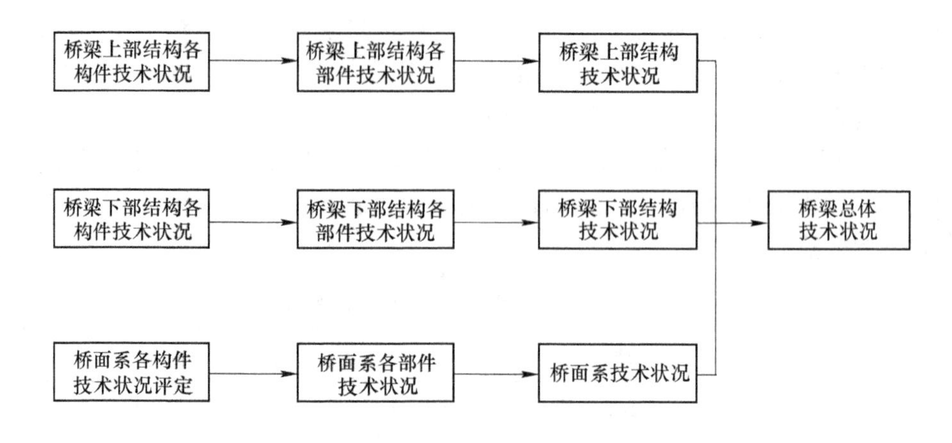

图 5-28　桥梁技术状况评定指标

本次桥梁按照《公路桥梁技术状况评定标准》（JTG/T H21—2011）的方法对桥梁技术状况进行评定，桥梁技术状况评定工作流程具体如图 5-29 所示。

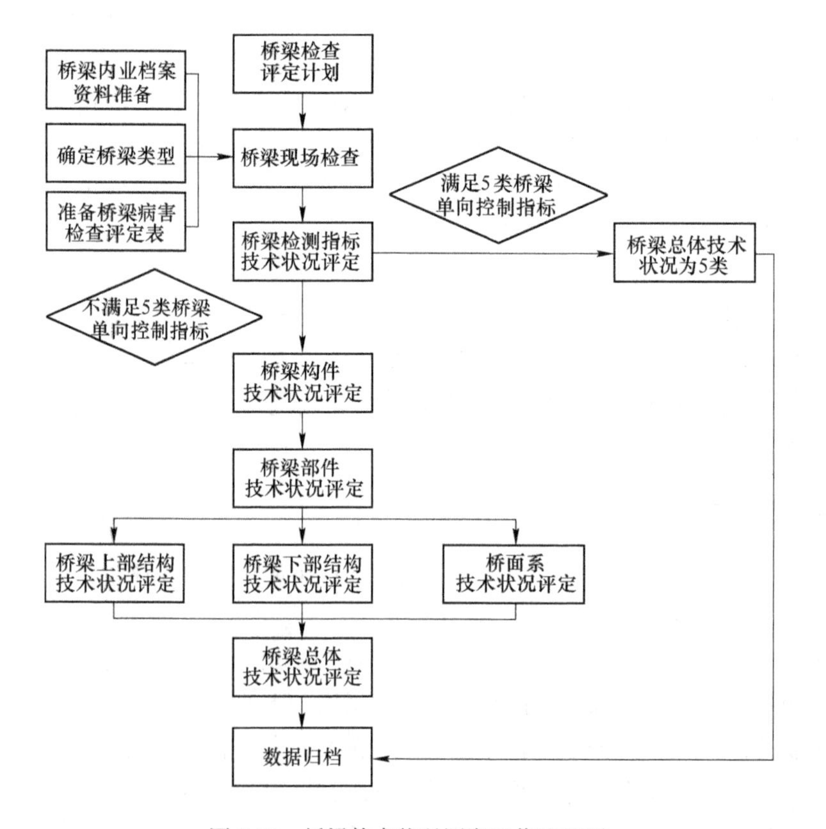

图 5-29　桥梁技术状况评定工作流程图

桥梁技术状况分类界限按表 5-17 执行。

表 5-17　桥梁技术状况分类界限表

技术状况评分	技术状况等级 D_j				
	1 类	2 类	3 类	4 类	5 类
D_r	[95, 100]	[80, 95)	[60, 80)	[40, 60)	[0, 40)

在桥梁技术状况评价中，梁式桥有下列情况之一时，整座桥应评为 5 类桥：

1）上部结构有落梁或有梁、板断裂现象。

2）梁式桥上部承重构件控制截面出现全截面开裂；或组合结构上部承重构件结合面开裂贯通，造成截面组合作用严重降低。

3）梁式桥上部承重构件有严重的异常位移，存在失稳现象。

4）结构出现明显的永久变形，变形大于规范值。

5）关键部位混凝土出现压碎或杆件失稳倾向；或桥面板出现严重塌陷。

6）扩大基础冲刷深度大于设计值，冲空面积达 20%以上。

7）桥墩（桥台或基础）不稳定，出现严重滑动、下沉、位移、倾斜等现象。

按照《公路桥梁技术状况评定标准》（JTG/T H21—2011）的规定，采用考虑桥梁各部件权重的综合评定方法。桥梁各部件技术状况评定结果见表 5-18。

该联整体技术状况评级为 3 类，评分为 72.37 分。其中上部结构部件评级为 4 类，评分为 41.05。

表 5-18　桥梁各部件技术状况评定结果

桥梁组成（权重）	类别	部件名称	权重	部件评分	桥梁组成评分	桥梁组成评级
上部结构（0.4）	1	上部承重构件	0.7	22.49	41.05	4 类
	2	上部一般构件	0.18	82.69		
	3	支座	0.12	86.83		
下部结构（0.4）	4	翼墙、耳墙	0	0	92.06	2 类
	5	锥坡、护坡	0	0		
	6	桥墩	0.52	84.73		
	7	桥台	0	0		
	8	墩台基础	0.48	100		
	9	河床	0	0		
	10	调治构造物	0	0		

续表 5-18

桥梁组成（权重）	类别	部件名称	权重	部件评分	桥梁组成评分	桥梁组成评级
桥面系（0.2）	11	桥面铺装	0.47	100	95.65	1类
	12	伸缩缝装置	0.29	85		
	13	人行道	0	0		
	14	栏杆、护栏	0.12	100		
	15	排水系统	0.12	100		
	16	照明、标志	0	0		
桥梁总体技术状况评分 D_r 和评级 D_j	3类					

（2）裂缝成因分析。T梁浇筑时骨料中含有页岩，预应力施加后全截面受压，随着时间的推移，混凝土强度和整体性在外部环境水侵蚀作用下逐渐降低（现场开凿和混凝土强度检测结果印证了这点），梁体下缘马蹄附近在原有预压力作用下，由于泊松效应出现沿顺桥向的裂缝，水进入裂缝内部，加速页岩骨料的发育，进一步加剧了裂缝的开展。具体分析如下：

1）对裂缝较集中的区域进行开凿结果表明，混凝土骨料存在异常。经X光谱分析后鉴定为黑色页岩，含有较多的有机质与细分散状的硫化铁，有机质含量较高，水侵蚀下容易层解。考虑到裂缝的分布特征具备一定特点（单幅桥的外侧边梁比内侧边梁严重；单片梁的外侧面比内侧面严重；马蹄区域的侧面比底面严重），这个特征跟接触到水侵蚀的概率有一定相关性。

2）该路段通车于2009年底，竣工资料表明梁体混凝土浇筑于2008年10月，如此严重的裂缝在预制厂浇筑、张拉直至架梁过程中被忽视的概率较小，因此运营过程中，在环境或外部荷载作用下后期劣化的解释更具有合理性。

（3）鉴定结论：

1）对于该跨双幅4片边T梁马蹄侧面及底面出现的顺桥向裂缝病害，现推断为黑色页岩骨料引起梁体混凝土材料性能退化（强度降低，设计标号C50，实测强度为C25），导致马蹄部位在预应力预压作用下由于泊松效应引起鼓胀、开裂。水气侵蚀进入梁体内部，与黑色页岩骨料发生化学反应，加剧开裂现象。

2）4片边梁均为全预应力混凝土T梁，截至2015年1月22日未见跨中区域梁底有横向受力裂缝产生。

5.5.5 处理意见

（1）预防病害进一步发展。对可以追溯到的使用同一批骨料的混凝土梁进行表面防水处理，辅以后期跟踪检查和有效的监测预警机制。

（2）关于4片边梁的处理。由于该病害成因复杂，处置方式的社会敏感度较高，对4片边梁的后续处理方式建议由专家组进行专项讨论研究后确定，并由专业单位进行处理。

5.6 某高速公路引桥上下层T梁裂缝

5.6.1 工程概况

某高速公路引桥主桥全长1212m，主跨708m，边跨设置四个桥墩，其跨径布置为4×63m+708m+4×63m=1212m，上层为8车道高速公路，宽44m；下层宽30m。主桥横截面呈倒梯形。上层引桥主梁采用预应力混凝土T梁，双幅双向八车道，各幅T梁分布为横向9榀梁布置；下层桥引桥主梁结构形式为预应力混凝土T梁，单幅双向四车道，T梁分布为横向8榀梁布置，引桥段上下层共用桥墩。结构布置图与整体外观图见图5-30和图5-31。

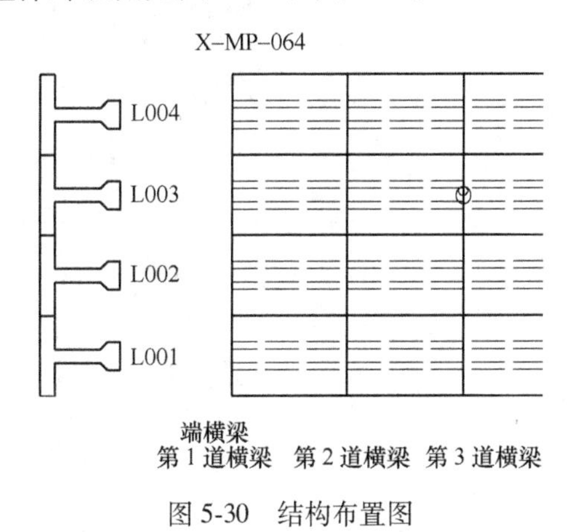

图5-30 结构布置图

5.6.2 现场检查

（1）原始资料检查。原始资料检查包括原建筑图纸、施工图纸、地勘报告以及竣工资料是否完整。

（2）裂缝情况检测。对该高速公路闵浦大桥浦西引桥段预应力混凝土T梁进行外观检测，主要对T梁裂缝渗水、析白及混凝土开裂剥离部位进行详细检测，并对T梁存在开裂及析白病害严重部位进行凿洞抽查，检测波纹管内灌浆和

图 5-31 整体外观图

积水情况。

1）根据已检测 T 梁病害情况，发现 T 梁马蹄底部及侧面出现纵向裂缝、渗水析白病害，纵向裂缝与预应力管道方向基本上一致，且病害基本上集中于跨中部位，如图 5-32 所示。

图 5-32 T 梁马蹄侧面开裂、渗水、析白

2）根据目前现场检测结果发现，部分桥跨存在个别预应力 T 梁马蹄侧面混凝土开裂、剥离，存在高空坠物隐患，如图 5-33 所示。

3）根据现场对马蹄部位侧面混凝土钻孔检测发现，混凝土钻孔后，凿开塑料波纹管时，有少量水涌出，未见锈水，如图 5-34 所示。

4）T 梁裂缝及其他病害展开图如图 5-35 和图 5-36 所示。

（3）裂缝检查结果。

1）通过现场检测发现，某引桥 T 梁马蹄部位普遍存在纵向裂缝、渗水析白，各跨各榀 T 梁病害程度和分布位置有所不同，对 T 梁纵向裂缝、渗水析白病

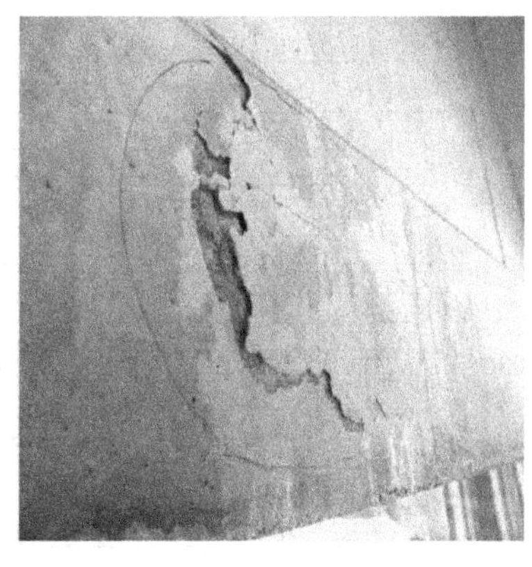

图 5-33 T梁马蹄混凝土开裂、剥离

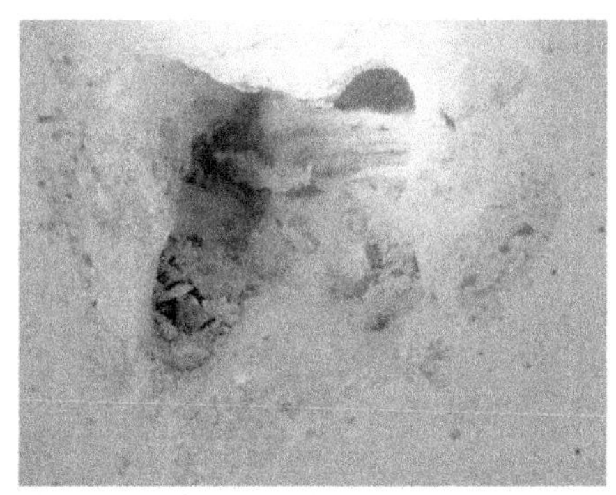

图 5-34 T梁马蹄混凝土渗水析白处钻孔图

害性状总结如下：

① 上层桥跨共计有32跨，576榀T梁，下层桥跨共计有24跨，206榀T梁，匝道桥梁共计32跨（其中6跨为板梁），共计104榀T梁。合计886榀T梁，其中870榀T梁存在裂缝、析白病害（限于现场条件，其中部分T梁无法抵近检查），23榀梁T梁马蹄或腹板处存在混凝土开裂、剥离病害（由于现场条件限制，部分T梁未抵近检测）。

② 顺桥向来看，裂缝渗水主要处于跨中附近的预应力管道直线段，且裂缝与波纹管位置存在对应关系。同时，渗水病害的分布沿纵坡有所不同，每跨T梁跨中偏西侧（向西为大墩号方向，纵坡向下）相对明显。

③ 横桥向来看，上层T梁部分梁跨靠近外边梁的2~3榀T梁比靠中间T梁病害要严重（上行方向有17跨，下行方向有15跨），下层T梁无明显差别。

④ 通过伸缩缝两侧与桥面铺装连续处桥跨的病害对比，未发现存在明显差异。

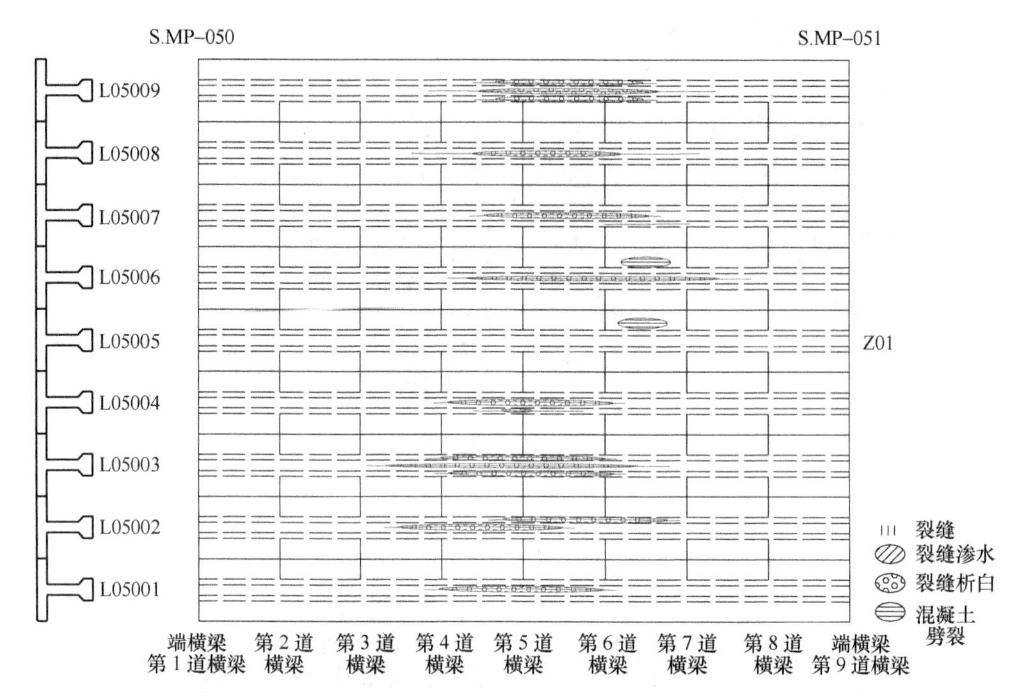

图 5-35　引桥上层上行 T 梁病害示意图

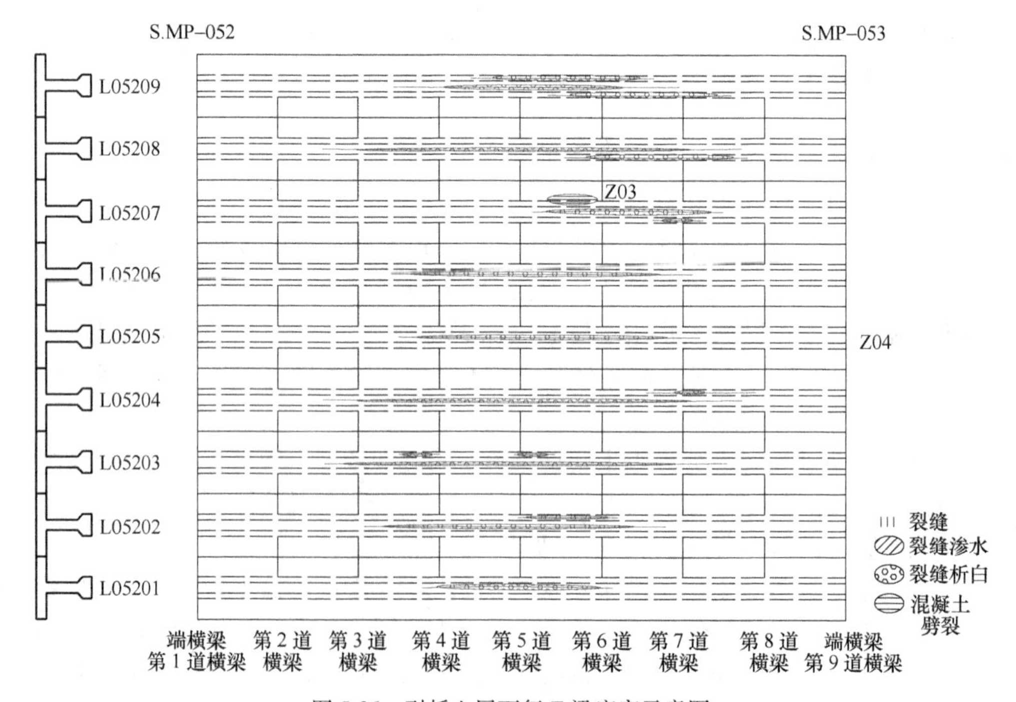

图 5-36　引桥上层下行 T 梁病害示意图

2）个别桥跨存在T梁马蹄部位侧面混凝土开裂、剥离，存在高空坠物隐患。

3）针对T梁渗水析白位置钻孔抽查预应力管道中积水情况，发现管道中有积水存在，但未见锈迹。为了进行对比分析，对T梁存在裂缝但没有渗水析白病害的部位钻孔，触之有潮湿感，但未发现积水。

5.6.3 现场检测

（1）混凝土强度检测。由于T梁混凝土马蹄部位纵向裂缝较多，为了检测T梁混凝土的强度，对T梁混凝土钻取芯样进行混凝土强度抽查。鉴于现场条件限制，在上层桥钻取3个芯样，下层桥钻取2个芯样，混凝土芯样连续性及完整性较好，表面光滑，骨料分布相对均匀，芯样呈淡青色，未发现空洞、蜂窝、麻面、破碎、夹泥、松散等病害。现场取样照片见图5-37，混凝土强度试验部分照片见图5-38，混凝土强度达到设计强度。

图5-37 现场钻取芯样

图5-38 混凝土强度试验

（2）钢筋保护层厚度检测。钢筋检测采用无损探测方法进行，此次选取闵浦大桥浦西引桥段 6 榀梁和虹梅南路段 6 榀梁（未发现病害标段）分别进行钢筋保护层检测。每构件各取 30 个测点，钢筋保护层厚度评定标准见表 5-19，检测结果表明，闵浦大桥段（MP 段）测点钢筋保护层厚度平均值位于 23.6～40.7mm 之间，标准差位于 3.9～7.9mm 之间，特征值位于 15.9～32.4mm 之间，该桥构件保护层厚度设计值为 30mm。L07501T 梁评定标度为 5，表明钢筋保护层厚度对钢筋耐久性有影响，钢筋易失去碱性保护，发生锈蚀，L07607、L07608 梁评定标度为 3，表明钢筋保护层厚度对钢筋耐久性有影响。L07607T 梁评定标度为 2，对结构耐久性有轻度影响。虹梅南路段（HM 段）测点钢筋保护层厚度平均值位于 29.7～48.0mm 之间，标准差位于 3.3～7.0mm 之间，特征值位于 24.4～41.7mm 之间，该桥构件保护层厚度设计值为 30mm。L00101、L00204、L00206 T 梁评定标度为 3，表明钢筋保护层厚度对钢筋耐久有影响，L00201 T 梁评定标度为 4，表明钢筋保护层厚度对钢筋耐久有较大影响。综合 T 梁发生病害的大桥桥段及未发现病害的路段钢筋保护层厚度抽查检测结果，未发现两处混凝土保护层有明显区别。

表 5-19 钢筋保护层厚度评定标准

D_{ne}/D_{nd}	对结构钢筋耐久性的影响	评定标度
>0.95	影响不显著	1
（0.85，0.95）	有轻度影响	2
（0.70，0.85）	有影响	3
（0.55，0.70）	有较大影响	4
≤0.55	钢筋易失去碱性保护，发生锈蚀	5

（3）混凝土碳化深度检测。混凝土碳化深度检测应配合回弹法测试混凝土强度进行。在构件回弹值测试完毕后，在有代表性的位置上测量碳化深度值，测点数不少于构件测区数的 30%，并取其平均值为该构件每测区的碳化深度值。然后根据测区混凝土碳化深度平均值与实测保护层厚度平均值的比值 K_c，按表 5-20 的规定确定混凝土碳化评定标度。由测试结果可知，MP 段 T 梁混凝土构件的最大碳化深度为 2.0mm，碳化深度值小于构件实测钢筋保护层厚度平均值的一半，对钢筋锈蚀影响不显著，评定标度为 1；HM 段 T 梁混凝土构件的最大碳化深度为 2.0mm，碳化深度值小于构件实测钢筋保护层厚度平均值的一半，对钢筋锈蚀影响不显著，评定标度为 1。

表 5-20　桥梁混凝土强度碳化评定标准

强度评定标准				碳化评定标准	
K_{bt}	K_{bm}	强度状况	评定标度	K_c	评定标度
≥0.95	≥1.00	良好	1	<0.5	1
(0.95, 0.90)	(1.00, 0.95)	较好	2	(0.5, 1.0)	2
(0.90, 0.80)	(0.95, 0.90)	较差	3	(1.0, 1.5)	3
(0.80, 0.70)	(0.90, 0.85)	差	4	(1.5, 2.0)	4
<0.70	<0.85	危险	5	≥2.0	5

(4) 线形检测。为了进一步了解T梁目前的线形情况，查看T梁线形是否出现异常，考虑现场交通及检测条件，采用3D扫描仪对上层墩号X. MP069~X. MP071间两跨T梁和下层墩号S(X). MPD048~S(X). MPD050间两跨T梁进行扫描成像抽查。3D激光扫描仪是一种具有快速扫描目标点坐标功能的类似全站仪的激光测量设备，其广泛应用于历史建筑勘验、地质灾害检测、大型事故调查、地形测绘等领域，以快速、高效地建立被测对象的全息立体模型而确立了其在工程领域的高端技术服务能力。通过T梁扫描检测结果可知，T梁线形未见明显异常且梁底线形还存有预拱度约5mm。

(5) 气象调查。通过两个渠道对今年气象资料进行调查：一个是由闵浦大桥健康监测单位提供近6年闵浦大桥浦西侧梁底实测温度，另一个通过中国气象网站搜集近年气象资料记录，整理出近年低温雨雪天气。通过查阅数据发现，上海从2011年到2016年冬天，存在多个零度以下天气（0~-4℃），尤其2016年年初，上海出现过“极端”低温天气，桥位处气温曾于2016年1月24日降至-8.1℃（实测），连续3天气温在-5℃以下，且在此之前为连续4天的雨雪天气。

5.6.4　安全性分析

(1) 裂缝成因分析。通过现场检测，初步判断T梁纵向裂缝、渗水析白病害的产生与预应力管道中的水存在主要关联，预应力的张拉效应也是因素之一。具体分析如下：

1) 预应力管道内水的冻胀。根据闵浦大桥健康监测方提供的桥位处近6年的温度数据，以及搜集到的天气气象记录调查后发现，存在多个零度以下天气（0~-4℃），尤其出现过“极端”低温天气。

在这种条件下，预应力管道里的水容易发生冻胀静爆，引起管道内外混凝土受冻胀力作用，加之T梁马蹄部位预应力筋布置密集，冻胀应力叠加后超过混凝土抗拉强度引起混凝土开裂，表现为沿预应力管道走向的裂缝。

2）预应力张拉效应。由于泊松效应，纵向预应力张拉施工会引起混凝土横向拉应力，在强度没有完全达到设计要求的情况下可能产生细微裂缝，裂缝一般沿预应力管道走向。

3）波纹管内水的来源。预应力管道里的水有两种来源可能：一为水泥浆泌水，现场钟乳石的存在说明渗水持续了相当长的时间，仅靠管内灌浆产生的泌水无法形成；二为外部进水，则进水部位可能位于两处封锚端，一处为近梁端侧的顶板顶面铺装层以下，一处在梁端头侧壁。

综合以上分析可知，在上海的雨雪、低温条件下，预应力管道里的水发生冻胀是导致T梁纵向裂缝、渗水析白的主要原因，同时也存在施工期间预应力张拉引起混凝土横向拉应力细微裂缝的因素。

（2）安全性鉴定结论。

1）预应力混凝土T梁混凝土强度满足设计要求，T梁梁底目前未见横向受力裂缝，梁底钢筋保护层平均厚度基本在23.6～40.7mm，对典型病害桥跨梁底线形抽查的结果未见异常，由此可知，目前桥梁结构承载能力未见明显恶化，尚能满足原设计及规范的要求。

2）预应力管道内存在空隙，管道内水顺空隙向下流动，在一段时间内会积存在孔道低处，当遇到低于冰点的气温时，水将冻结成冰并膨胀，而T梁下部马蹄内部孔道密集，因此，密集的体积膨胀导致顺预应力孔道走向的裂缝发生，冰融化后，水会顺着开裂处排出，而冻融循环将导致裂缝逐年发展，水与混凝土裂缝的存在会加速混凝土的劣化，并导致钢绞线发生锈蚀，从而引发严重的耐久性问题。

5.6.5　处理意见

预应力T梁病害的存在主要由于水及预应力管道内水的冻胀引起，沿预应力走向的裂缝析白会加速混凝土的劣化，波纹管内存在的走水通道会造成钢绞线的锈蚀，这都对结构耐久性不利，因此需要采用维修加固的方法进行处理。

（1）阻断管内走水通道，防止管道内的水不断得到外部补充，导致钢绞线及混凝土长期受水侵害。

（2）对T梁裂缝进行封闭，对裂缝表面涂刷渗透结晶型浆料进行修补或进行压力注浆，施工应严格按相关工艺进行。

（3）对于T梁马蹄部位存在混凝土剥离的，应及时清除防止高空坠物对行人及车辆造成安全影响。

（4）加固方案需经过桥梁原设计单位和专家论证，建议在正式方案确定前，在现场选定某一桥跨进行工艺试验，对施工工艺的可行性和效果进行确认后再推广至全部病害桥跨。

5.7 某厂房墙体裂缝及基础梁裂缝

5.7.1 工程概况

某厂房结构形式为单层混凝土排架结构，建筑安全等级为二级，抗震重要性类别为丙类，建筑物抗震设防烈度为7度，设计使用年限为50年。吊车吨位最大为16t，最大跨度为22.500m。厂房剖面示意图见图5-39，厂房内部见图5-40。

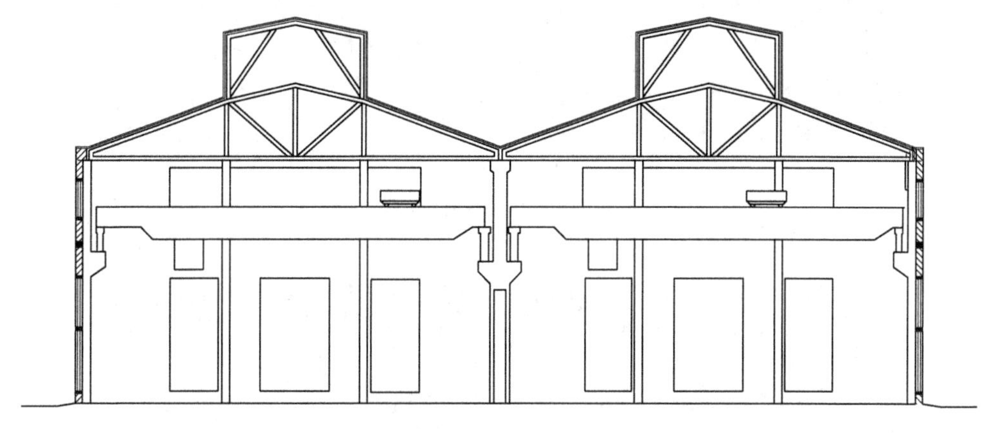

图5-39 厂房剖面示意图

图5-40 厂房内部详图

5.7.2 现场检查

（1）墙体、梁的开裂及检测。本建筑物始建于2003年，于2008年在A轴线交4轴~11轴线部分墙体及基础梁出现开裂情况，见图5-41。2013年，A轴线交4轴~11轴线部分墙体继续开裂，A轴交8~9轴线的柱间支撑出现变形，见图5-42。

(a)

(b)

图 5-41　2008 年墙体开裂图

(a)

(b)

图 5-42　2013 年墙体开裂图

根据现场检测条件，分别于 2008 年 10 月 27 日和 2013 年 7 月 12 日对第一联合车间 A 轴线交 4 轴～11 轴线的独立基础的沉降进行了检测，检测方法为测量 0.00 以上标高 1300mm 处的水准线至吊车梁顶标高的距离，检测数据见表 5-21。

表 5-21　独立基础沉降检测结果

检测位置 / 检测时间	A 轴交 4 轴柱	A 轴交 5 轴柱	A 轴交 6 轴柱	A 轴交 7 轴柱	A 轴交 9 轴柱
2008 年	6570	6560	6560	6550	6570
相对沉降差	20	10	10	0	20

续表 5-21

检测位置 / 检测时间	A 轴交 4 轴柱	A 轴交 5 轴柱	A 轴交 6 轴柱	A 轴交 7 轴柱	A 轴交 9 轴柱
2013 年	6526	6516	6521	6521	6546
相对沉降差	-5	5	0	0	5

注：沉降值测量值均为 0.00 以上标高 1.3m 处水准线至吊车梁顶标高。

（2）基础梁开裂。第一联合车间 A 轴线柱下基础采用人工挖孔灌注桩+桩基承台，桩端持力层为中风化板岩（极限端阻力标准值为 8000kPa），全断面嵌岩深度 500mm，地质剖面情况相对位置示意图见图 5-43。

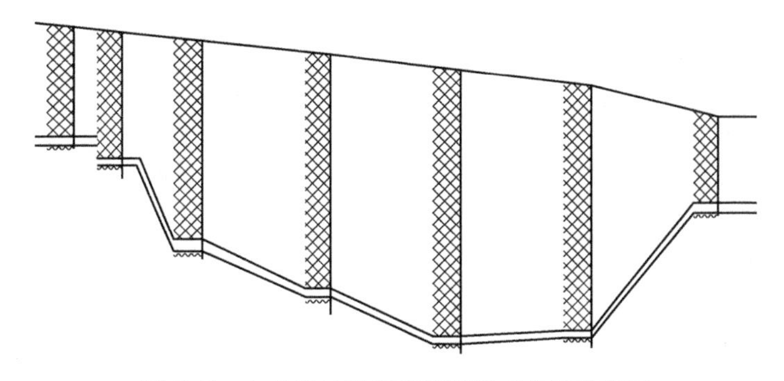

图 5-43　A 轴线地质剖面情况相对位置示意图

5.7.3　现场检测

现场抽取相关构件，检测得混凝土强度、钢筋配置及混凝土保护层都符合要求。

5.7.4　安全性分析

通过对第一联合厂房墙体裂缝的观察及分析，以及对厂房柱基沉降测量数据和地勘报告相关数据的分析，初步判断导致墙体裂缝及柱间支撑变形的主要原因是基础的不均匀沉降，2008 年以前不均匀沉降较大，2013 年不均匀沉降逐渐稳定。

因 A 轴柱基采用人工挖孔灌注桩基础，设计要求桩端进入中风化板岩不少于 0.5m，即嵌入较硬的岩石中，按地勘报告提供的数据计算，桩承载力（特征值）达 400t，而桩上竖向力不到 50t，远小于桩的承载力，照理桩沉降应很小，从设计计算是不应当产生如此大的沉降变形。

经过进一步对桩端持力层的分析，桩端持力层为中风化板岩，中风化板岩遇水会崩解，最有可能的原因为桩孔成孔以后受到外部来水的浸泡，或后期桩端持力层中风化板岩受水侵蚀，岩层软化，引起桩基不均匀沉降。从而引起上部结构开裂，以及柱间支撑产生变形。

5.7.5 处理意见

应本着先处理地基不均匀沉降再处理裂缝的原则，建议：

（1）对不均匀地基沉降一般可采用桩基托换加固方法来加固，即沿基础两侧布置灌注桩，上设抬梁，将原基础圈梁托起，防止地基继续下沉。也可以采取注浆加固处理防止地基继续沉降。

（2）对开裂墙体及基础梁进行灌浆处理并用钢丝网封闭，并对基础梁进行加固处理。

6 案例分析——其他类型裂缝

6.1 某市西立交桥裂缝

6.1.1 工程概况

DK0+673.222 为某市西立交匝道桥，跨越了沮河和 C 匝道桥梁起点连主线桥，桩号为 K0+244.953，终点连接 C 道桥，桩号 K1+101.49，全长 856.537m。CK0+654.38 位于某市西立交桥，该桥跨越沮河，桥梁起点桩号为 CK0+178.155 与 CK0+089.078 匝道桥相接，桥梁全长为 944.91m。平面图见图 6-1，现场照片见图 6-2。

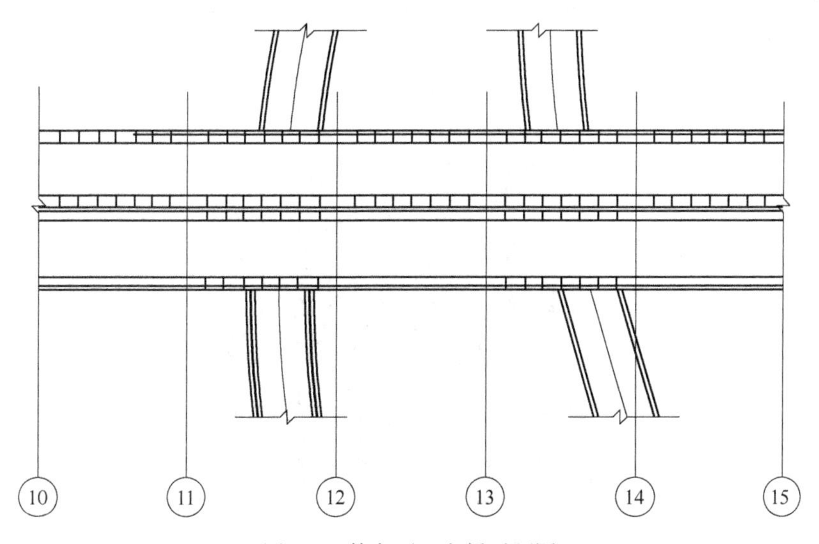

图 6-1 某市西立交桥平面图

6.1.2 现场检查

（1）原始资料检查。原始资料调查包括原设计图纸、竣工图、设计变更、工程洽商记录、历次加固改造图纸等。

（2）裂缝检查。现场检查工作依据《混凝土结构工程施工质量验收规范》

图 6-2 项目现场照片

（GB 50204—2015）的有关规定进行，经检查发现，20 号、38 号现浇盖梁底裂缝各存在一条，横跨桥梁断面，向侧向有不同程度延伸，经调查，裂缝原因主要是新旧混凝土的搭接面，新旧混凝土的连接不好，出现混凝土酥化、脱落、裂缝现象，如图 6-3 和图 6-4 所示。

图 6-3 20 号现浇盖梁新旧搭接面混凝土

（3）现浇盖梁裂缝检测。针对这种裂缝情况，采用非金属超声波仪及裂缝宽度观测仪分别对梁底裂缝进行检测。检测方法采用超声波单面检测法，由发射探头和接受探头共同工作，首先在无缝区域测出几组超声波传播的速度，计算平均值，建立正比例关系。然后横跨裂缝区，不同跨度范围内，测出声时，计算出裂缝深度。现场检测情况见图 6-5 和图 6-6，具体检测结果见表 6-1。

图 6-4　20 号现浇盖梁侧面

图 6-5　20 号现浇盖梁新旧搭接面混凝土现场测试

图 6-6　20 号现浇盖梁侧面测试曲线

表 6-1　裂缝具体检测结果

20 号无缝区域超声波平均速度 v=4.387km/s					
位置（跨缝区）	声时/μs	跨缝长度/mm	首波幅度/dB	裂缝宽度/mm	裂缝深度/mm
20 号	75.6	300	57.40	1.6	70.7
	94.8	400	55.98	1.4	57.0
	96.0	400	55.98	1.0	66.0
	118.8	500	38.11	2.7	73.5
	117.6	500	34.96	0.6	63.6
	117.2	500	39.37	1.2	59.9
	72.0	300	48.99	1.8	49.4
	84.0	300	33.44	1.0	107.0
	82.4	300	28.94	0.6	103.9
	82.0	300	32.69	1.4	99.3
	78.0	300	31.37	0.8	82.3
	70.8	300	34.49	1.1	40.2
	72.4	300	37.84	1.2	52.2
	99.6	400	28.94	0.6	87.9
	98.4	400	30.63	1.4	81.2
	98.0	400	32.26	1.0	78.8
	96.0	400	31.82	2.3	65.9
	93.6	400	35.12	1.7	46.4

38 号无缝区域超声波平均速度 v=4.688km/s				
位置（跨缝区）	声时/μs	跨缝长度/mm	首波幅度/dB	裂缝深度/mm
38 号	129.2	600	46.06	70.7
	128.4	600	30.10	24.1
	135.6	600	34.49	105.0
	136.8	600	36.52	113.2
	132.0	600	34.96	75.7
	131.6	600	34.15	71.8
	128.4	600	33.28	24.1
	130.0	600	35.85	53.4
	132.8	600	48.94	83.0
	131.6	600	32.69	71.8

续表 6-1

38 号无缝区域超声波平均速度 v=4.688km/s				
位置（跨缝区）	声时/μs	跨缝长度/mm	首波幅度/dB	裂缝深度/mm
38 号	131.2	600	34.81	67.6
	132.4	600	36.12	79.5
	132.0	600	37.84	75.7
	129.6	600	38.06	47.8
	131.6	600	30.63	71.8
	134.4	600	32.26	96.2
	132.4	600	34.49	79.5
	129.2	600	34.15	41.4

经过现场检查发现，各位置裂缝统计如图 6-7~图 6-10 所示。

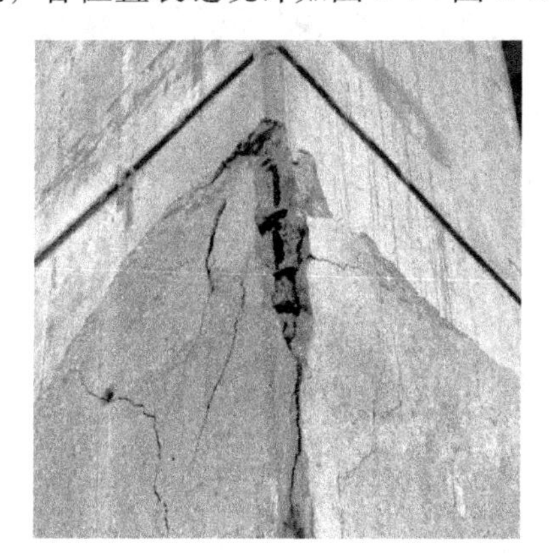

图 6-7　桥墩处混凝土开裂

图 6-8　桥墩搭接处混凝土开裂

图 6-9 立交桥桥面裂缝

图 6-10 桥墩竖向裂缝

6.1.3 现场检测

（1）混凝土强度检测。根据检测结果可得，混凝土强度推定等级为 C30，满足设计要求，见表 6-2。

表 6-2 墩柱抗压强度检测

构件编号	混凝抗压强度换算值/MPa			混凝抗压强度推定值/MPa
	平均值	标准差	最小值	
1	31.8	1.47	30.1	30.1
2	24.9	0.18	24.6	24.6
3	23.2	1.69	20.70	20.7

（2）钢筋配置检测。现场采用钢筋扫描仪对建筑物部分墩柱的竖筋数量和

箍筋间距进行抽样检测，结果详见表6-3。抽检墩柱钢筋配置基本满足图纸设计要求。

表 6-3 墩柱配筋检测结果

构件名称	测试面主筋数量		箍筋间距（加密区间距/非加密区间距）/mm	
	设计值	实测值	设计值	实测值
墩柱	短、长各4ϕ32	4根（短边）	ϕ10@100/200	100/208
	短、长各4ϕ32	4根（短边）	ϕ10@100/200	92/185

（3）混凝土保护层检测。根据表6-4，抽检墩柱混凝土保护层厚度基本满足图纸设计要求。

表 6-4 墩柱保护层厚度检测结果

构 件 名 称	保护层厚度/mm
墩柱	30
	28

（4）混凝土碳化深度检测。混凝土碳化深度和钢筋锈蚀情况检测结果，见表6-5。

1）构件混凝土碳化深度实测值为4.0~8.0mm；

2）经剔凿检查，未见混凝土内部钢筋有锈蚀现象；

3）现场混凝土构件有较厚抹灰层封闭表面，对结构耐久性有利。

表 6-5 墩柱混凝土碳化深度检测结果

构 件	碳化深度/mm
墩柱	8.0
	5.5
	7.5
	6.5

6.1.4 安全性分析

经对某市西立交DK0+673.222、CK0+654.38匝道桥20号、38号桥墩现浇盖梁裂缝情况检测，得出以下检测结论：某市西立交20号桥墩现浇盖梁底裂缝宽度在0.6~2.7mm之间，裂缝深度在46.4~107mm之间，新旧混凝土搭接面密实性不好；某市西立交38号桥墩现浇盖梁底裂缝深度在24.1~113.2mm之间。

6.1.5 处理意见

对出现的裂缝进行注浆加固处理，以保证桥梁的使用安全，防止断裂。

6.2 某跨河桥梁裂缝

6.2.1 工程概况

某跨河桥梁原宽度为10.75m，后进行扩建。桥梁由新旧两幅组成，两幅总宽度均为10.75m，桥面具体布置为：1.75m（人行道）+8.5m（车行道）+1m（中央分隔带）+8.5m（车行道）+1.75m（人行道）=21.5m。桥全长：156.3m。扩建新桥上部结构采用30号钢筋混凝土空心板梁，下部结构采用原旧桥下部基础，在5号西，10号东侧各加一排400mm×400mm钢筋混凝土打入桩8根，上连一新盖梁，桩打入含卵石粗砾砂石，入该层深度约1m。老盖梁加厚400mm。桥面为混凝土桥面，桥面横坡为双向坡，坡度为1%。设计荷载：汽-20，挂-100。平面示意图如图6-11所示，现场照片如图6-12所示。

2016年12月，桥梁检测专家组在某市区政府维修管理部门协助下，对该桥梁进行技术状况检查发现（检测方式主要为目测），跨河桥桥面铺装损坏严重，伸缩缝功能基本失效，板梁、盖梁表面混凝土剥落较严重，并出现裂缝。

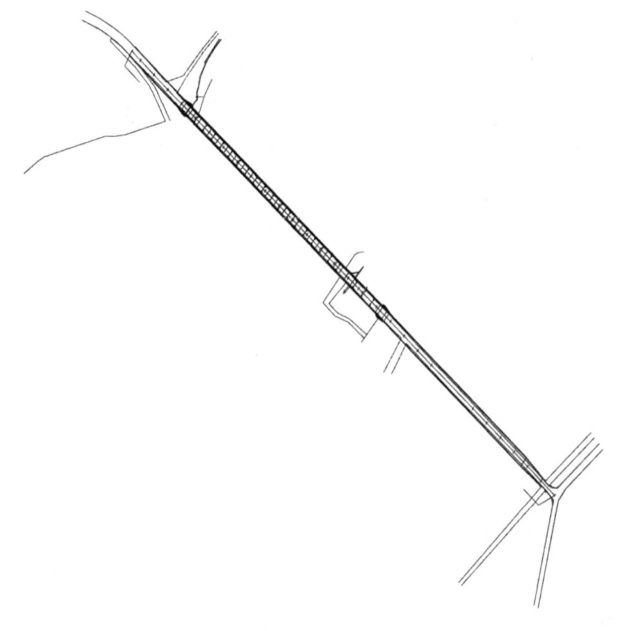

图6-11 某跨河桥平面示意图

图 6-12 项目现场照片

6.2.2 现场检查

（1）原始资料检查。原始资料调查包括原设计图纸、竣工图、设计变更、工程洽商记录、历次加固改造图纸等。

（2）裂缝检查。

1）桥面系。跨河桥桥面系主要检查结果为：相邻墩柱接缝处路面铺装普遍网状开裂，有修补痕迹，且存在坑槽；6 处桥面铺装存在碎裂现象；L5、L12 桥面存在纵向裂缝，裂缝长度约全跨长；旧桥设置两条伸缩缝，一条缝内通长填满异物，一条被路面铺装覆盖，止水带普遍破损，两条伸缩缝均基本失效；新桥未设伸缩缝；人行道栏杆表面油漆层普遍剥落，南侧栏杆表面出现锈斑；人行道铺装局部松动、缺失，旧桥 DZ5 位置人行道铺装拱起、开裂；排水孔普遍堵塞，桥面排水不畅。

2）上部结构。跨河桥左右幅均为 13 跨，每跨 16 片板梁，共计 208 片钢筋混凝土空心板梁。主要检测结果：旧桥相邻两板梁铰缝间普遍塞满编织袋或其他异物；新桥相邻板梁与旧桥相同，铰缝间普遍塞满编织袋或其他异物；旧桥板梁底部钢筋锈蚀情况较新桥严重；新桥第一跨 L1-16 板梁底部钢筋锈蚀严重，翼缘分布筋普遍锈胀，且存在横向贯穿裂缝，板梁 L1-16 严重损坏；新桥第 1 跨板梁普遍变形，与相邻板梁相比，最大跨中挠度约 30mm；新、旧桥板梁底部均存在渗水现象，局部位置碱化严重。

3）下部结构。

① 支座。全桥采用板式橡胶支座，支座现状较差，起鼓明显，支座下钢板发生层状锈蚀。

② 盖梁。跨河桥左右幅均有 14 片盖梁。主要检查结果：盖梁侧面普遍存在横向裂缝，多道盖梁侧面沿箍筋方向存在锈胀裂缝；盖梁底部混凝土保护层普遍

大面积脱落，钢筋锈蚀严重，部分钢筋锈断；混凝土露筋锈蚀的总面积与整个梁底表面积之比大于 2%。现场盖梁裂缝见图 6-13～图 6-16。

图 6-13　GL2-1 梁侧面裂缝

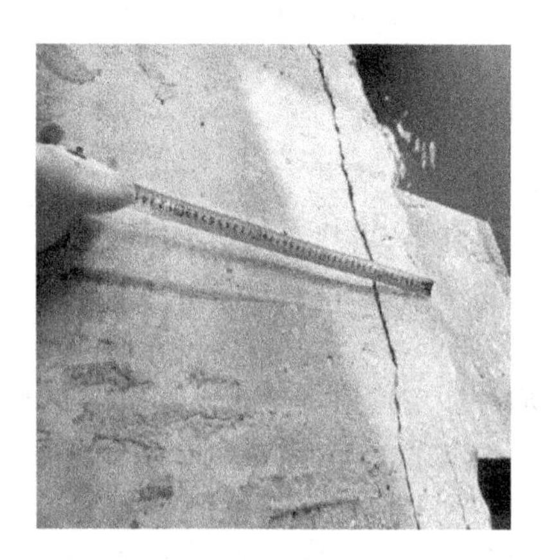

图 6-14　GL4-1 梁侧面底部裂缝

图 6-15　GL4-2 侧面竖向裂缝

图 6-16 GL7-2 底部钢筋锈蚀

4）墩柱。跨河桥共有 13 个墩位，每隔墩位有 8 个墩柱，从南到北依次编号 1~8 号墩柱。1~6 号墩柱为旧桥墩柱，7、8 号墩柱为新桥墩柱。主要检查结果为：新桥墩柱普遍存在环向网状裂缝或竖向裂缝；新桥墩柱钢筋锈蚀部位混凝土普遍开裂、剥落；旧桥墩柱表面存在细微竖向裂缝；旧桥局部墩柱存在缺棱掉角现象；所有墩柱表面冲刷较为严重，旧桥表面普遍有小气孔，局部不平整。缺陷照片见图 6-17~图 6-20。

图 6-17 DZ1-4 墩顶多条竖向裂缝

6.2.3 现场检测

（1）抽样方法和数量。构件无损检测的抽样数量依据《建筑结构检测技术标准》（GB/T 50344—2004）。抽样位置遵循如下原则：外观检测中发现病害、破损较严重的区域；结构受力较不利的区域；其他区域随机抽样。构件数量及抽样数量见表 6-6。

图 6-18　DZ2-7 网状裂缝

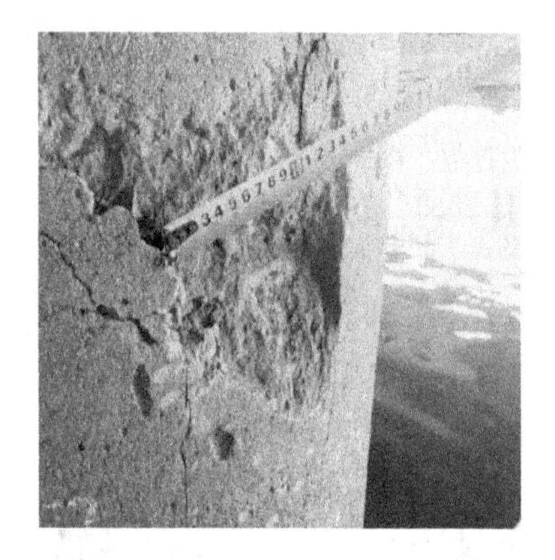

图 6-19　DZ2-7 表面混凝土剥落

图 6-20　DZ2-8 环向钢筋局部锈蚀

表 6-6　构件数量及抽样数量

序号	构件名称	构件数量	抽检数量	
			混凝土强度检测	混凝土保护层厚度检测
1	板梁（新）	104	20	8
2	板梁（旧）	104	20	8
3	盖梁（新）	13	4	2
4	盖梁（旧）	13	4	2
5	墩柱（新）	28	9	5
6	墩柱（旧）	84	14	5

注：混凝土强度检测抽样数量依据《建筑结构检测技术标准》（GB/T 50344—2004）B 类抽查要求；
混凝土保护层厚度检测依据《建筑结构检测技术标准》（GB/T 50344—2004）A 类抽查要求。

（2）混凝土抗压强度检测。现场采用回弹法对跨河桥板梁、盖梁、墩柱进行抽样检测，现场检测数据依据《建筑结构检测技术标准》（GB/T 50344—2004）进行分析处理。检测结果表明，跨河桥盖梁、墩柱混凝土强度推定值能满足原设计 C30 的要求，后续计算取 C30，其余构件设计强度不详，后续计算按现场实测数据取值，见表 6-7。

表 6-7　混凝土抗压强度检测结果

构件名称	强度平均值/MPa	标准差	构件强度推定值/MPa
板梁	35.58	1.02	33.9
盖梁	35.68	0.58	34.7
墩柱	35.20	0.44	34.5

（3）钢筋配置检测。现场采用钢筋扫描仪对板梁、盖梁、墩柱和板面的钢筋数量和箍筋间距进行抽样检测。抽检部分钢筋配置基本满足图纸设计要求，抽检部分钢筋配置见表 6-8。

表 6-8　钢筋配置检测结果

板底短向受力筋间距/mm		板底长向受力筋间距/mm	
设计值	实测平均值	设计值	实测平均值
ϕ8@200	185	ϕ8@120	100
ϕ8@200	205	ϕ8@120	127
ϕ8@200	211	ϕ8@120	116
ϕ8@200	196	ϕ8@120	108
ϕ8@200	208	ϕ8@120	128
ϕ8@200	223	ϕ8@120	130

（4）混凝土保护层厚度检测。采用电磁感应法检测钢筋保护层厚度，每个构件选取 7 个测点，板梁（旧桥）混凝土保护层厚度推定区间为［11，14］mm，上下限差值（3mm）大于均值的 10%，故取最不利的检测值 13mm 作为板梁（旧桥）混凝土保护层厚度检测值；板梁（新桥）混凝土保护层厚度推定区间为［15，17］mm，上下限差值（2mm）小于均值的 10%；盖梁（旧桥）混凝土保护层厚度推定区间为［9，14］mm，上下限差值（5mm）大于均值的 10%，故取最不利的检测值 13mm 作为盖梁（旧桥）混凝土保护层厚度检测值；盖梁（新桥）混凝土保护层厚度推定区间为［5，11］mm，上下限差值（6mm）大于均值的 10%，故取最不利的检测值 10mm 作为盖梁（新桥）混凝土保护层厚度检测值；墩柱（旧桥）混凝土保护层厚度推定区间为［32，37］mm，上下限差值（5mm）小于均值的 10%；墩柱（新桥）混凝土保护层厚度推定区间为［33，37］mm，上下限差值（4mm）小于均值的 10%。

盖梁（新桥）主筋保护层厚度设计值为 30mm，墩柱（新桥）主筋保护层厚度设计值为 60mm，其余各构件主筋保护层厚度均不详。新桥盖梁、墩柱混凝土保护层厚度均不满足要求；跨河桥位于海边高盐环境，规范要求混凝土构件的最小保护层厚度为 60mm，该桥所抽检的所有构件的混凝土保护层厚度低于规范要求，对混凝土构件耐久性有影响，如表 6-9 所示。

表 6-9 混凝土保护层厚度检测结果

构件名称	保护层厚度/mm
板梁（旧桥）	13
板梁（新桥）	16
盖梁（旧桥）	13
盖梁（新桥）	10
墩柱（旧桥）	35
墩柱（新桥）	35

（5）混凝土碳化深度检测。经现场混凝土碳化测试，跨河桥中混凝土构件的碳化深度范围为［8，24］mm。结合钢筋保护层厚度检测结果分析，目前除墩柱外，板梁、盖梁混凝土碳化对钢筋锈蚀已有影响，部分位置保护层失效，见表 6-10。

表 6-10 碳化深度记录

构件名称	碳化深度/mm
板梁（新）	12.0
板梁（旧）	15.0

续表 6-10

构件名称	碳化深度/mm
盖梁（新）	14.0
盖梁（旧）	24.0
墩柱（新）	16.0
墩柱（旧）	22.0

（6）钢筋锈蚀状况检测。为了减少钢筋锈蚀对结构造成危害，需要即时了解现有的结构中的钢筋锈蚀状态，以便对钢筋采取必要的措施进行预防，本次检测选用 ZBL-C310A 型钢筋锈蚀仪，对跨河桥混凝土构件进行了电位梯度法钢筋锈蚀抽样无损检测。测点布置示意图见图 6-21，本次检测行距、列距均为 200mm。

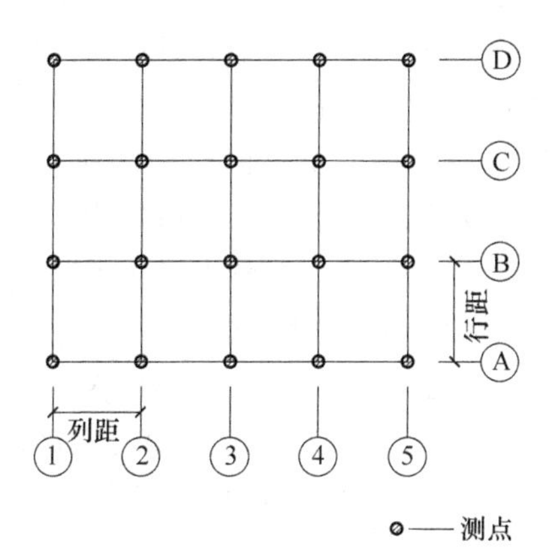

图 6-21　测点布置示意图

依据《混凝土中钢筋的检测》（JGJ/T 152—2008）中表 5.5.3 半电位值评价钢筋锈蚀性状判据：电位值≥-200mV 为不发生锈蚀的概率大于 90%；-200mV>电位值≥-350mV 为钢筋锈蚀性状不确定；电位值<-350mV 为发生锈蚀的概率大于 90%。依据此标准，可判断钢筋锈蚀情况。

现场凿开部分构件观测表明，构件主钢筋存在严重的锈蚀，与锈蚀仪所测结果基本一致。

（7）桥梁结构线形检测。现场采用全站仪对跨河桥北侧纵向线形进行测量，测量结果显示，该桥发生不均匀沉降，桥面平顺较差，不均匀沉降最大位置为 GL11，最大不均匀沉降量为 821mm，其余位置不均匀量从大到小依次为：GL2、GL8、GL3、GL12、GL10、GL1、GL7、GL9、GL4、GL5、GL6。跨河桥实测线形如图 6-22 所示。

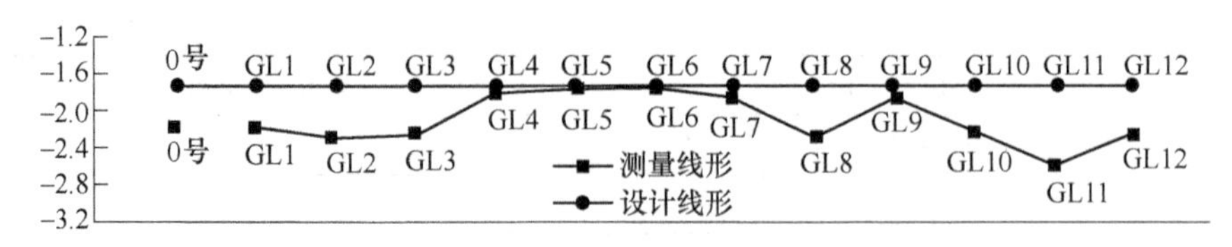

图 6-22　跨河桥线形

6.2.4　安全性分析

（1）裂缝成因分析。桥面铺装存在大量网状裂缝，主要为混凝土收缩引起的表面龟裂，即当混凝土表面水分损失快，内部水分损失慢时，混凝土表面收缩大，内部收缩小，内外产生不均匀收缩，表面收缩变形受到内部混凝土的约束，使得混凝土表面受拉，当混凝土表面的拉应力超过混凝土极限抗拉强度时，即产生裂缝。该裂缝对构件承载力影响不大，主要影响结构外观和耐久性，裂缝宽度较细，横纵交错，成龟裂状，形状没有任何规律。

盖梁上裂缝主要分布在侧面靠下及梁底，侧面裂缝形态为横向裂缝，长度约为整个梁长的1/3~2/3，主要为锈胀裂缝。分析其原因，桥梁位于海边，受海洋环境的影响，加上潮气、雾气的侵蚀，混凝土风化剥落，钢筋锈蚀，沿海地区空气中有大量游离的氯离子，加剧钢筋锈蚀速度，锈蚀产物的密度小于钢筋的密度，其在钢筋与混凝土的交界面产生明显的体积膨胀，对钢筋周边混凝土施加强大的锈胀力，导致锈胀裂缝而产生。该裂缝伴随着钢筋锈蚀而发生，由于锈蚀，使得钢筋有效截面面积减小，钢筋与混凝土的握裹力削弱，使得结构承载力下降，影响结构安全性。

墩柱柱顶普遍存在竖向平行裂缝，伴随环向网状裂缝。裂缝产生的原因受多种因素影响，主要原因有：1）受力裂缝。由于钢筋的弹性模量大于混凝土的弹性模量，在相同的荷载作用下，钢筋的压应力比混凝土的压应力增加得快。墩柱柱顶受纵向压力，在该力作用下促使柱轴向收缩，侧向膨胀，在柱表面形成环向拉力。随着荷载的增大，环向拉力增加，致使混凝土表面出现平行于受力方向的裂缝。2）温度变化产生的裂缝，因混凝土内外温度存在差异，造成内外热胀冷缩程度不一，使混凝土内部产生压应力，而表面产生拉应力，当拉应力大于混凝土极限抗拉强度时，混凝土表面即产生裂缝。3）混凝土收缩产生的裂缝，即混凝土在不受外力作用下，由于自发收缩而产生拉应力，造成混凝土产生的裂缝。4）钢筋锈蚀产生的锈胀裂缝。

（2）鉴定结论。根据桥梁完好状况评估结果，跨河桥为 D 级桥，处于不合格状态。

6.2.5　处理意见

清理桥台，修补桥体破损部分，疏通桥上各排水孔，该桥桥台、墩柱存在严重的不均匀沉降，钢筋锈胀锈断，造成严重的结构开裂，不再适合承载。建议进行特检，根据特检报告，对该桥进行顶升、墩柱和梁体的加固设计、施工，建议对该桥加强定期检测。

6.3　某人字形桥梁裂缝

6.3.1　工程概况

某人字形桥建成于 2006 年，位于两河交汇处，桥面布局呈“人”字形。上部结构为三岔混凝土预应力连续箱梁，下部结构为钢筋混凝土墩柱，使用板橡胶支座。桥面交点处为固结墩，墩柱直径为 1.8m，为挖孔桩，地面以上高度约为 4m；北侧和东侧分桥为两跨连续梁，各有一活动中间墩柱，为挖孔桩，使用板式活动支座；西南分桥为单跨，在桥台处以板式支座支承。桥面为石材铺装，两侧设汉白玉栏杆，桥梁三个入口处各设步行台阶，设计荷载为人行荷载。平面示意图如图 6-23 所示，整体外观图如图 6-24 所示。

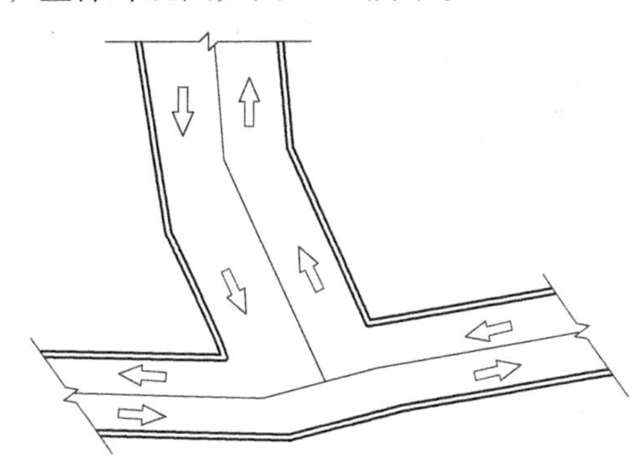

图 6-23　某人字桥平面示意图

图 6-24　某人字桥整体外观图（北视）

2015年发现固结墩柱出现了4条较大的竖向裂缝，裂缝高度从地面起约为2m，沿墩柱均匀分布，位于两个垂直桥面的两侧。北桥的北跨和东桥的东跨跨中出现了多条明显的横向锈胀裂缝。

6.3.2　现场检查

（1）原始资料检查。原始资料调查包括原设计图纸、竣工图、设计变更、工程洽商记录、历次加固改造图纸等。

（2）裂缝检查。

1）墩柱裂缝。墩柱裂缝主要发生在固结墩柱DZ1上。共检测出4条较大的主要竖向裂缝，裂缝高度从地面起约为2m，沿墩柱均匀分布，位于两个垂直桥面的两侧，最大宽度约4mm，最大深度达250mm以上，见图6-25。

图6-25　DZ1柱竖向裂缝

经现场检测，DZ2、DZ3暂未发现可见受力裂缝。因墩柱位于河道内，地面以下水位较高，因此无法向下开挖以检测裂缝向下延伸情况，但可以判定，地面以下的裂缝长度会超过2m，且有一定的环向裂缝。

2）箱梁裂缝。经检测，在第3跨（分桥1边跨）和第5跨（分桥2边跨）的跨中各出现了一条贯通的横向梁底受力裂缝，此处钢筋出现了一定的锈胀现象，裂缝处存在渗水现象；此外，经检测，两个边跨的跨中段梁底附近同时出现多条平行的横向贯穿裂缝，如图6-26所示。

从裂缝分布来看，L5跨（东桥边跨）跨中一定范围内出现了多条横向平行的贯穿裂缝，裂缝在跨中宽度较大，符合受力裂缝的特征。由于桥面排水不畅，可能导致箱梁内积水、桥体浸水，跨中处梁体内钢筋锈胀情况明显。L3跨处也有类似情况。

现场对裂缝宽度进行了检测，检测结果见表6-11。

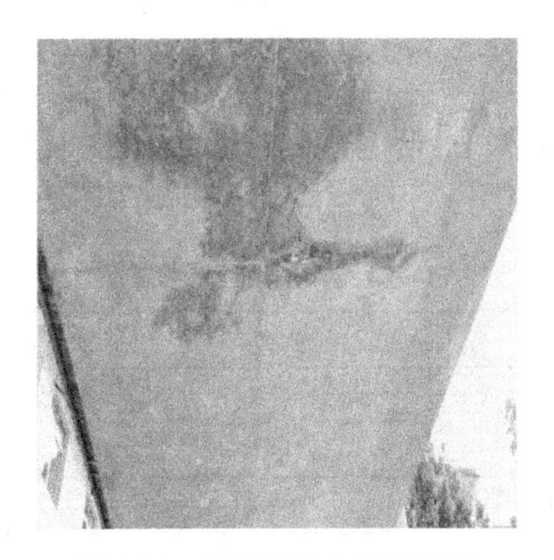

图 6-26 第 3 跨跨中梁底裂缝

表 6-11 墩柱裂缝检测结果 (mm)

裂缝编号	构件位置	主要裂缝数量	基本走向	裂缝形态	一般裂缝宽度	最大裂缝宽度	最宽裂缝深度
1	DZ1	1	竖向	下宽上窄	>1	4.52	>250
2	DZ1	1	竖向	下宽上窄	<0.4	3.51	>200
3	DZ1	1	竖向	下宽上窄	<0.4	4.32	>250
4	DZ1	1	竖向	下宽上窄	<0.4	3.28	>200

经过现场检查发现，DZ1 位置裂缝如表 6-12 所示。

表 6-12 裂缝分布示意图

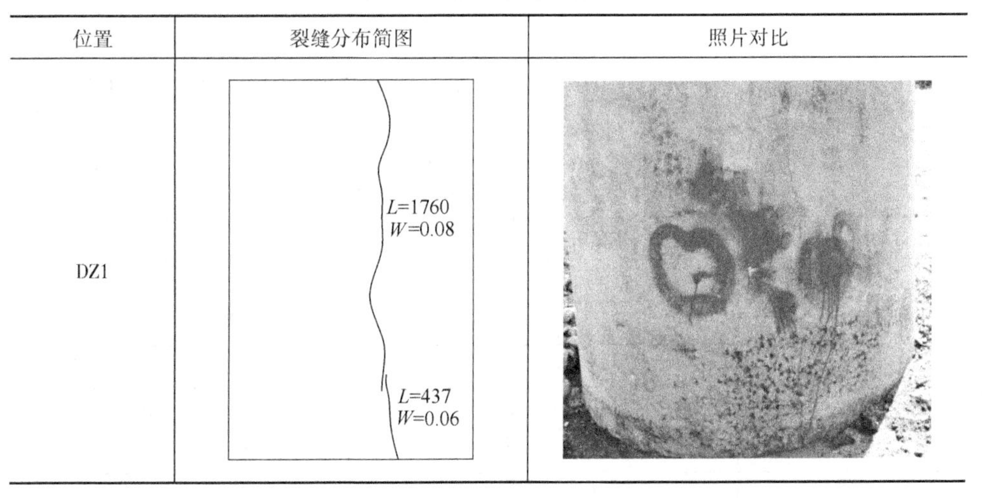

位置	裂缝分布简图	照片对比
DZ1	L=1760 W=0.08 L=437 W=0.06	

6.3.3　现场检测

（1）混凝土强度检测。根据检测结果和表6-13可得，混凝土强度推定等级为C30，满足设计要求。

表6-13　墩柱抗压强度检测

构件编号	混凝土抗压强度换算值/MPa			混凝土抗压强度推定值/MPa
	平均值	标准差	最小值	
1	31.8	1.47	30.1	30.1
2	24.9	0.18	24.6	24.6

（2）钢筋配置检测。现场采用钢筋扫描仪对某人字形桥板梁、盖梁、墩柱的钢筋数量和箍筋间距进行抽样检测。抽检部分钢筋配置基本满足设计图纸的要求，部分检测结果见表6-14。

表6-14　钢筋配置检测结果

构件名称	测试面主筋数量		箍筋间距（加密区间距/非加密区间距）/mm	
	设计值	实测值	设计值	实测值
板梁	2ϕ20	2	ϕ8@100/200	100/188
	6ϕ25 2/4	6	ϕ8@100/200	107/196
	3ϕ20	3	ϕ8@100/200	99/174
盖梁	6ϕ25 2/4	6	ϕ8@100/200	122/211
	2ϕ20	2	ϕ8@100/200	110/208
	2ϕ20	2	ϕ8@100/200	106/223

（3）混凝土保护层检测。本次所抽检的20个构件钢筋混凝土保护层合格点为94%，且不合格点的最大偏差均不大于允许偏差的1.5倍，均满足规范要求，如表6-15所示。

表6-15　混凝土保护层厚度检测结果

构件编号	保护层厚度/mm	构件编号	保护层厚度/mm
1	30	7	22
2	28	8	26
3	29	9	25
4	31	10	26
5	24	11	12
6	27	12	28

续表 6-15

构件编号	保护层厚度/mm	构件编号	保护层厚度/mm
13	35	17	28
14	25	18	33
15	29	19	37
16	24	20	31

（4）混凝土碳化深度检测。指示剂采用 75%的酒精溶液与白色酚酞粉末配置成酚酞浓度为 1%~2%的酚酞溶剂，装在喷雾器内。用装有 20mm 直径钻头的冲击钻在测点位置钻孔，清除孔内的粉末后，将酚酞试剂喷在混凝土新茬的侧壁上，试剂从无色变为紫红色时说明混凝土未碳化，试剂未改变颜色处的混凝土已经碳化，见表 6-16。

表 6-16　碳化深度记录

构　件	碳化深度/mm
1	2.0
2	1.5
3	1.5
4	2.5
5	1.5
6	1.0
7	1.0
8	1.5
9	2.0
10	1.5

（5）柱垂直度检测。依据国家标准《混凝土结构工程施工质量验收规范》（GB 50204—2002）2011 年版，采用全站仪对发生最大病害的 DZ1 固结墩柱的垂直度进行检测，判断墩柱的倾向方向以及受力特征。检测结果见表 6-17。

表 6-17　墩柱垂直度检测结果

构件位置	东侧/mm	北侧/mm	允许偏差（H/1000）/mm
DZ1	0.436	0.211	柱高 2000mm 允许偏差 2.0mm
其他	—	—	

由表 6-17 可知，该楼柱垂直度的检测结果满足国家标准《混凝土结构工程施工质量验收规范》（GB 50204—2002）2011 年版的有关要求。

（6）墩柱沉降检测结果。采用全站仪对全桥的平面线形进行检测，以箱梁底部作为基准，对桥台、墩柱处以及各跨中梁底处的高程进行测量，测量值和相对值的检测结果见表6-18。

表 6-18 主梁平面曲线检测结果

测量点	检测值/m	相对值/mm	备 注
$P1$	2.207	-0.098	
$P2$	2.256	-0.049	
$P3$	2.305	0.000	参考点
$P4$	2.314	0.009	
$P5$	2.279	-0.026	
$P6$	2.296	-0.009	
$P7$	2.301	-0.004	
$P8$	2.298	-0.007	
$P9$	2.238	-0.067	
$P10$	2.237	-0.068	
$P11$	2.305	0.000	

根据上述相对沉降值，绘出了分桥1-2、分桥1-3的沉降竖曲线，见图6-27。

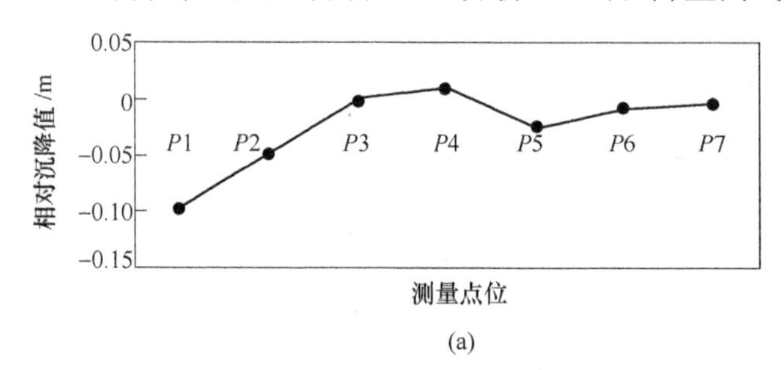

(a)

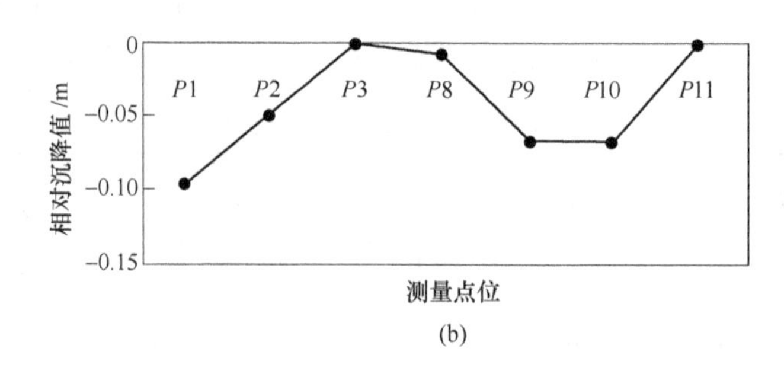

(b)

图6-27 全桥沉降竖曲线

（a）分桥1-2沉降曲线；（b）分桥1-3沉降曲线

从图6-27可以看到，最大不均匀沉降发生在0号桥台处，达到0.098m；北侧分桥2中间墩最大相对沉降达到0.026m；东侧分桥3中间墩最大相对沉降达到0.068m。

6.3.4 安全性分析

（1）裂缝成因分析。

1）柱裂缝。从线形测量数据来看，0号桥台、DZ2和DZ3发生严重的不均匀沉降。从墩柱的支承情况来看，桥梁三岔口处的DZ1与箱梁是固结的，而其他两个墩柱的支座为板式支座，因此0号桥台、DZ2和DZ3的共同沉降作用，导致固结柱DZ1产生明显的附加弯矩。DZ1在轴压、附加弯矩的共同作用力超过了其承载极限，因而造成了现状。这从裂缝出现的位置也可以看出来，与分桥1、分桥2的弯矩方向基本吻合。

其次，从现场检测情况来看，墩身的裂缝会向地面以下断续延伸到较大长度，且极有可能出现环状受力裂缝。

2）箱梁裂缝。以东侧的分桥2为例，中间墩DZ3发生明显的不均匀沉降后，会引起DZ1和5号台之间产生相当大的附加挠度，最大值达0.068m，远远超过挠度的容许值，导致箱梁底部的裂缝进一步增大。

（2）鉴定结论。墩柱、梁体已发生较大的裂缝，裂缝宽度已严重超限；0号台、DZ2、DZ3发生了严重的不均匀沉降，使DZ1及部分箱梁的受力超过其承载能力极限；结构体系设计不合理，DZ1处于三梁相交处，由于三个分跨跨度不等，不均匀沉降或桥面偏载易使墩柱承受较大的弯矩；该人字形桥评级为“不合格”，不再适合承载。

6.3.5 处理意见

清理桥台、梁体两侧杂草，修补破损护坡；清理伸缩缝杂物，疏通桥上各排水孔；该桥桥台、墩柱存在严重的不均匀沉降，造成严重的结构开裂，不再适合承载。建议进行特检，根据特检报告，对该桥进行顶升、墩柱和梁体的加固设计、施工；建议对该桥加强定期检测。

6.4 某市地铁区间主体结构裂缝

6.4.1 工程概况

某市地铁9号线区间位于南四环外尚未开发的农田、河道、苗圃以及民房区域。区间主体整体施工难度较大。区间施工分别采用明挖法及矿山法施工。区间两端采用明挖法施工，中部单洞单线部分采用矿山法施工。竣工验收后，该区间正常投入地铁运营。区间平面图见图 6-28，区间二衬钢筋配置图如图 6-29 所示。

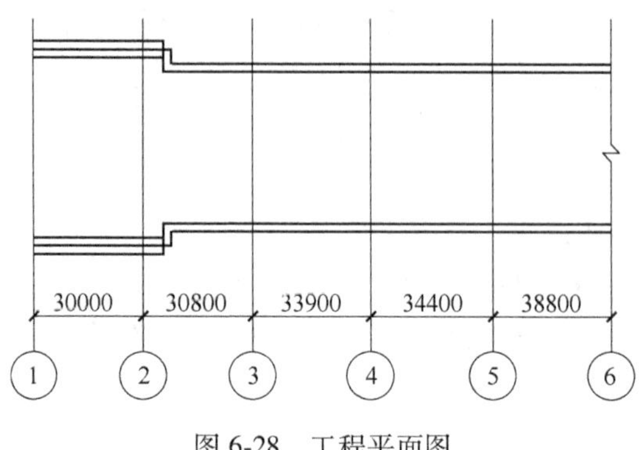

图 6-28 工程平面图

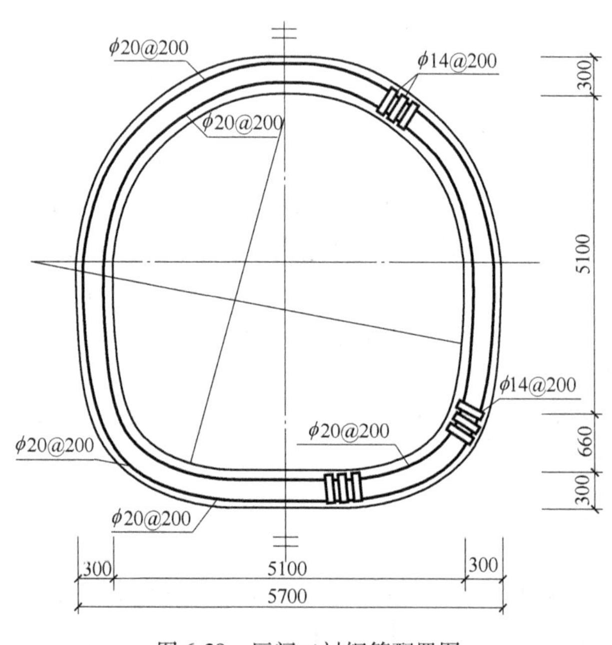

图 6-29 区间二衬钢筋配置图

6.4.2 现场检查

（1）原始资料调查。检测鉴定工作的范围为地铁 9 号线区间上行 K1+450~K1+250（见图 6-28），对区间结构在现有条件下的性能进行鉴定。

（2）现场裂缝检查。本次检测对区间里程检测范围内裂缝宽度 $\delta \geqslant 0.05$mm 区间主体结构的裂缝进行测量。

用粉笔对满足宽度要求的裂缝进行了标记，描绘裂缝的分布走向，清洁测试部位混凝土表面、使之平整无缺陷，用激光测距仪进行裂缝位置定位，用卷尺测量裂缝长度。然后采用裂缝宽度仪测量裂缝宽度，用裂缝深度测试仪在裂缝宽度最大处采用超声单面平测法检测裂缝深度，最后对裂缝与裂缝信息进行拍照。区间部分裂缝统计表见表 6-19，区间部分裂缝深度统计表见表 6-20。

表 6-19　区间部分裂缝统计表

裂缝编号	裂缝位置	裂缝宽度/mm	裂缝长度/m	裂缝数量	距地/m
YLF2	YK1+445. 8	0. 40	11. 6	1	0. 8
YLF71	YK1+381. 1	0. 25	贯通	1	1. 3
YLF72	YK1+380. 9	0. 20	2. 1	1	1. 4
YLF74	YK1+378. 6	0. 30	11. 1	多条裂缝	1. 1

注：Y 表示区间上行右墙；Z 表示区间上行左墙；G 表示区间拱顶。

表 6-20　区间部分裂缝深度统计表

裂缝位置	裂缝深度/mm
YK1+330. 8	142. 4
YK1+329. 8	100. 1
YK1+335. 7	91. 0
YK1+332. 5	124. 2
YK1+357. 9	116. 4

部分裂缝现场检查图见图 6-30 和图 6-31。

图 6-30　区间里程 K1+415. 3 拱顶处裂缝

现场裂缝检测结果：

检测范围内区间主体结构共检测 256 条裂缝，其中左线 92 条，右线 164 条。

图 6-31　区间里程 K1+387. 0 拱顶处裂缝

裂缝中环向贯通裂缝共 32 条。

区间左侧边墙：裂缝类型多为环向裂缝，裂缝宽度在 0. 15～1. 50mm 之间，深度在 56～99mm 之间，长度在 1. 6～11. 2m 之间，其中宽度最大的裂缝位于左线 K+419. 1 边墙处。

区间右侧边墙：裂缝类型多为环向裂缝，裂缝宽度在 0. 11～1. 08mm 之间，深度在 91～142. 4mm 之间，长度在 1. 6～4. 6m 之间，其中宽度最大的裂缝位于右线 YK1+387. 0 和 YK1+309. 8 边墙处。

区间拱顶：裂缝类型多为环向裂缝，裂缝宽度在 0. 35～1. 18mm 之间，其中宽度最大的裂缝位于 K1+343. 2 处。

经过对区间结构及裂缝的检查检测，主要结果描述如下：

1）大部分裂缝走势较为单一，由边墙向拱顶延伸，个别裂缝走向不规则或呈支线状；

2）裂缝分布从整体上来说，竖向、环向裂缝居多，水平裂缝较少；边墙裂缝居多，拱顶裂缝相对较少；

3）部分里程段出现环向贯通裂缝，拱顶裂缝宽度大于同断面边墙裂缝宽度；

4）区间上行右墙裂缝多于左墙裂缝；

5）检测区域内发现拱顶表面存在污渍。

6. 4. 3　现场检测

（1）混凝土强度检测。采用回弹法对本工程裂缝区域结构构件混凝土强度进行抽样检测，检测工作按照《回弹法检测混凝土抗压强度技术规程》（JGJ/T 23—2011）的有关规定执行。检测结果见表 6-21。

结构构件混凝土强度回弹值结果表明：本工程区域现浇混凝土强度推定值范围为 42. 6～45. 8MPa。

表 6-21 检测区间混凝土强度

裂缝编号	混凝土抗压强度换算值/MPa			强度推定值/MPa
	平均值	标准差	最小值	
YLF2	43.8	2.1	41.3	42.8
YLF71	46.5	2.3	44.6	45.8
YLF72	43.9	1.9	40.8	42.6
YLF74	45.7	2.6	42.2	43.3

(2) 钢筋配置检测。采用磁感仪对本工程裂缝附近结构钢筋配置情况进行抽样检测。检测工作依据《混凝土中钢筋检测技术规程》(JGJ/T 152—2008) 有关规定进行。检测结果如表 6-22 所示。

表 6-22 钢筋配置检测结果

裂缝编号	检测项目		实测值/mm
YLF2	分布筋间距	垂直方向	152
		水平方向	153
YLF71	分布筋间距	垂直方向	156
		水平方向	150
YLF72	分布筋间距	垂直方向	149
		水平方向	152
YLF74	分布筋间距	垂直方向	152
		水平方向	151

(3) 混凝土保护层检测。现场采用 PS200 钢筋雷达对该区间结构裂缝附近的钢筋保护层厚度进行了检测，检测结果见表 6-23。

表 6-23 混凝土保护层厚度检测结果

裂缝编号	检测项目		实测值/mm					
YLF2	保护层厚度	垂直方向	17	18	15	13	14	13
		水平方向	28	28	26	20	26	31
YLF71	保护层厚度	垂直方向	16	15	16	18	17	17
		水平方向	29	30	29	26	29	28
YLF72	保护层厚度	垂直方向	15	19	12	18	11	17
		水平方向	27	29	26	29	22	27
YLF74	保护层厚度	垂直方向	17	15	18	13	18	15
		水平方向	30	32	28	30	29	29

（4）混凝土碳化深度检测。现场采用酚酞试剂对该工程部分结构构件进行了碳化深度检测，检测结果见表6-24。

表6-24　混凝土碳化深度检测结果

区域	检测项目	实测值/mm
裂缝区域	碳化深度	1.5
	碳化深度	0.5
	碳化深度	1.0
	碳化深度	1.5
	碳化深度	1.5
	碳化深度	2.0

6.4.4　安全性分析

（1）裂缝原因分析。

1）地基变形或不均匀沉降作用。经过相关调研后推断，隧道区间建成投入运营后，隧道区间主体结构正上方进行过市政主干道路沥青混凝土路面及管线施工，加之周边大型商业综合体深基坑工程的施工，对已建成的区间隧道周边土体存在一定的扰动，造成区间结构产生不均匀沉降，从而产生环状裂缝。

2）荷载作用（荷载变化）。本区间结构呈现边墙裂缝居多、拱顶裂缝相对较少、裂缝宽度较大等特点，结合检测结果推断，贯通裂缝边墙宽度较小，拱顶宽度较大，基本上与荷载作用而产生的裂缝形态相符；同时考虑区间建成后，隧道主体上方进行过道路施工，区间隧道上方可能存在个别区域超载，亦可能存在土方开挖后，区间覆土层厚度减少而造成的卸载情况，隧道上方竖向荷载的变化，造成区间隧道混凝土弯矩和应力的变化。

3）温度变化。本区间隧道自建成后投入使用已3年，已经历过温度变化周期，受到一定温度变化影响。本区间隧道结构出现一些走向不规则或支线状裂缝，裂缝出现于边墙，宽度较小且无定值，长度较短，表面、深层以及贯穿这几种裂缝类型均有，符合收缩裂缝的形态分布。所以推断，区间隧道部分裂缝的产生与温度收缩有关。但温度收缩并不是产生大量环向裂缝的主要原因。

4）其他原因分析。从二衬衬砌的受力角度分析，钢筋在混凝土结构中的抗力多表现为抗弯承载力，在截面高度确定的条件下，保护层厚度加大，有效高度就减小，钢筋抗弯承载力降低，构件抗力将受到影响。因此在保证锚固、耐久性的条件下，保护层厚度应尽量取小值。二衬部分位置钢筋保护层厚度过大，这不利于二衬抗弯，容易引发裂缝。同时，如若施工过程控制不良，二次衬砌后存在空洞、二衬厚度不足或二衬厚度不均匀，均可引发隧道二衬沿走向方向存在受力差异，导致变形不协调，引起裂缝产生。现场检测时，保护层符合设计要求的区域也存在规则环向裂缝，说明部分里程段保护层施工偏差不是产生大量环向裂缝的原因。

裂缝分析结论：隧道区间混凝土的裂缝影响因素较多，推断造成裂缝的原因为地基变形或不均匀沉降作用、荷载作用（荷载变化）和温度收缩等。

（2）安全性鉴定结论。考虑到这些裂缝是在外部条件的影响下出现的，而非衬砌结构自身导致的，且这些外部作用已经卸去。经过相应的分析，该区间现处于安全状态。

6.4.5　处理意见

对于裂缝宽度小于 0.3mm 的裂缝，采用表面修补法进行修复；对于裂缝宽度较大（大于 0.3mm 且非贯通），考虑到开裂后应力释放，外界荷载变化已经趋于稳定，对此类裂缝应进行压力灌缝、裂缝封闭等正常使用性处理，以保证结构的耐久性要求。对于贯通性裂缝，应立即采取措施进行处理，并适当考虑结构补强措施。

6.5　某市地铁站主体结构裂缝

6.5.1　工程概况

某市地铁 14 号线某标准段为双层三跨拱顶直墙结构，采用一次扣拱暗挖逆作法施工，单层段主体为单层三跨平顶直墙结构，采用中洞法施工，单层段主体密贴下穿华贸中心过街通道。车站整体施工难度较大。车站断面图见图 6-32，车站一角实景图见图 6-33。

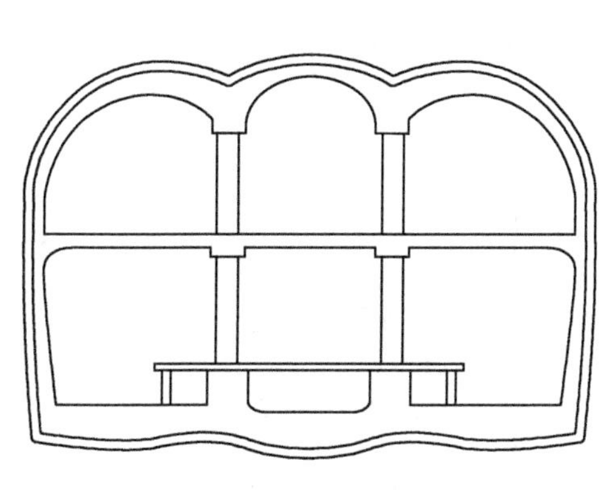

图 6-32　车站断面图

图 6-33　车站一角实景图

6.5.2 现场调查

（1）原始资料调查。由某城建设计研究总院有限责任公司设计的地铁 14 号线某站设计图纸，现保存完整。

（2）裂缝调查。经过对现场裂缝的检查，主要结果描述如下：

1）大部分裂缝走势较为单一；

2）裂缝分布从整体上来说，竖向裂缝居多，水平裂缝较少；墙底部裂缝居多，墙顶部裂缝较少；

3）车站站台层墙体裂缝长度较长，车站站厅层裂缝数量较多。

主要裂缝示意图如图 6-34 所示。

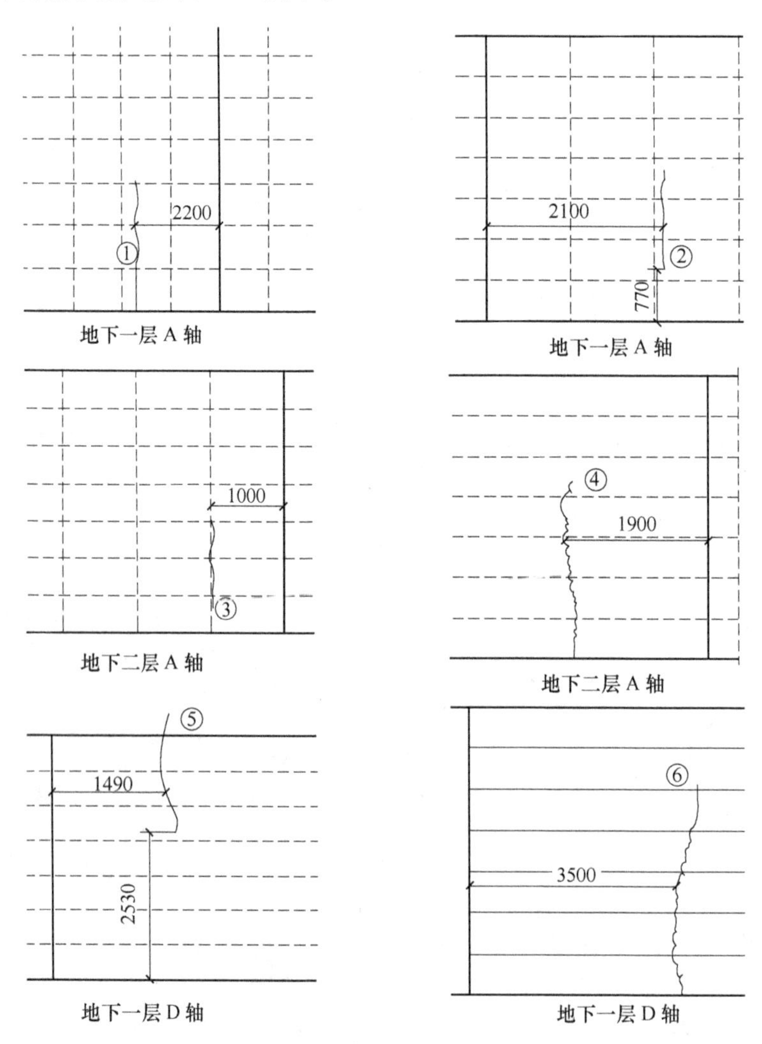

图 6-34 主要裂缝示意图

现场对该地铁某车站裂缝的检测结果：

1）大部分裂缝宽度为 0.1～0.2mm，长度为 1200～3000mm，深度10～20mm；

2）裂缝最大宽度为0.25mm，最大长度为3900mm，裂缝最大深度为28mm。

6.5.3 现场检测

（1）混凝土强度检测。采用回弹法对本工程裂缝区域结构构件混凝土强度进行抽样检测，检测工作按照《回弹法检测混凝土抗压强度技术规程》（JGJ/T 23—2011）的有关规定执行。检测结果见表6-25。

表 6-25 检测区间混凝土强度

编号	混凝土抗压强度换算值/MPa			强度推定值/MPa
	平均值	标准差	最小值	
地下一层 A 轴	42.8	2.2	40.3	41.8
地下二层 A 轴	45.5	2.1	44.6	44.8
地下一层 D 轴	44.9	1.8	42.8	43.6

结构构件混凝土强度回弹值结果表明：本工程区域现浇混凝土强度推定值范围为41.8～44.8MPa。

（2）钢筋配置检测。采用磁感仪对本工程裂缝附近结构钢筋配置情况进行抽样检测。检测工作依据《混凝土中钢筋检测技术规程》（JGJ/T 152—2008）有关规定进行。检测结果见表6-26。

表 6-26 钢筋配置检测结果

编号	检测项目		实测值/mm
地下一层 A 轴	分布筋间距	垂直方向	150
		水平方向	152
地下二层 A 轴	分布筋间距	垂直方向	152
		水平方向	152
地下一层 D 轴	分布筋间距	垂直方向	149
		水平方向	153

（3）混凝土保护层检测。现场采用 PS200 钢筋雷达对该区间结构裂缝附近

的钢筋保护层厚度进行检测，检测结果见表 6-27。

表 6-27　混凝土保护层厚度检测结果

裂缝编号	检测项目		实测值/mm					
地下一层 A 轴	保护层厚度	垂直方向	18	16	14	13	15	16
		水平方向	28	28	26	20	28	31
地下二层 A 轴	保护层厚度	垂直方向	17	13	18	17	16	18
		水平方向	29	31	28	28	29	28
地下一层 D 轴	保护层厚度	垂直方向	16	19	16	18	17	18
		水平方向	28	29	27	29	28	29

（4）混凝土碳化深度检测。现场采用酚酞试剂对该工程部分结构构件进行了碳化深度检测，检测结果见表 6-28。

表 6-28　混凝土碳化深度检测结果

区　域	检测项目	实测值/mm
裂缝区域	碳化深度	1.0
	碳化深度	1.5
	碳化深度	1.0
	碳化深度	0.5
	碳化深度	1.5
	碳化深度	2.0

6.5.4　安全性分析

（1）裂缝原因分析。经过分析认为，混凝土的收缩变形是本次检测裂缝产生的根本原因。该裂缝为收缩裂缝，为非受力裂缝，裂缝宽度较小。

（2）安全性鉴定结论。考虑到开裂后应力释放，裂缝已经趋于稳定，所以该工程处于安全状态。

6.5.5　处理意见

对于裂缝宽度小于 0.3mm 的裂缝，采用表面修补法进行修复；对于裂缝宽度较大（大于 0.3mm 且非贯通）的裂缝，采用压力灌缝、裂缝封闭法进行修复；对于贯通性裂缝，立即采取措施并进行结构补强。

6.6 某别墅住宅裂缝

6.6.1 工程概况

某别墅位于高速收费站出口往南，房主在房屋装修过程中发现墙体普遍存在开裂情况。别墅外观平面示意图及别墅外观图见图 6-35 和图 6-36。

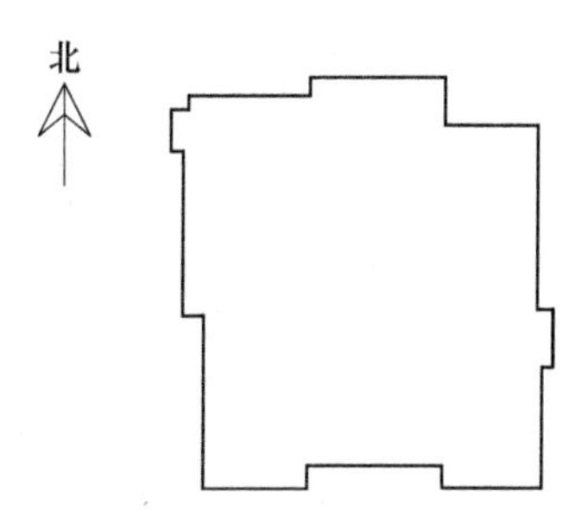

图 6-35 别墅外框平面示意图

图 6-36 别墅外观图

6.6.2 现场检查

（1）原始资料检查。该建筑物的设计图纸（建筑图、结构图）现保存完整。

（2）裂缝检查。结构现状检查主要是对基础、上部结构及围护结构进行检验。对基础的检验，应检验是否存在明显的倾斜、变形、裂缝等缺陷；对上部结构的检验，应检验上部结构是否存在由于基础不均匀沉降造成的结构构件开裂和倾斜，以及构件承载力不足造成的结构构件开裂等；对围护系统的检验，应检验围护系统是否存在影响正常使用的安全隐患等。

经现场踏勘，该别墅结构均未发现有由于地基基础不均匀沉降或地基承载力不足引起的开裂变形。

裂缝分布及描述见表 6-29。

表 6-29 裂缝分布及描述

构件位置		病害描述
地下一层	墙 7-8/B	墙体窗口左上角部斜向裂缝，在剪力墙与梁连接处，W_{max} = 2mm，L_{max} = 0.8m
		墙体窗口右下角部竖向裂缝 W_{max} = 2mm，L_{max} = 0.4m
	墙 7-8/E	填充墙门洞口角部竖向开裂
	墙 8-11/G	剪力墙暖通洞区域竖向裂缝，已封补处理
	墙 8-11/F	剪力墙与填充墙连接处竖向开裂，已封补处理
	墙 8-11/A	梁腹板存在竖向裂缝，W_{max} = 0.2mm，混凝土浇筑不实
	墙 7/F-G	剪力墙与填充墙连接处竖向裂缝，填充墙斜向裂缝
	墙 7-8/G	剪力墙与填充墙连接处竖向裂缝，填充墙斜向裂缝
首层	墙 8-10/H	墙体窗口角部竖向裂缝，在剪力墙与梁连接处，W_{max} = 0.22mm，L_{max} = 0.15m
	墙 11/G-F	填充墙窗口角部斜向裂缝
	墙 8-11/E	隔墙局部竖向裂缝
	墙 11/A-E	剪力墙、承重梁与填充墙连接处开裂
	墙 8-11/A	窗口角部竖向裂缝，在剪力墙与梁连接处
	墙 7-8/B	窗口角部斜向裂缝，在剪力墙与梁连接处
	墙 8-11/G	填充墙门洞口角部竖向裂缝
	墙 7/B-D	剪力墙与填充墙连接处竖向裂缝
	墙 8/A-D	剪力墙与填充墙连接处竖向裂缝
	墙 8/D-E	剪力墙与填充墙连接处竖向裂缝
	墙 7-8/F	门洞口角部竖向裂缝，剪力墙、承重梁与填充墙连接处开裂
二层	墙 8-11/A	剪力墙、承重梁与填充墙连接处开裂
	墙 11/A-E	剪力墙、承重梁与填充墙连接处开裂
	墙 8-11/E	剪力墙、承重梁与填充墙连接处开裂
	墙 8/A-E	剪力墙与填充墙连接处开裂
	墙 8-9/F	剪力墙、承重梁与填充墙连接处开裂
	墙 8-11/F	剪力墙、承重梁与填充墙连接处开裂
	墙 11/F-G	剪力墙、承重梁与填充墙连接处开裂
	墙 8-10/H	窗口角部竖向裂缝
三层	墙 10/G-F	隔墙开裂
外围	—	室外散水多处开裂

部分裂缝示意图见图 6-37。

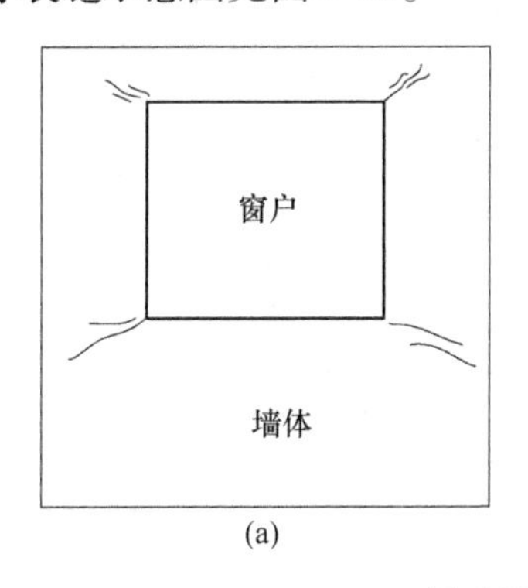

(a)

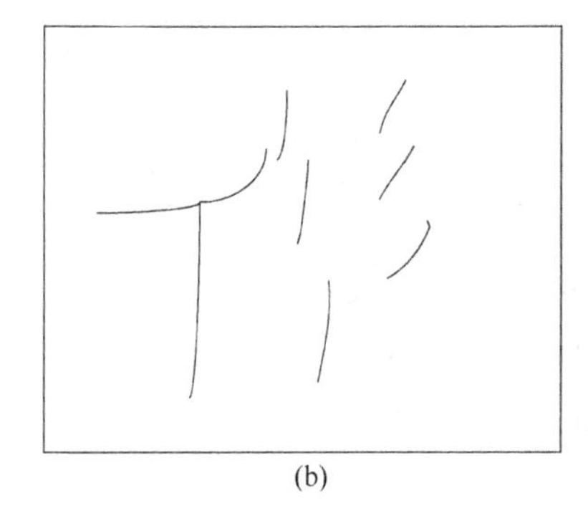

(b)

图 6-37 裂缝示意图

（a）门窗洞口处裂缝示意图；（b）剪力墙与填充墙连接处裂缝示意图

6.6.3 现场检测

经过现场踏勘，确定如下现场检测内容：

（1）混凝土强度检测。别墅剪力墙混凝土强度及梁板混凝土强度采用回弹法检测，结果见表 6-30 和表 6-31。

表 6-30 别墅剪力墙回弹法检测混凝土强度结果汇总

构件类型	构件位置	混凝土抗压强度换算值/MPa			按批量推定强度值/MPa
		平均值	标准差	最小值	
地下一层剪力墙	8-11/F	34.9	2.62	32.1	30.6
一层剪力墙	11/A-E	31.2	1.13	29.5	$f_{cu,e}=28.7$ $m_{f_{cu}^{c}}=31.1$ $s_{f_{cu}^{c}}=1.48$
一层剪力墙	11/F-G	31.3	0.90	30.1	
一层剪力墙	7-8/B	31.8	2.12	29.5	
一层剪力墙	7/B-D	29.8	1.31	27.0	
一层剪力墙	7/F-G	31.3	1.33	29.0	
二层剪力墙	8-11/F	31.5	1.14	30.4	$f_{cu,e}=27.7$ $m_{f_{cu}^{c}}=28.7$ $s_{f_{cu}^{c}}=1.65$
二层剪力墙	11/F-G	31.5	1.07	30.2	
二层剪力墙	8/D-E	29.3	1.09	27.6	
二层剪力墙	8-11/A	28.7	1.20	26.5	
二层剪力墙	11/A-D	31.2	1.37	28.8	

表 6-31 别墅梁、板构件回弹法检测混凝土强度结果汇总

构件类型	构件位置	混凝土抗压强度换算值/MPa			按批量推定强度值/MPa
		平均值	标准差	最小值	
一层梁	11/A-E	30.2	1.81	27.2	$f_{cu,e}=27.1$ $m_{f_{cu}^c}=33.6$ $s_{f_{cu}^c}=3.96$
一层梁	8-10/H	30.5	1.67	27.8	
一层梁	7-8/F	32.6	0.91	31.6	
一层梁	8-11/A	33.4	2.65	29.0	
一层板	7-8/F-G	40.6	2.24	37.9	
一层板	8-11/A-E	33.7	2.50	29.2	
一层板	7-8/B-D	34.5	3.57	28.6	
二层梁	8-11/F	32.2	1.50	29.8	$f_{cu,e}=28.6$ $m_{f_{cu}^c}=34.6$ $s_{f_{cu}^c}=3.66$
二层梁	8-11/E	31.2	1.37	28.8	
二层板	8-11/F-G	35.2	1.49	31.6	
二层板	8-11/A-D	34.2	1.51	30.9	
二层板	7-8/F-G	40.5	2.03	37.2	

依据现场检测结果：地下一层、一层、二层抽检剪力墙构件的混凝土批抗压强度推定值分别为30.6MPa、28.7MPa、27.7MPa，均可满足设计图纸要求（地下一层C30；一、二层C25）；一层、二层抽检梁、板构件的混凝土批抗压强度推定值分别为27.1MPa、28.6MPa，均可满足设计图纸要求（一、二层C25）。

综上，别墅结构抽检剪力墙、梁、板等构件的混凝土强度推定值均可满足设计图纸要求，结合现场现状检验情况，结构验算时构件强度采用设计强度等级。

（2）混凝土梁钢筋数量及分布检测。采用磁感仪对本工程裂缝附近结构钢筋配置情况进行抽样检测。检测工作依据《混凝土中钢筋检测技术规程》（JGJ/T 152—2008）有关规定进行。检测结果见表6-32。

表 6-32 钢筋配置检测结果

构建类型	检测项目		实测值/mm
一层板	分布筋间距	垂直方向	162
		水平方向	152
剪力墙	分布筋间距	垂直方向	160
		水平方向	171
二层梁	分布筋间距	垂直方向	149
		水平方向	153

依据现场检测结果，别墅结构抽检混凝土墙、板、梁等构件的钢筋配置基本

符合原设计图纸要求，仅个别抽检构件钢筋间距较原设计图纸偏大。

（3）混凝土保护层检测。现场采用 PS200 钢筋雷达对该区间结构裂缝附近的钢筋保护层厚度进行检测，检测结果见表 6-33。

表 6-33 混凝土保护层厚度检测结果

构建类型	检测项目		实测值/mm					
一层板	保护层厚度	垂直方向	15	16	13	13	14	16
		水平方向	24	26	22	21	22	30
一层剪力墙	保护层厚度	垂直方向	17	13	15	13	16	18
		水平方向	26	25	25	22	25	25
二层板	保护层厚度	垂直方向	16	19	16	18	17	18
		水平方向	28	29	27	29	28	29

（4）混凝土碳化深度检测。现场采用酚酞试剂对该别墅的部分混凝土构件进行了碳化深度检测，检测结果见表 6-34。

表 6-34 混凝土构件碳化深度结果汇总

楼层	结构构件	碳化深度/mm
地下一层	剪力墙	0.5
一层	梁	1.5
	剪力墙	1.5
二层	梁	1.5
	剪力墙	2.0

6.6.4 安全性分析

（1）裂缝原因分析：

1）别墅门窗洞口部分设置在剪力墙与梁的连接处，地下一层、首层部分连接处门窗洞口角部存在斜向或竖向裂缝。这部分裂缝应与剪力墙刚度突变、局部应力集中及混凝土养护不当等因素有关。

2）别墅各层均普遍存在剪力墙、连梁等混凝土构件与填充墙连接处开裂的情况，发现混凝土构件与填充墙间未连接（设计图纸要求剪力墙、连梁等混凝土构件与填充墙之间采用柔性连接）。可知，上述开裂是由于混凝土构件与填充墙之间的连接刚度不足导致的。

3）别墅室外散水存在不同程度的下陷，应与地面回填土沉降有关。

4）别墅局部连梁存在混凝土浇筑缺陷、浇筑不实等情况致使部分填充墙门洞口角部存在竖向、斜向裂缝。

（2）安全性鉴定结论。个别构件已经威胁到建筑的安全性，需要立即采取措施。

6.6.5　处理意见

对别墅门窗洞口部分设置在剪力墙与梁的连接处，地下一层、首层部分连接处门窗洞口角部进行补强处理。对别墅室外散水注浆加固。

6.7　某小区住宅楼裂缝

6.7.1　工程概况

某小区 2 号、3 号住宅楼建设于 2007 年，为地上 12 层、地下 1 层的框剪结构，基础类型为筏板基础。地下车库面积总计约 $8100m^2$，地上结构建筑面积总计约 $56197m^2$。此建筑建成之后主体结构未作过变更或加固处理，如图 6-38 和图 6-39 所示。

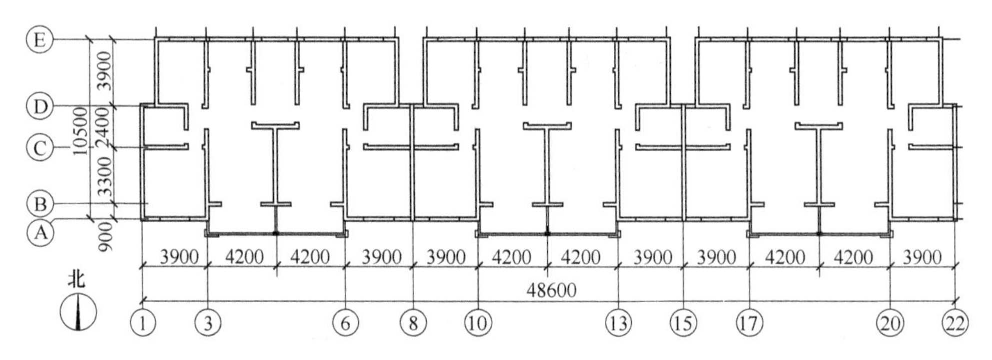

图 6-38　建筑平面图

图 6-39　项目现场照片

6.7.2 现场检查

（1）原始资料调查。原始资料调查包括原设计图纸、地勘报告以及竣工资料等。原结构设计（标准组合）均为230kN/m^3，地基差异沉降要求为敏感。场地地貌单元属黄土梁洼。

场地地下稳定水位埋深介于9.9~24.0m之间，属潜水类型。场地20.0m深度范围内地基土主要为黄土和古土壤，均为非液化涂层，根据《建筑抗震设计规范》（GB 50011—2010）的有关规定，可不考虑地基土的地震液化问题。2号、3号属乙类建筑，场地属自重湿陷性黄土场地，地基湿陷等级为Ⅱ级（中等），根据《湿陷性黄土地区建筑规范》（GB 50025—2004）有关规定，采用灰土挤密桩方案进行地基处理。

（2）裂缝检查。2号、3号住宅楼裂缝主要分布在北侧地下车库与中间过道的连接处以及中间过道与主体结构连接处的填充墙，有横向通长裂缝与竖向通长裂缝，现场检测时裂缝数量不超过5条，长度为1.2~1.5m，宽度为0.15~2.0mm，见图6-40和图6-41。

图6-40 地下车库连接处横向裂缝

图6-41 地下车库连接处竖向裂缝

经过现场检查发现，各位置裂缝统计见表 6-35。

表 6-35　裂缝分布示意图

序号	位置	裂缝分布简图
1	地下车库连接处梁底	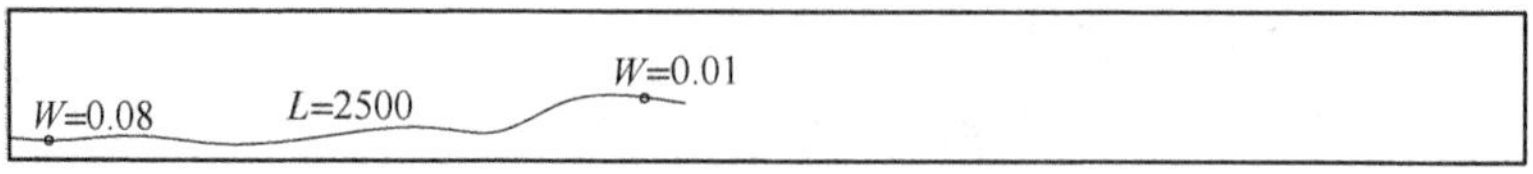 W=0.08　L=2500　W=0.01
2	地下车库连接处墙体	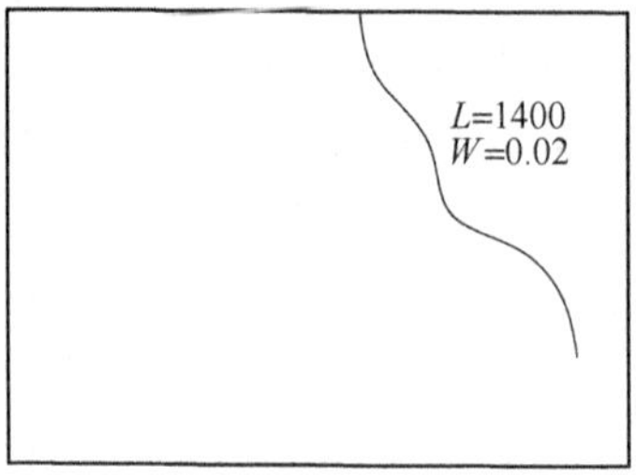 L=1400　W=0.02

6.7.3　现场检测

（1）混凝土强度检测。现场对混凝土强度进行了检测，检测结果见表 6-36～表 6-39。

表 6-36　2 号住宅楼地下车库混凝土强度检测结果汇总

序号	建筑物	构件位置编号	强度平均值/MPa	标准差	构件强度推定值/MPa
1	2 号楼地下车库	JLQ3～5/A	35.22	0.60	34.2
2		JLQ5～7/A	35.09	0.94	33.6
3		JLQ7～10/A	35.20	0.62	34.2
4		JLQ10～12/A	35.75	0.74	34.5
5		JLQ78/A～B	35.79	0.75	34.6
6		KZ2	35.13	0.75	33.9

表 6-37　3 号住宅楼地下车库混凝土强度检测结果汇总

序号	建筑物	构件位置编号	强度平均值/MPa	标准差	构件强度推定值/MPa
1	3 号楼地下车库	JLQ60～62/C	35.58	1.02	33.9
2		JLQ62～65/C	35.68	0.58	34.7
3		JLQ62/D～F	35.20	0.44	34.5
5		JLQ67～69/C	35.03	0.67	34.1
6		KZ3	35.02	0.81	33.7

表 6-38 3号住宅楼1单元混凝土强度检测结果汇总

序号	建筑物	构件位置编号	强度平均值/MPa	标准差	构件强度推定值/MPa
1	3号楼1单元	1层	38.3	4.04	31.68
2		2层	33.4	0.62	32.38
3		3层	30.8	2.17	27.18
4		4层	31.5	0.90	30.03
5		5层	30.8	0.89	29.30
6		6层	31.7	1.19	29.71
7		7层	34.8	0.71	33.63
8		8层	32.7	0.64	31.66
9		9层	32.4	0.80	31.09
10		10层	30.8	0.80	29.45
11		11层	34.3	3.68	28.26

表 6-39 2号住宅楼7单元混凝土强度检测结果汇总

序号	建筑物	构件位置编号	强度平均值/MPa	标准差	构件强度推定值/MPa
1	2号楼7单元	1层	33.3	0.52	32.44
2		2层	35.0	0.88	33.57
3		3层	30.7	2.23	27.04
4		4层	31.6	1.07	29.79
5		5层	36.2	3.94	29.68
6		6层	32.3	1.14	30.37
7		7层	30.7	0.91	29.24
8		8层	32.8	0.67	31.69
9		9层	32.3	0.56	31.36
10		10层	30.8	0.78	29.52
11		11层	29.3	0.66	28.20

根据检测结果可得，2号楼1~2层、3号楼1~2层及地下车库混凝土强度推定等级为C30，满足设计要求；2号楼3层及以上部分、3号3层及以上部分地下车库混凝土强度推定等级为C30，满足设计要求。

（2）钢筋配置检测。现场采用钢筋扫描仪对建筑物框架柱、梁及楼板的钢筋数量和箍筋间距进行抽样检测。抽检框架柱钢筋配置基本满足图纸设计要求，见表6-40。

表 6-40　框架柱钢筋配置检测结果

构件名称	轴线位置	测试面主筋数量		箍筋间距（加密区间距/非加密区间距）/mm	
		设计值	实测值	设计值	实测值
框架柱	5/B	短、长各 4ϕ20	4 根（长边）	ϕ8@ 100/200	128/211
	5/F	短、长各 4ϕ20	4 根（短边）	ϕ8@ 100/200	116/200
	2/A	短、长各 4ϕ20	4 根（长边）	ϕ8@ 100/200	109/189
	4/D	短、长各 4ϕ20	4 根（长边）	ϕ8@ 100/200	100/195

（3）混凝土保护层检测。本次所抽检的 15 个构件钢筋混凝土保护层合格点为 97%，且不合格点的最大偏差均不大于允许偏差的 1.0 倍，均满足规范要求，见表 6-41。

表 6-41　混凝土保护层厚度检测结果

构件编号	保护层厚度/mm	构件编号	保护层厚度/mm
1	24	9	31
2	25	10	28
3	29	11	21
4	33	12	36
5	29	13	33
6	28	14	32
7	18	15	34
8	32		

（4）混凝土碳化深度检测。经过对 2 号、3 号住宅楼地下室混凝土构件碳化深度现场检测，混凝土的最大碳化深度值仅有 1.5mm，而且大多数区域碳化值为 0.5mm，说明混凝土基本上没有碳化。该建筑物建成时间较短，且表层有抹灰装修，防护良好，使得混凝土构件未与空气直接接触，部分构件碳化深度见表 6-42。

表 6-42　部分构件碳化深度记录

构　件	碳化深度/mm
1	0.5
2	0.5
3	0.5

续表 6-42

构　件	碳化深度/mm
4	0.5
5	1.0
6	0.5
7	0.5
8	1.5
9	1.0
10	0.5

（5）房屋倾斜度检测。测试仪器：钢卷尺、经纬仪等。

根据现场检测条件，本次倾斜度检测对 3 号楼共设 5 个测点，对 2 号楼共设 6 个测点。各测点建筑物倾斜度如图 6-42 所示。

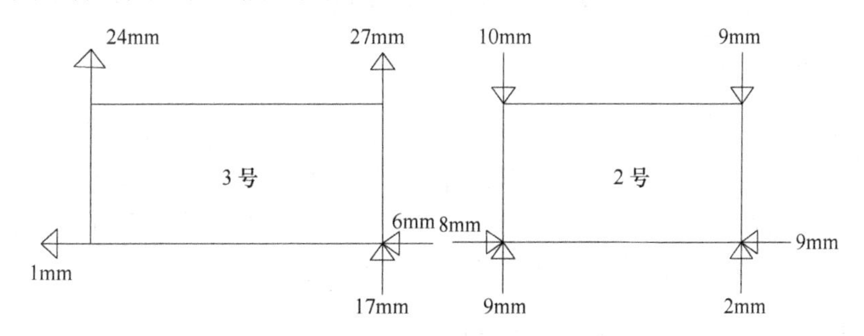

图 6-42　楼房结构整体倾斜度检测结果

根据《民用建筑可靠性鉴定标准》（GB 50292—1999），某小区 2 号、3 号住宅楼建筑物总高度均为 36.45m，满足顶点位移小于 $H/700=52$mm 的要求。

（6）上部结构检查。经现场检查，得到以下结论：现浇框架梁、柱构件无缺棱掉角、棱角不直、翘曲不平、飞出凸肋等外形缺陷；现浇框架梁、柱构件表面无裂缝、蜂窝、麻面及缺浆露筋等缺陷；结构整体无影响结构性能和使用功能的尺寸偏差；建筑物上部结构不存在由于地基不均匀沉降而引起的构件开裂或倾斜。

（7）围护系统检查。对建筑围护结构现场检查结果如下：

1）屋面防水：屋顶局部有渗漏雨现象；

2）地面防水：良好。

6.7.4 安全性分析

（1）裂缝成因分析。当温度差变化过大而房屋对温差产生的内应力缺乏有效抗力时，在房屋的顶层常发生水平裂缝。斜向裂缝多发生于顶层纵墙两端，其宽度一般中间大、两端小。当外纵墙两端有门窗时，裂缝沿窗口对角方向裂开。水平裂缝多发生于顶层圈梁下，纵墙、横墙均可发生，房屋两端较严重。

地基变形、不均匀沉降裂缝大部分出现在多层房屋的中下部，有时仅在底层出现，一般规律是：竖向构件较水平构件严重，梁板为垂直裂缝；墙体裂缝为纵墙多、横墙少，外墙多、内墙少，斜裂缝多、水平裂缝和竖向裂缝少。

从以上描述可知，地基变形、不均匀沉降裂缝多出现在底层，且首先为竖向构件裂缝。该建筑物裂缝分布主要为各结构连接处填充墙，为垂直裂缝，根据《房屋裂缝检测与处理技术规程》（CECS 293—2011），本建筑裂缝形式、分布形态符合不均匀沉降裂缝的特点。

经现场检测、检查以及裂缝原因分析可知，地基不均匀沉降是该建筑填充墙出现裂缝的主要原因。

（2）鉴定结论。地基不均匀沉降是该建筑填充墙出现裂缝的主要原因。

6.7.5　处理意见

该裂缝为非荷载裂缝。裂缝宽度较大，并且部分裂缝有继续发展的可能，通过沉降发展和裂缝观测，裂缝随沉降逐步减小而趋稳，待地基基本稳定后，做逐步修复或封闭堵塞处理，以满足正常使用性、耐久性要求。可采用表面封闭法（缝宽<0.5mm）和压力灌浆法（缝宽≥0.5mm）进行修复处理。

6.8　某地下车库及游泳馆项目裂缝

6.8.1　工程概况

某地下车库及游泳馆建成于2000年，为地下4层混凝土框架结构。平面内布置为矩形，房屋总宽度86.30m，长度170.00m，建筑面积52314.03m^2。使用方欲对房屋内游泳馆屋顶网架进行拆除重建，因此对游泳馆区域结构（地下4层~地下1层）的综合安全性做出评定。平面布置示意图如图6-43所示，现场照片如图6-44所示。

6.8.2　现场检查

（1）原始资料调查。原始资料调查包括原设计图纸、竣工图、设计变更、工程洽商记录、历次加固改造图纸等。

（2）裂缝检查。经检查，地下4层~地下2层部分内纵墙（剪力墙）存在斜向裂缝，裂缝方向均为由东上至西下，大部分裂缝贯穿墙厚，裂缝宽度大致在0.1~0.2mm之间，见图6-45~图6-48。

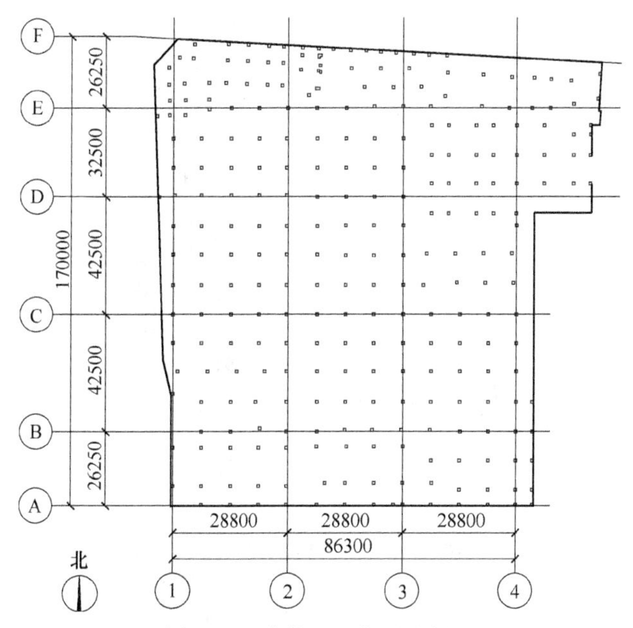

图 6-43 建筑平面布置示意图

图 6-44 项目现场照片

图 6-45 地下 2 层 21-22/G 墙斜向裂缝

图 6-46　地下 3 层 19-20/G 墙斜向裂缝

图 6-47　地下 1 层 21-22/G 填充墙斜向裂缝

图 6-48　地下 1 层 19-20/G 墙返潮渗水

经过现场检查发现各位置裂缝统计如表6-43所示。

表 6-43 裂缝分布示意图

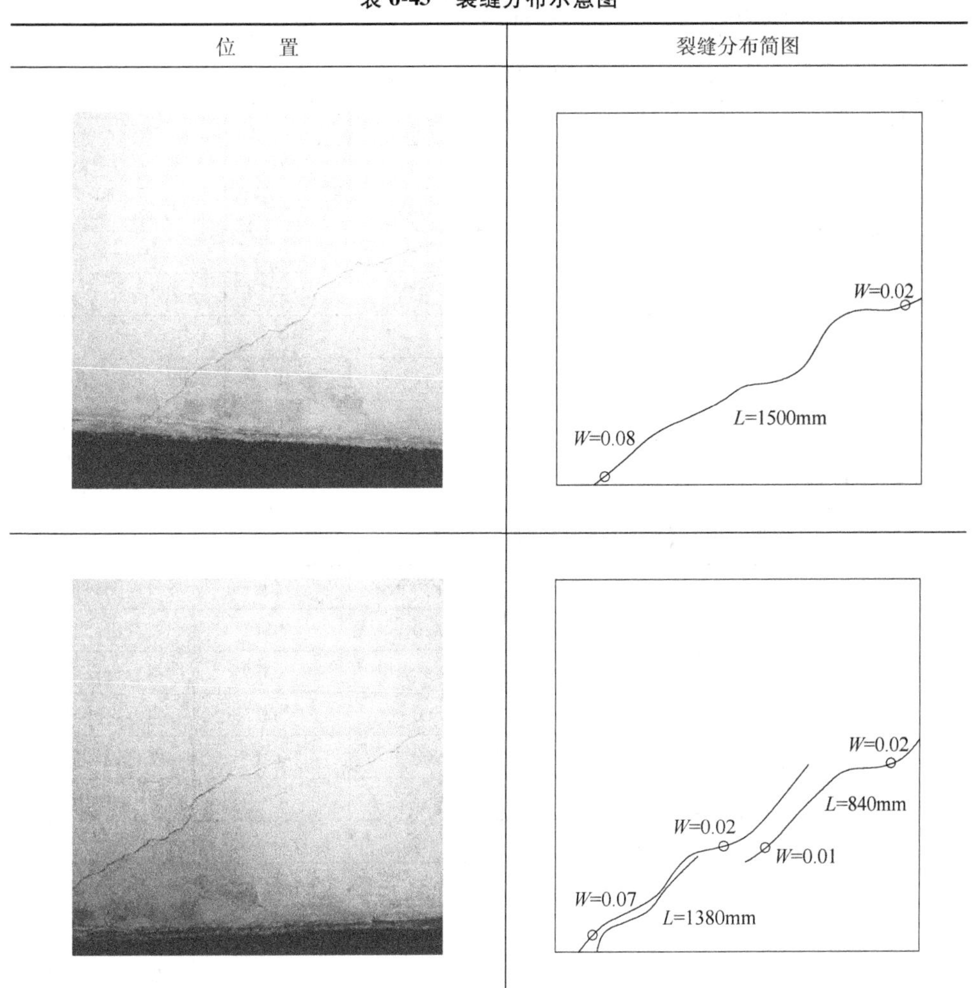

6.8.3 现场检测

（1）地基基础检查。该建筑建于2000年，为混凝土平板式筏基。经检查，地下4层~地下2层部分内纵墙（剪力墙）存在斜向裂缝，裂缝方向均为由东上至西下，大部分裂缝贯穿墙厚，裂缝宽度大致在0.1~0.2mm之间，上述墙体的斜向裂缝方向一致，应为地基基础不均匀沉降导致。

（2）上部结构现状检验。对上部结构进行检查，目前存在的缺陷是地下1层部分填充墙存在开裂渗水情况。

（3）混凝土构件截面尺寸检测。应用钢尺等对本工程现浇混凝土柱、梁、板等构件的截面尺寸进行抽样检测。检测工作依据《混凝土结构工程施工质量验收规范》（GB 50204—2015）的有关规定进行。

现场对各层结构构件的截面尺寸进行检测，检测结果见表6-44及表6-45。

表6-44　抽检钢筋混凝土柱截面尺寸检测结果

楼层	构件位置	检测项目		实测值/mm	设计值/mm	检测结论
地下1层	10/D	边长	南北向	545	550	符合设计要求
			东西向	945	950	符合设计要求
	13/D	边长	南北向	—	—	—
			东西向	955	950	符合设计要求
地下2层	15/B	边长	南北向	—	—	—
			东西向	650	650	符合设计要求
	14/C	边长	南北向	649	650	符合设计要求
			东西向	650	650	符合设计要求

表6-45　抽检钢筋混凝土梁截面尺寸检测结果

楼层	构件位置	检测项目	实测值/mm	设计值/mm	检测结论
地下1层	14/C-D	梁宽	410	400	符合设计要求
		梁高	790	800	符合设计要求
	14-15/C	梁宽	500	500	符合设计要求
		梁高	960	950	符合设计要求
	17-18/1/J	梁宽	603	—	—
		梁高	904	—	—
	15/E-F 悬挑梁	梁宽	500	—	—
		梁高	850	—	—
	13/H-J	梁宽	401	400	符合设计要求
		梁高	802	800	符合设计要求
	18-19/1/J	梁宽	600	—	—
		梁高	902	—	—
	16/E-F 悬挑梁	梁宽	501	—	—
		梁高	850	—	—
	14-15/H	梁宽	860	850	符合设计要求
		梁高	700	700	符合设计要求
	19/D-E	梁宽	860	850	符合设计要求
		梁高	700	700	符合设计要求

由上述检测数据可知，该建筑抽检结构构件的截面尺寸符合设计要求。

（4）混凝土构件强度回弹法检测。

根据《回弹法检测混凝土抗压强度技术规程》（JGJ/T 23—2011）的规定，采用回弹法对本工程框架柱、框架梁、板、地下1层剪力墙等混凝土构件的强度进行检测，结果如表6-46所示。该建筑原设计各层梁、板、柱、墙构件混凝土强度等级均为C30，从现场检测结果判断，该建筑各层梁、板、柱、墙等构件的实测强度均满足设计要求。

表6-46 混凝土构件强度检测结果汇总

构件编号	混凝土抗压强度换算值/MPa		混凝土抗压强度推定值/MPa
	平均值	标准差	
-1层框架柱8/A	36.9	2.40	33.0
1层框架柱2/A	33.5	1.40	31.2
-1层框架柱1/A	36.6	1.30	34.5
-1层框架柱11/A	34.3	1.40	32.0
-1层框架柱5/A	36.0	1.10	34.2
-1层框架柱4/A	33.2	0.80	31.9
-2层框架柱10/A	33.5	1.20	31.5
-2层框架柱7/A	37.3	1.60	34.7
-2层框架柱1/B	36.1	1.60	33.5
-2层框架柱2/B	34.8	2.20	31.2
-2层框架柱10/B	34.6	2.20	31.0

（5）钢筋配置检测。现场采用PS200钢筋雷达对建筑物框架柱、框架梁、现浇板等混凝土构件的钢筋配置进行检测，依据现场检测结果，地下车库及游泳馆结构抽检混凝土框架柱、框架梁、现浇板、剪力墙等构件的钢筋配置基本符合原设计图纸要求，部分结果见表6-47。

表6-47 混凝土钢筋配置检测结果汇总

构件名称	轴线位置	测试面主筋数量		箍筋间距（加密区间距/非加密区间距）/mm	
		设计值	实测值	设计值	实测值
框架柱	9-E	短、长各4ϕ20	4根（长边）	ϕ8@100/200	124/231
	7-C	短、长各4ϕ20	4根（短边）	ϕ8@100/200	117/220
	5-E	短、长各4ϕ20	4根（长边）	ϕ8@100/200	108/204
	4-A	短、长各4ϕ20	4根（长边）	ϕ8@100/200	123/217

续表 6-47

构件名称	轴线位置	测试面主筋数量		箍筋间距（加密区间距/非加密区间距）/mm	
		设计值	实测值	设计值	实测值
框架梁	9-C-E	6ϕ25 2/4	6	ϕ8@ 100/200	122/211
	8-9-E	2ϕ20	2	ϕ8@ 100/200	110/208
	5-6-A	2ϕ20	2	ϕ8@ 100/200	106/223
屋面板	8-9-C-1/C	ϕ8@ 200	199	ϕ8@ 180	175
	5-6-D-1/D	ϕ8@ 200	204	ϕ8@ 180	180
	2-3-1/D-E	ϕ8@ 200	214	ϕ8@ 180	189

（6）钢筋保护层厚度检测。现场采用 PS200 钢筋雷达对地下车库及游泳馆框架柱、框架梁、现浇板、剪力墙等混凝土构件的钢筋保护层厚度进行检测，依据现场检测结果，地下车库及游泳馆结构抽检混凝土框架柱、框架梁、现浇板、剪力墙等构件的保护层厚度较设计值偏大，见表 6-48。

表 6-48　混凝土保护层厚度检测结果

构件编号	保护层厚度/mm	构件编号	保护层厚度/mm
1	36	5	38
2	49	6	40
3	42	7	50
4	44	8	42

（7）混凝土碳化深度检测。混凝土龄期超过 1000d，需对测区混凝土抗压强度换算值进行龄期修正，本建筑建于 2000 年，取修正系数为 0.94。构件碳化深度检测结果见表 6-49。

表 6-49　混凝土构件碳化深度结果汇总

楼　层	结构构件	碳化深度/mm
地下 1 层	柱	6.0
	梁	6.0
	板	6.0
	剪力墙	6.0
地下 2 层	柱	3.0~6.0
	梁	6.0
	板	6.0
	墙	6.0

续表6-49

楼　层	结构构件	碳化深度/mm
地下3层	柱	3.0
	板	6.0
	墙	6.0
地下4层	柱	3.0~5.0
	板	6.0
	墙	6.0

（8）建筑倾斜检测。根据《房屋结构综合安全性鉴定标准》（DB 11/637—2015）混凝土结构及构件倾斜（或位移）等级的评定规定，多层混凝土结构层间位移>$H/150$（即斜率>6.7‰）时可评定为c_u级或d_u级。地下车库及游泳馆建筑抽检混凝土柱的斜率均小于上述限值，因此，地下车库及游泳馆混凝土结构及构件层间位移的安全性评级为b_u级。

6.8.4　安全性分析

（1）裂缝成因分析。经检查，地下4层至地下2层部分内纵墙（剪力墙）存在斜向裂缝，裂缝方向均为由东上至西下，大部分裂缝贯穿墙厚，裂缝宽度大致在0.1~0.2mm之间。上述墙体的斜向裂缝方向一致，应为地基基础不均匀沉降导致。

（2）鉴定结论。地基不均匀沉降是该建筑墙体出现裂缝的主要原因。

6.8.5　处理意见

该裂缝为非荷载裂缝。裂缝宽度较大，并且部分裂缝有继续发展的可能，通过沉降和裂缝观测，因沉降逐步减小而趋稳的裂缝，待地基基本稳定后，做逐步修复或封闭堵塞处理，以满足正常使用性、耐久性要求。可采用表面封闭法（缝宽<0.5mm）和压力灌浆法（缝宽≥0.5mm）进行修复处理。

6.9　某80万吨熟料堆棚裂缝

6.9.1　工程概况

某80万吨熟料堆棚周边设有混凝土挡料墙，上部为钢结构网架、内部设置送料栈桥及钢筋混凝土支架。该建筑物堆棚内混凝土支架柱出现弯曲变形、部分梁出现裂缝破坏的现象。熟料堆场平面图如图6-49所示，外观图如图6-50所示。

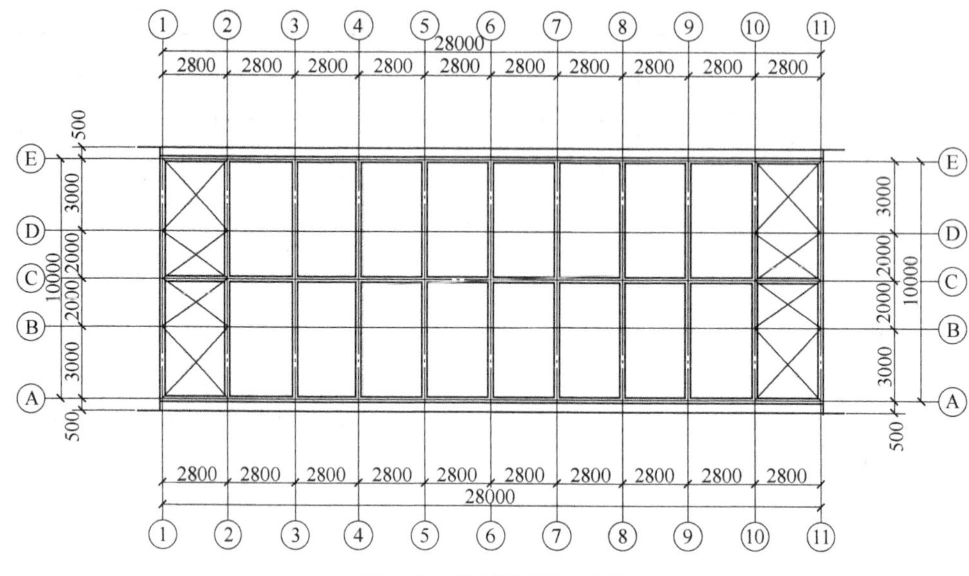

图 6-49 熟料堆场平面图

图 6-50 整体外观图

6.9.2 现场调查

（1）原始资料调查。原始资料包括原设计图纸、竣工图、设计变更、历次加固改造图纸等。

委托方提供部分电子版结构施工图。检测时将图纸与现场进行复核对比，不一致时以现场实际情况为准。

（2）裂缝调查。对堆料棚内混凝土支架进行检查，具体检查结果如图 6-51 所示。

图6-51 现场典型裂缝

(a) 1层梁6a~6b西侧斜裂缝；(b) 1层梁8b~8c南侧斜裂缝；(c) 2层梁7a~7b西侧多条斜裂缝；(d) 2层梁7c~7d西侧斜裂缝；(e) 3层梁7a~7b西侧斜裂缝；(f) 8号柱弯曲变形现状

检查结果表明：混凝土支架1~4层梁梁端出现了不同程度的斜裂缝，部分梁中部出现了竖向裂缝。部分柱子发生了弯曲变形。

6.9.3　现场检测

（1）混凝土强度检测。采用回弹法对本工程裂缝区域结构构件混凝土强度进行抽样检测，检测工作按照《回弹法检测混凝土抗压强度技术规程》（JGJ/T 23—2011）的有关规定执行。部分检测结果见表6-50。

表6-50　检测区间混凝土强度

构　件	混凝土抗压强度换算值/MPa			强度推定值/MPa
	平均值	标准差	最小值	
1层梁	38.8	2.2	36.3	37.8
柱	39.5	2.1	38.6	38.8
2层梁	40.9	1.8	36.8	40.6

结构构件混凝土强度回弹值结果表明：本工程区域混凝土强度推定值范围为37.8～40.6MPa。

（2）钢筋配置检测。采用磁感仪对本工程裂缝附近结构钢筋配置情况进行抽样检测。检测工作依据《混凝土中钢筋检测技术规程》（JGJ/T 152—2008）有关规定进行。检测结果见表6-51。

表6-51　钢筋配置检测结果

构　件	检测项目	实测值/mm
1层梁	箍筋间距	122
柱	箍筋间距	117
2层梁	箍筋间距	128

（3）混凝土保护层检测。现场采用PS200钢筋雷达对该区间结构的裂缝附近的钢筋保护层厚度进行检测，检测结果见表6-52。

表6-52　混凝土保护层厚度检测结果

构件	检测项目		实测值/mm					
1层梁	保护层厚度	垂直方向	19	18	16	18	17	16
		水平方向	31	32	31	33	29	29
柱	保护层厚度	垂直方向	17	13	18	17	16	18
		水平方向	29	31	28	28	29	28
2层梁	保护层厚度	垂直方向	19	19	16	18	17	18
		水平方向	33	32	27	30	31	29

（4）混凝土碳化深度检测。现场采用酚酞试剂对该工程部分结构构件进行了碳化深度检测，检测结果见表6-53。

表6-53　混凝土碳化深度检测结果

区　域	检测项目	实测值/mm
裂缝区域	碳化深度	1.0
	碳化深度	1.5
	碳化深度	1.0
	碳化深度	0.5
	碳化深度	1.5
	碳化深度	2.0

6.9.4　安全性分析

（1）裂缝原因分析：

1）有限元软件分析承载力。选择使用建筑结构通用有限元分析与设计软件Midas进行模拟计算。本次计算过程中以破坏较严重的3号支架为例计算。混凝土支架柱弯曲分析计算过程中，主要通过改变柱、梁水平荷载作用高度，即堆料在什么高度上会产生料差，模拟计算出支架柱位移量最大部位位于第5~7层（梁）高度范围上的荷载施加高度。通过计算，当模拟计算变形量最大部位位于第5~7层（梁）高度范围时，水平荷载施加高度也处在第5~7层（梁）高度范围，与客观实际相符。当水平荷载施加在第5~7层（梁）高度范围时，混凝土支架柱x、y向位移最大为-35.2mm、36.8mm，剪力出现在柱顶，最大剪力为937.7kN。第1~4层梁上最大剪力位于第3层c~d梁端，最大剪力279.5kN，最大弯矩位于第3层梁b~c梁端，最大弯矩为564.3kN·m。其具体计算结果如图6-52所示。

2）混凝土支架柱结构构件承载力计算。

① 3号支架第1~4层梁梁端部抗剪承载力为：

$$0.25\beta_c f_c bh_0 = 954.1\text{kN}$$

原结构设计中，梁端部箍筋间距为100mm时的抗剪承载力为：

$$V_{cs} = \alpha_{cv} f_t bh_0 + f_{yv} A_{sv} h_0 / s = 588.7\text{kN}$$

现部分梁端部箍筋间距为200mm时的抗剪承载力为：

$$V_{cs} = \alpha_{cv} f_t bh_0 + f_{yv} A_{sv} h_0 / s = 429.9\text{kN}$$

② 梁抗弯承载力。

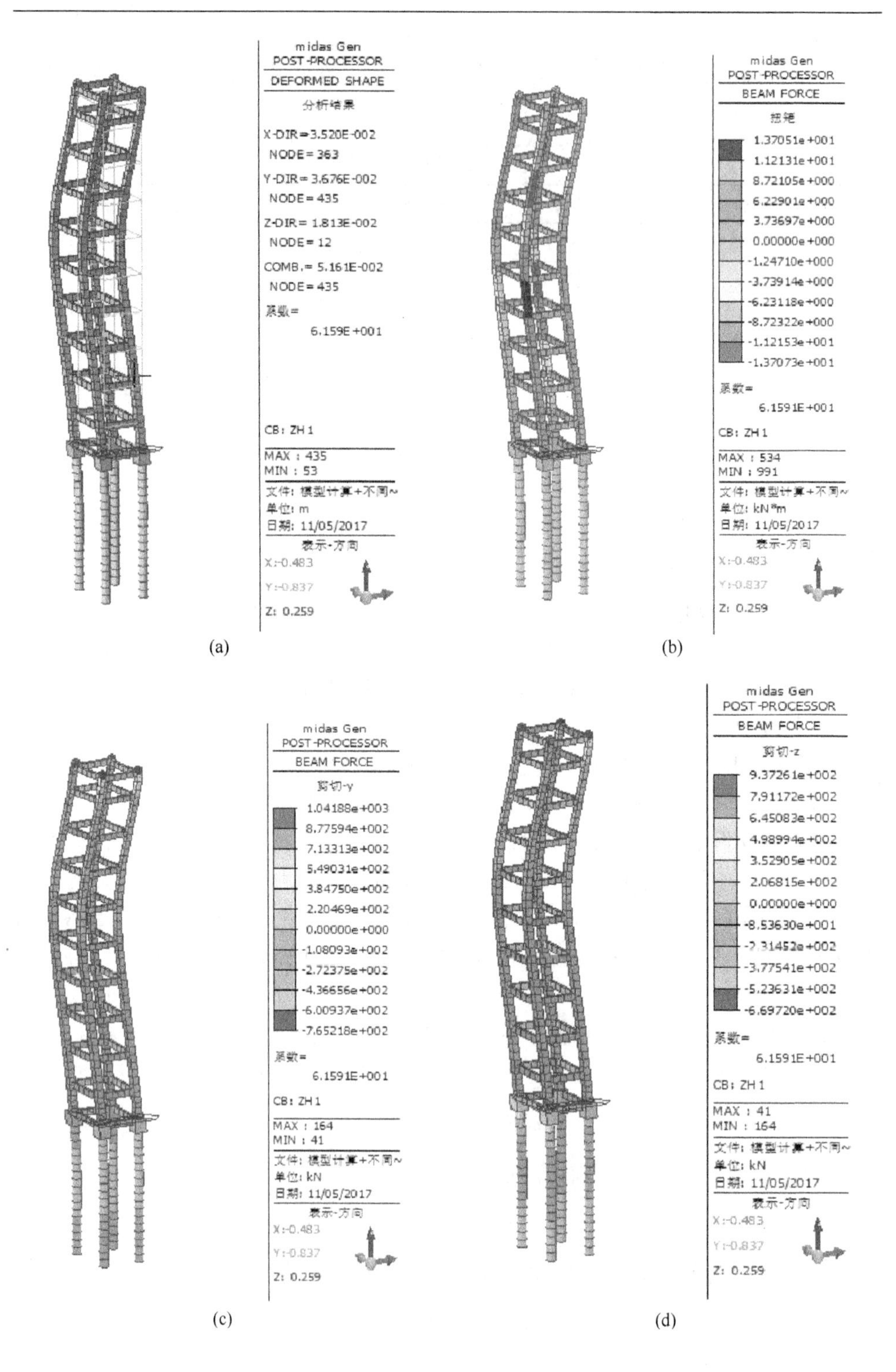

midas Gen
POST-PROCESSOR
DEFORMED SHAPE
分析结果
X-DIR=3.520E-002
NODE=363
Y-DIR=3.676E-002
NODE=435
Z-DIR=1.813E-002
NODE=12
COMB.=5.161E-002
NODE=435
系数=
6.159E+001
CB: ZH1
MAX : 435
MIN : 53
文件: 模型计算+不同~
单位: m
日期: 11/05/2017
表示-方向
X:-0.483
Y:-0.837
Z: 0.259
(a)
midas Gen
POST-PROCESSOR
BEAM FORCE
扭矩
1.37051e+001
1.12131e+001
8.72105e+000
6.22901e+000
3.73697e+000
0.00000e+000
-1.24710e+000
-3.73914e+000
-6.23118e+000
-8.72322e+000
-1.12153e+001
-1.37073e+001
系数=
6.1591E+001
CB: ZH1
MAX : 534
MIN : 991
文件: 模型计算+不同~
单位: kN*m
日期: 11/05/2017
表示-方向
X:-0.483
Y:-0.837
Z: 0.259
(b)
midas Gen
POST-PROCESSOR
BEAM FORCE
剪切-y
1.04188e+003
8.77594e+002
7.13313e+002
5.49031e+002
3.84750e+002
2.20469e+002
0.00000e+000
-1.08093e+002
-2.72375e+002
-4.36656e+002
-6.00937e+002
-7.65218e+002
系数=
6.1591E+001
CB: ZH1
MAX : 164
MIN : 41
文件: 模型计算+不同~
单位: kN
日期: 11/05/2017
表示-方向
X:-0.483
Y:-0.837
Z: 0.259
(c)
midas Gen
POST-PROCESSOR
BEAM FORCE
剪切-z
9.37261e+002
7.91172e+002
6.45083e+002
4.98994e+002
3.52905e+002
2.06815e+002
0.00000e+000
-8.53630e+001
-2.31452e+002
-3.77541e+002
-5.23631e+002
-6.69720e+002
系数=
6.1591E+001
CB: ZH1
MAX : 41
MIN : 164
文件: 模型计算+不同~
单位: kN
日期: 11/05/2017
表示-方向
X:-0.483
Y:-0.837
Z: 0.259
(d)

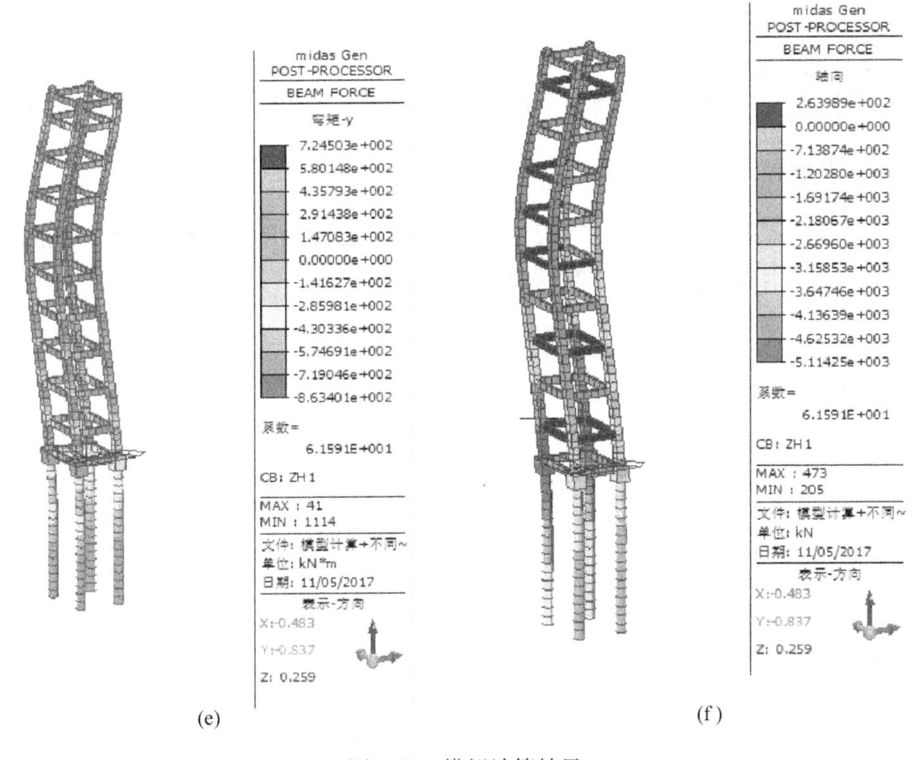

(e) (f)

图6-52 模拟计算结果

(a) 荷载作用下混凝土支架位移图; (b) 荷载作用下混凝土支架扭矩图;
(c) 荷载作用下混凝土支架 y 向剪力图; (d) 荷载作用下混凝土支架 z 向剪力图;
(e) 荷载作用下混凝土支架 y 向弯矩图; (f) 荷载作用下混凝土支架轴向受力图

第3层c~d梁抗弯承载力:

$$\alpha_1 f_c bx = f_y A_s - f_y' A_s'$$

$$M = \alpha_1 f_c bx(h_0 - x/2) + f_y' A_s'(h_0 - a_s') = 536.9\text{kN} \cdot \text{m}$$

③ 柱顶抗剪承载力。

$$0.25\beta_c f_c bh_0 = 1657.9\text{kN}$$

$$V_{cs} = \alpha_{cv} f_t bh_0 + f_{yv} A_{sv} h_0 / s = 743.6\text{kN}$$

将建模计算得到的结构内力与构件抗力相比较:

柱顶最大剪力为937.7kN >柱顶最大抗剪承载力743.6kN;

梁最大弯矩为564.3kN·m >梁最大抗弯承载力536.9kN·m;

梁上最大剪力279.5kN <梁最大抗剪承载力588.7kN。

综上计算分析结果:柱顶抗剪承载力不足导致柱顶混凝土出现了开裂;梁的抗弯承载力不足,梁在弯矩及剪力的作用下导致梁端、跨中出现开裂或破坏。

（2）鉴定结论。

根据裂缝检测结果及有限元分析认为，结构较为不安全，应采取加固措施。

6.9.5　处理意见

对于细小裂缝进行填充、抹灰处理。对出现斜裂缝的框架柱采取加固措施，利用钢板或其他新型材料进行外包处理。

参 考 文 献

［1］中华人民共和国建设部．混凝土结构设计规范（GB 50010—2002）［S］．北京：中国建筑工业出版社，2002.

［2］中国建筑科学研究院．混凝土结构工程施工质量验收规范（GB 50204—2002）［S］．北京：中国建筑工业出版社，2002.

［3］李慧民，孟海，等．土木工程安全检测与鉴定［M］．北京：冶金工业出版社，2014.

［4］王铁梦，工程结构裂缝控制［M］．北京：中国建筑工业出版社，1997.

［5］何星华，高小旺．建筑工程裂缝防治指南［M］．北京：中国建筑工业出版社，2005.

［6］韩素芳，耿维恕．钢筋混凝土结构裂缝控制指南［M］．北京：化学工业出版社，2006.

［7］徐有邻，顾祥林，等．混凝土结构工程裂缝判断与处理［M］．北京：中国建筑工业出版社，2010.

［8］孟海，李慧民．土木工程安全检测、鉴定、加固修复案例分析［M］．北京：冶金工业出版社，2016.

［9］李慧民，裴兴旺，孟海，等．旧工业建筑再生利用结构安全检测与评定［M］．北京：中国建筑工业出版社，2017.